可重复使用火箭结构设计与数字化仿真

杨浩亮　王英诚　张延瑞　主编

中国宇航出版社

·北京·

图书在版编目（CIP）数据

可重复使用火箭结构设计与数字化仿真 / 杨浩亮，王英诚，张延瑞主编. -- 北京 : 中国宇航出版社，2023. 10

ISBN 978-7-5159-2301-7

Ⅰ. ①可… Ⅱ. ①杨… ②王… ③张… Ⅲ. ①火箭－结构设计－数字仿真 Ⅳ. ①V421. 1

中国国家版本馆 CIP 数据核字(2023)第 201384 号

策划编辑 马晓菲　　**责任编辑** 刘亚静

出版发行 中国宇航出版社

社　址 北京市阜成路 8 号　**邮　编** 100830
(010)68768548

网　址 www.caphbook.com

经　销 新华书店

发行部 (010)68767386　(010)68371900
(010)68767382　(010)88100613 (传真)

零售店 读者服务部　(010)68371105

承　印 北京中科印刷有限公司

版　次 2023 年 10 月第 1 版
2023 年 10 月第 1 次印刷

规　格 787×1092

开　本 1/16

印　张 13.5　**彩　页** 9 面

字　数 338 千字

书　号 ISBN 978-7-5159-2301-7

定　价 52.00 元

《可重复使用火箭结构设计与数字化仿真》编委会

主　编

杨浩亮　（1987.12—）帝国理工大学博士，运载火箭总体设计师。参与长征七号、长征八号、力箭一号、力箭二号运载火箭总体设计工作。主要研究方向为液体火箭总体设计，先进结构设计与制造。

王英诚　（1989.06—）哈尔滨工业大学硕士，运载火箭总体设计师。参与以力箭一号为代表的多型运载火箭研制工作。主要研究方向为运载火箭总体设计，载荷环境设计。

张延瑞　（1982.09—）清华大学博士，运载火箭总体设计师。参与长征十一号、力箭一号运载火箭总体设计工作。主要研究方向为运载火箭结构与分离系统设计。

编委（按姓氏音序排列）

陈　果　（1987.02—）北京化工大学硕士，运载火箭贮箱设计师。参与力箭一号运载火箭结构设计工作。主要研究方向为液体运载火箭贮箱设计。

马　静　（1995.01—）北京航空航天大学硕士，传热燃烧学技术员。参与民机科研、两机专项燃油雾化、湍流燃烧相关技术工作。主要研究方向为液体运载火箭动力设计。

明爱珍　（1989.04—）北京航空航天大学硕士，运载火箭结构与分离系统设计师、动力总体设计师。参与以力箭一号为代表的多型运载火箭研制工作。主要研究方向为液体运载火箭动力系统设计，非火工分离能源装置设计。

孙良杰　（1989.05—）华中科技大学学士，运载火箭结构及分离系统设计师。参与长征七号、长征八号、力箭一号运载火箭的总体设计及制造工作。主要研究方向为运载火箭结构及分离系统设计。

孙志超　（1986.06—）天津科技大学硕士，运载火箭结构设计师。参与力箭一号运载火箭结构设计工作。主要研究方向为运载火箭关键单机设计，结构、机构设计。

王　鹏　（1984.12—）吉林大学硕士，高级工程师。主要研究方向为液体运载火箭增压输送系统设计与仿真。

王瑀宁　（1995.07—）沈阳工程学院学士，创新设计师、项目经理。主要研究方向为总体设计，项目管理。

薛子旺　（1983.06—）河南农业大学硕士，高级工程师。参与力箭一号运载火箭整箭振动强度、管路疲劳、星箭耦合分析工作。主要研究方向为固体、液体火箭振动强度、疲劳、卫星声振耦合等方面动力学分析。

闫家琪　（1994.06—）大连工业大学学士，运载火箭结构总体设计师。参与力箭一号运载火箭结构防热设计工作。主要研究方向为固体运载火箭结构设计，分离系统设计与仿真，先进结构设计与制造。

张东博　（1983.02—）南昌航空大学学士，运载火箭结构总体设计师。参与长征七号、长征五号运载火箭增压输送系统设计工作，力箭一号运载火箭四级结构设计和星箭分离装置设计工作。主要研究方向为液体运载火箭结构总体设计。

张　瑞　（1989.03—）大连理工大学硕士，运载火箭总体设计师。参与某商业固体/液体火箭、力箭一号运载火箭的载荷与环境设计工作。主要研究方向为液体火箭总体设计，载荷与力学环境设计。

张志博　（1989.08—）清华大学学士，运载火箭总体设计师。参与长征七号甲、力箭一号运载火箭总体设计工作。主要研究方向为运载火箭载荷与力学环境设计，运载火箭结构设计与制造。

序 言 / PREFACE

当我们仰望天空，眺望“神舟”翱翔天穹、“天和”与日月同辉的壮美画面，身为中国人的自豪感油然而生。当我们欣赏芭蕾舞演出，为男芭蕾舞演员的矫健挺拔和女芭蕾舞演员的曼妙轻盈而赞叹。人们经常把擎起卫星的火箭比喻为男芭蕾舞演员，把脱离地球引力飞向太空的卫星比喻为女芭蕾舞演员。当看到男演员高高跳起，又稳稳落地的精彩表演，热情的观众发出阵阵掌声。如果飞向天空的火箭稳稳落回地球，其精湛的航天技术更会令人欣喜若狂，这不是科幻动漫的表演，而是科学技术的现实。美国的发明家马斯克做到了，聪明智慧的中国人不会等闲视之。取他山之石，后来者居上，我国航天事业的发展可以给出证明和预示。

发射运载火箭的成本是昂贵的，航天事业的发展是举国家之力。如何节约发射成本，减轻上面级有效载荷是一个方面，另一方面可重复使用的运载火箭是最经济的模式。研制低成本、高可靠、方便灵活的可重复使用运载工具是航天技术发展的重要方向之一，前提条件是突破可重复使用的关键技术。美国的猎鹰 9 号火箭（Falcon 9）开创了第一级可回收并重复使用的先河。猎鹰 9 号是美国 SpaceX 公司的主力型运载火箭，其一子级和整流罩回收在全球引领了运载火箭研制模式的变革。截至目前，猎鹰系列火箭已完成百余次发射，其中复用火箭发射十余次。精细化的设计可使其一级的结构效率达到 95%，二级的结构效率达到 97%。火箭的能力有多大，航天的舞台就有多大，因此，突破高效的结构设计与回收技术，将为航天运载火箭提升更高的效能。

本书内容结合可重复使用火箭结构设计，应用结构设计理论和数字化仿真技术，讲解了具有自主知识产权的火箭结构形式。针对可重复使用火箭结构具体设计实例，详细描述了部分关键技术问题及解决方案。这些内容是我国发展可重复使用运载火箭的工作，具有开创性，为从事航天运载领域研究的工程师、教师和研究生提供了有益的帮助。本书三位主编为多年从事液体运载火箭设计的工程师，他们充分发挥各自专业所长，将创新理念、设计方法和工程经验融入设计、分析和优化中，他们对航天事业的热爱与激情跃然纸上，为我国可重复使用运载火箭的发展奠定了坚实的基础。

庄茁 教授

于清华园

2022 年 10 月

目 录 /CONTENTS

第 1 章

猎鹰 9 号运载火箭介绍

美国太空探索技术公司（SpaceX），是由埃隆·马斯克 2002 年 6 月建立的美国太空运输公司。SpaceX 公司开发了可部分重复使用的猎鹰 1 号（Falcon - 1）、猎鹰 9 号（Falcon - 9）、猎鹰重型运载火箭。SpaceX 同时开发龙飞船（Dragon）系列的航天器，通过猎鹰 9 号火箭发射到轨道。SpaceX 计划未来用星际飞船（Starship），原名大型猎鹰火箭（BFR），来进行载人绕月飞行、前往火星等太空探索。

猎鹰 9 号运载火箭是美国 SpaceX 公司研制的经典可回收中型二级液氧煤油运载火箭（见图 1 - 1），可适配多星组网发射和载人龙飞船发射。猎鹰 9 号运载火箭设计是经过多次验证的、高度可靠的，在此设计基础之上，SpaceX 开发了猎鹰重型运载火箭，它是现役最强大的运载火箭，采用通用芯级的设计理念，发射时的推力超过 230 t。该火箭的箭体直径为 3.66 m，高度为 70 m，火箭总质量为 550 t，低地球轨道（LEO）的运载能力为 22.8 t，地球同步转移轨道（GTO）运载能力为 8.3 t。

图 1 - 1　猎鹰 9 号运载火箭发射与回收示意图

猎鹰 9 号运载火箭的两级构型方案可以极大地增加火箭发射的可靠性，但是对二级发动机的要求极高。其一、二级结构特点如表 1-1 所示。

表 1-1　猎鹰 9 号运载火箭一、二级结构特点

结构	一级	二级
高度	70 m	
材料	铝合金	
发动机	梅林 1D	梅林 1D Vac
发动机数量	9	1
推进剂	液氧/煤油(RP-1)	
推力	7 686 kN(海平面)	981 kN(真空)
节流能力	57%～100%	63.8%～100%
多次启动能力	具备	
增压方式	冷氦增压(氧箱内)	
姿态控制	多机摇摆/栅格舵	氮气推进
分离方式	冷气分离	

猎鹰 9 号运载火箭（见图 1-2）在设计之初就遵循美国国家航空航天局（NASA）载人航天安全裕度的相关要求，其中结构的安全系数为 1.4。

猎鹰 9 号运载火箭整流罩为两瓣式构型，其长度为 13.2 m，直径为 5.2 m，采用碳纤维面板-厚铝蜂窝夹芯结构，外形为钝头锥柱形式。整流罩纵向连接采用机械锁机构锁紧，在接收到分离指令后，高压氦气驱动机械锁，使两瓣整流罩解除纵向连接，高压氦气继续驱动推冲装置（4 个）直至将两瓣整流罩推开，即平抛分离。

猎鹰 9 号运载火箭二子级（见图 1-3）的直径为 3.66 m，长度为 14.3 m（不含卫星过渡支架），由贮箱（液氧和煤油）、过渡支架、卫星支架、1 台真空梅林（Merlin）发动机等组成。贮箱采用铝锂合金材料，用搅拌摩擦焊工艺制成，其中液氧贮箱为硬壳式结构，煤油贮箱为金属环框式结构，采用共底结构将煤油和液氧推进剂分开。猎鹰 9 号火箭的二级由 1 台真空版（Vac）梅林发动机提供动力，除为适应飞行的真空环境使用面积比 165∶1 的真空喷管，发动机大部分的材料、构造和制造技术与一级相同。在一、二级分离后，二子级发动机开始点火工作，通过多次启动，将多个有效载荷送往不同的轨道。过渡支架安装在二子级的前端，用于连接箭体与卫星支架，其与卫星支架的连接接口为 120 个螺栓，间隔 3°分布，分布圆直径为 1 575 mm。SpaceX 公司根据 EELV 标准接口规范设计了多种过渡支架满足不同卫星发射要求。

猎鹰系列火箭第一级和第二级的级间段（见图 1-4）采用纤维面板-铝蜂窝层组成复合结构，通过一级火箭贮箱前端与二级贮箱底部相连接。级分离系统位于级间连接的前端，与第二级相连接。到达分离点时，级间段与二子级分离。级间段内部装有栅格舵展开

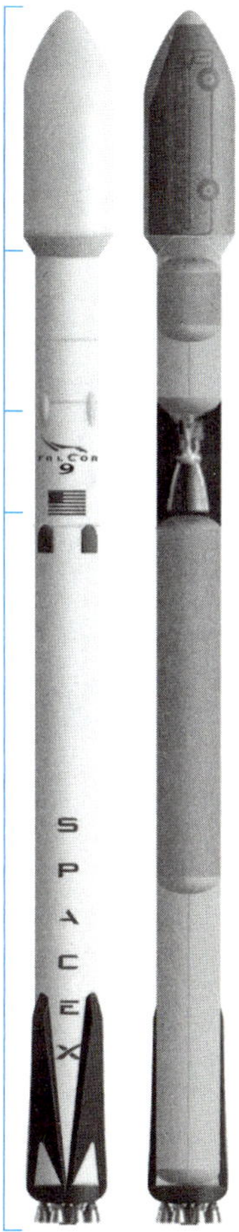

图 1 - 2　猎鹰 9 号运载火箭整体构型

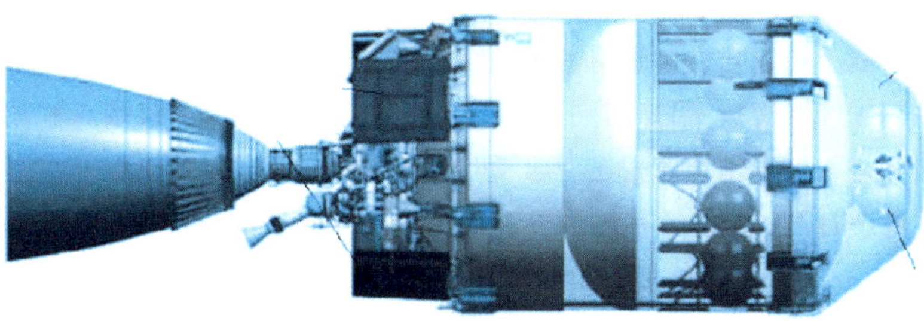

图 1 - 3　猎鹰 9 号运载火箭二子级

和摇摆驱动系统，以及用于一子级返回时的冷氮气姿态控制系统（RCS）。一子级与二子级的连接与分离面位于级间段与二子级的对接面，采用机械锁装置实现一、二级之间的连接与解锁：一子级发动机关机后，通过高压氦气实现级间机械锁解锁，同时采用一套冷氦气推冲装置分离冲量能源，在级间对接面产生一个相互作用力，使一、二级分离。

图 1-4　猎鹰 9 号运载火箭级间段

猎鹰 9 号运载火箭一子级在回收过程中采用 4 个栅格舵进行滚转、俯仰和偏航控制。栅格舵安装在级间段上，横跨一子级与级间段对接面，前端在升空时固定在一子级上，每片栅格舵的尺寸约为 1.22 m × 1.52 m，可以独立调整姿态，在开式液压系统的驱动下，能够进行旋转和倾斜。栅格舵会在升空时收拢，降落时打开。

猎鹰 9 号运载火箭一子级与二子级的直径保持一致，但一子级较长（长度为 41.2 m）且可回收再用。一子级由贮箱（液氧和煤油）、着陆支撑腿、9 台真空梅林发动机等组成。此外，一子级贮箱和二子级贮箱使用了相同的材料、结构构型、加工与制造工艺，节省了成本，提高了制造与装配效率。

猎鹰 9 号运载火箭着陆支撑腿用于一子级回收（见图 1-5），一子级上共有 4 条着陆支撑腿，它采用碳纤维面板-铝蜂窝夹芯结构，腿的下端通过两个铰接点和裙部连接，中部一个铰接点和一个液压作动筒相连，起飞时腿是收起的，此时作动筒被腿包住，降落时作动筒伸长，将腿打开，支撑着陆腿展开动力源和级间分离推冲装置设计思路一致，均采用高压氦气源。

猎鹰 9 号运载火箭的一级是由 SpaceX 公司自行研制的 9 台梅林发动机提供动力，每台发动机提供 854 kN（87 t）的推力，发射时可为火箭提供总推力为 7 686 kN（784 t）。第一级发动机布置成圆形，8 台发动机在四周，1 台发动机在中心。

猎鹰系列运载火箭的第一级推进剂贮箱由铝锂合金制成。贮箱箱体采用搅拌摩擦焊技术制造，这是目前可以实现的最高强度和最可靠的焊接方式。液氧箱内的液氧通过硬质发泡的绝缘液氧输送管经煤油箱内的隧道管输送到发动机入口。猎鹰 9 号运载火箭起飞前，在所有发动机启动后，火箭在地面被短暂牵制，直到所有火箭系统都被确认运行正常后才

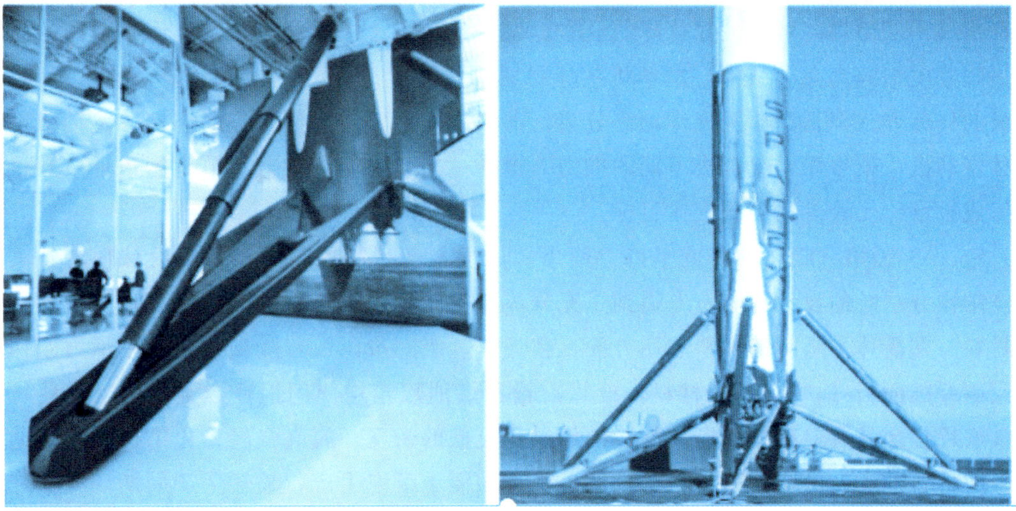

图 1－5　猎鹰 9 号运载火箭一子级着陆支撑腿

释放，火箭发射升空。猎鹰 9 号运载火箭的飞行任务时序如图 1－6 所示。

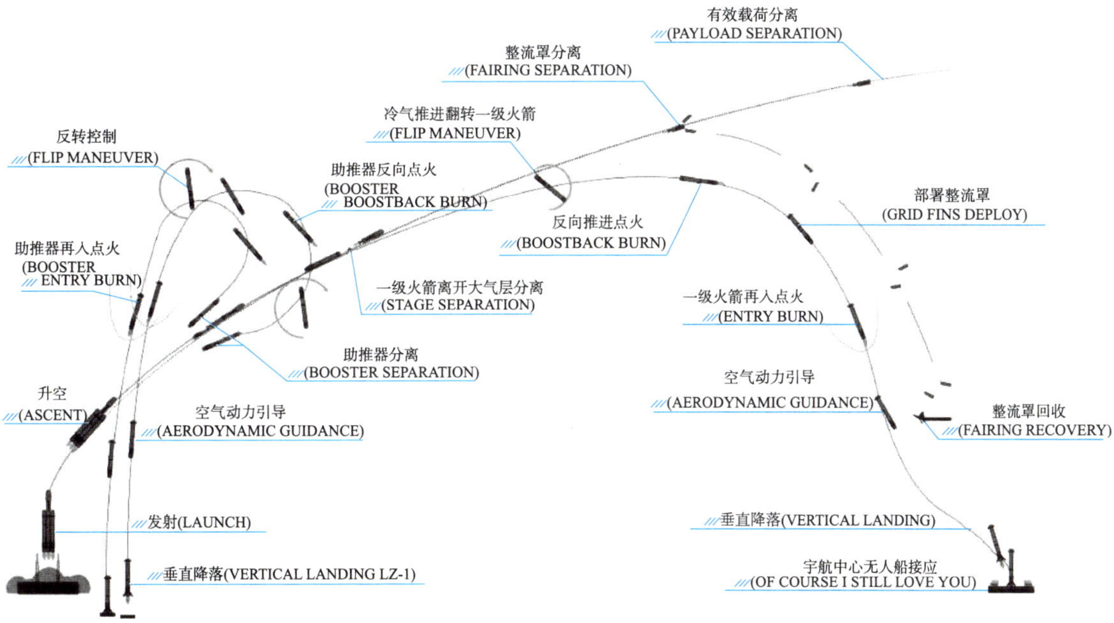

图 1－6　猎鹰 9 号运载火箭的飞行任务时序

作为目前世界上最知名的可回收运载火箭，猎鹰 9 号的 LEO 结构效率达到了惊人的 3.8%，分离系统采用高压冷氦气的方式取代了火工品分离方案。同时，猎鹰 9 号是全世界第一款超轻质化设计的火箭——全箭贮箱广泛使用 2198 铝锂合金，整流罩和级间段使用碳碳复合材料制造，制导、导航与控制系统（GNC）采用了商业化部件。而如此轻的结构质量，造就了猎鹰 9 号运载火箭超强的干质比（火箭一级约为 20，二级约为 27）。

从猎鹰 9 号运载火箭的关键结构，我们可以总结出它的技术特点是尽量采用相同的工艺和材料，从而提高可靠性并且降低成本。比如整流罩、级间段、裙部、回收通用的材料都是碳蒙皮铝蜂窝夹芯结构，发动机主体材料都是搅拌摩擦焊的锂铝合金，整流罩与一、二级的分离方式都是高压氦气作动筒分离，部段之间主要连接都是径向连接，发动机都是梅林发动机，根据需要组合成不同的推力。这样一来容易简化工艺，节省制造环节，也容易形成批量化，最终达到低成本目标。

SpaceX 公司自成立以来就坚持“简单、低成本、高可靠”的经营与设计理念，其在箭体结构分系统的设计与制造上得到了充分体现。减少原材料种类，使用高强度轻量化结构材料。在箭体主结构的材料选用方面，整流罩、级间段以及着陆支撑腿的主承力结构均采用碳纤维面板-铝蜂窝夹芯材料，液氧贮箱和煤油贮箱均使用铝锂合金材料，这些材料比常规铝合金具有更高的强度和弹性模量以及更低的密度，属高强轻量化结构材料。通过减少原材料种类，可增大原材料的批量，一方面便于组织生产，缩短生产周期，有效降低成本，另一方面有利于原材料生产质量控制，确保产品性能。

在贮箱结构构型方面，一子级贮箱和二子级贮箱除了长度不同外，结构构型完全相同，其中液氧贮箱均为硬壳式结构，煤油贮箱均为金属环框式结构，这两种结构相对于现在常用的等边三角形网格加筋结构，其制造成本可降低至 1/5。此外，液氧贮箱与煤油贮箱采用共底结构，贮箱焊接则采用搅拌摩擦焊技术。一方面，这些工艺简单、生产方便、成本低廉，已广泛应用于航天运载器领域，技术成熟。另一方面，可以使用相同的设备、加工与制造工艺，节省成本，提高制造和操作效率。箭体结构采用二级构型，减少了分离次数。一、二级及整流罩分离系统均采用高压氦气作为解锁及分离动力源而非采用火工品，这样可以在飞行前对参与飞行任务的分离系统进行验收和性能测试，级间用于一子级与二子级相连与解锁用的机械锁由早期的 9 个减少到最终的 3 个，所有这些措施都从设计源头上提高了猎鹰 9 号运载火箭的飞行可靠性。同时非火工分离方式还能真正实现无污染分离，有效降低分离冲击。

作为 SpaceX 公司的当红主力火箭，猎鹰 9 号运载火箭体现了 SpaceX 公司长久以来对于运载火箭低成本和高可靠性设计理念中的创新意识，如液氧贮箱和煤油贮箱分别采用硬壳式结构和金属环框式结构，使用铝锂合金材料及搅拌摩擦焊技术进行生产制造，从结构方案、材料到制造工艺都是非常成熟的。金属环框式结构在土星 5 号运载火箭贮箱中已有成熟应用，铝锂合金材料则用于航天飞机外贮箱。搅拌摩擦焊技术更是如此，在波音公司 Delta Ⅱ 和 Delta Ⅳ 运载火箭的贮箱生产上已经使用多年，并在工业焊接市场得到广泛应用，所以不需要重新进行工艺研发。沿用成熟技术和产品在很大程度上降低了运载火箭的研制费用，同时由于继承了相应的技术成熟度和产品成熟度，产品质量能够得到有效保证。

SpaceX 公司从原材料和结构方案着手，通过减少原材料种类和结构构型，构建原材料-零组件-大结构件（贮箱、整流罩、级间段等）三层次产品研发体系。一子级贮箱和二子级贮箱除了长度不一致外，其结构设计方案、材料和制造工艺完全一致，使得火箭芯级贮箱具有较大的通用性，从而简化火箭设计工作以及贮箱生产线，可共享制造设备及技术人员。在分离系统方面，采用高压氦气-机械锁-推冲装置的不同组合方式完成了一、二级分离系统和整流罩分离系统的搭建。通过上述产品化措施，有效减少了产品种类，从而有利于快速批量生产，确保产品制造质量，提高产品可靠性。

猎鹰 9 号运载火箭从总体结构构型到结构分系统的 4 个主要结构部段都积极贯彻低成本和高可靠性的设计思想，从原材料和通用结构构型入手，将成熟技术、成熟产品与创新技术相结合，不断改进和提高运载火箭的飞行可靠性。随着商业航天的纵深发展，设计及制造成本与可靠性同等重要，已成为新型运载火箭研制的重要指导思想，在确保可靠性的前提下尽量降低设计及制造成本是运载火箭关键分系统之一的箭体结构的主要发展趋势。创新引领，技术驱动，我们通过对火箭具有特色的结构开展分析和有限元计算，加强对火箭结构设计技术的探索、理解，力争国产的可重复使用火箭结构设计实现“高质量、高效益、低成本、可持续”的理念。

本章作者：张延瑞，王瑀宁

第 2 章

火箭贮箱设计与强度校核

2.1 贮箱系统

2.1.1 概述

火箭贮箱（见图 2－1）犹如一个“大肚子”，装载着为火箭提供动力的推进剂，其可靠与否直接关系到火箭发射的成败。贮箱作为运载火箭中推进剂贮存和传递飞行载荷的主要结构[1]，在火箭的干态质量和体积中，占据相当大的比例。对于以轴压承载为主的火箭基础级贮箱，其筒段重量占贮箱重量的 60％以上，因此，对贮箱的轻质化和均质化要求较高，多采用薄壁网格加筋壳和硬壳式结构焊接成型。

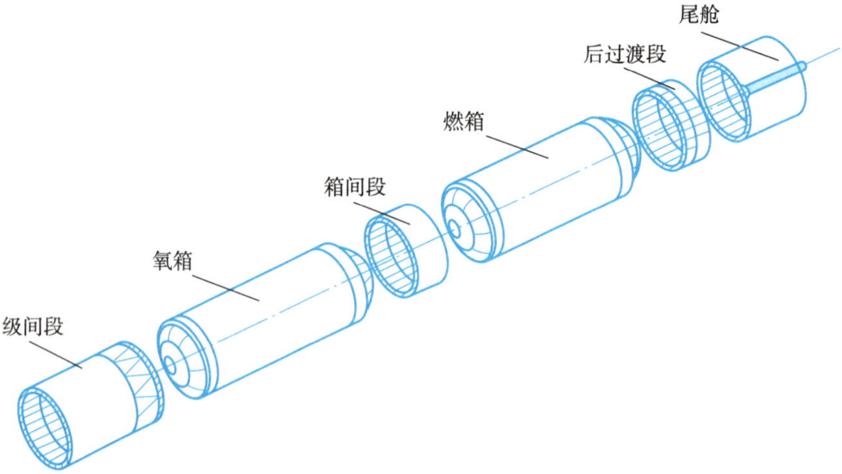

图 2－1　运载火箭贮箱

贮箱制造工艺难度大、要求高，任何质量问题都可能导致灾难性后果。如图 2－2 所示，贮箱制造包括箱底成型、筒段壁板成型及其焊接、连接环成型以及整箱焊接组装、箱内支架连接等主要工艺步骤，该过程涉及成型、焊接、热处理、表面处理、化铣、机械加工、铆接、装配、检测等多种技术领域，而在这其中成型和焊接工艺是制造贮箱的关键技术。成型指通过机加、挤压、旋压等工艺将贮箱的薄壁结构和环件构件加工成设计状态；焊接指将成型后的薄壁结构和环件结构通过搅拌摩擦焊、等离子焊、电子束焊等方式，按设计要求焊接成整体结构。大型贮箱箱底采用“顶盖＋瓜瓣”焊接工艺，中、小型箱底采用整体旋压成型技术；贮箱连接环可采用分体搅拌摩擦焊[2]拼焊而成，也可采用整体锻造成型；贮箱筒段则可采用壁板拼焊，壁板采用机械铣切网格后滚弯或压弯的方式成型。贮箱焊缝通常包括环向焊缝和纵向焊缝[3]。

贮箱一般采用铝镁或铝锂合金[4]，也可采用不锈钢或其他合金材料。国外的一些火箭型号开始尝试将复合材料[5]应用于燃箱等部段，这种加筋柱壳结构被称为先进网格加筋结构。但由于复合材料成本过于昂贵，且破坏形态复杂性难以预测，工程界更倾向于使用可靠性较高的金属材料，采用化学铣切、机械铣切甚至浇铸的方式来制造运载火箭型号中的加筋柱壳结构。

贮箱既是传递载荷的主要结构又是动力系统的部件。典型的贮箱组成和布局如图 2－3 所示，主要包括结构系统、贮箱附件、管路系统和绝热系统四大系统。1）结构系统主要指短壳、箱筒段和箱底，其中短壳和箱筒段传递轴向载荷、弯矩载荷以及发动机机架和级间杆系所引起的集中载荷。箱底与箱筒段相连组成一个封闭容器，主要承受内压载荷。短壳、箱筒段和箱底通过焊接成型为一个压力容器箱体，用于存储推进剂。2）贮箱附件主要指防晃装置、防漩装置、消能器以及在低重力场下使用的蓄留装置。3）管路系统主要指推进剂输送管路、增压管路、加注管路等。4）绝热系统是覆盖于贮箱和输送管路表面的绝热材料，可使推进剂处于额定工作温度，维持发动机性能稳定。

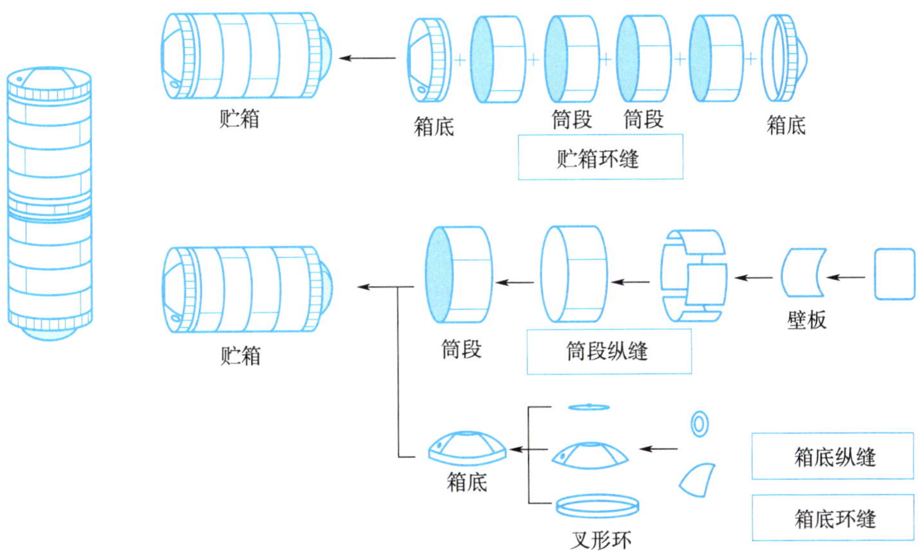

图 2－2　贮箱成型工艺

作为液体运载火箭最大部段，贮箱质量占火箭结构总质量较高的比例，因此我国重型运载火箭与国外大直径重型运载火箭一样，贮箱都采用密度更低、模量和强度更高的材

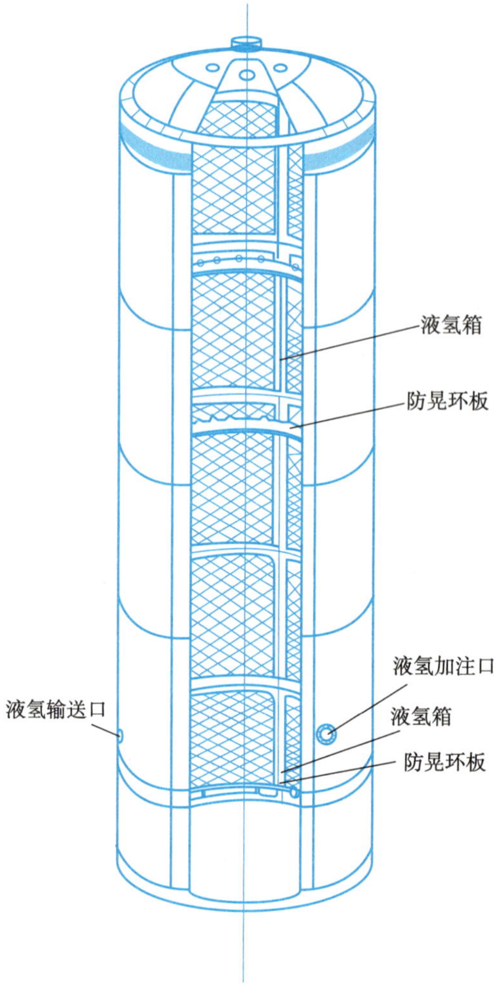

图 2-3　贮箱结构组成和布局

料，在满足刚度和强度要求的同时将贮箱壳段的等效厚度做得更薄。巨大的承载需求和结构的轻量化设计极易产生矛盾，为此，设计师应合理布局网格加筋的分布方式和筋条的尺寸参数，从而减轻结构的质量，在满足轻量化的前提下满足刚度性能要求。

2.1.2　贮箱结构形式

贮箱结构形式与承受的载荷有关，载荷性质和量级直接影响贮箱结构形式，贮箱结构形式主要分为承力式贮箱和悬挂式贮箱两种（见图 2-4），承力式贮箱除了充当存储推进剂的容器外，贮箱壁还参与火箭的总体受力，承受发动机推力、气动力、惯性力和箱内增压压力等作用。悬挂式贮箱不参与火箭的总体受力，只承受内压力和支撑传来的局部载荷。因悬挂式贮箱的结构形式不利于减重，空间利用率低，在现代火箭上已较少应用。

对于双组元推进剂系统，承力式贮箱又可细分为图 2-5 所示的共底贮箱和双底贮箱。共底贮箱在质量、尺寸上有较大优势，但工艺制造水平要求高；双底贮箱制造工艺相对简

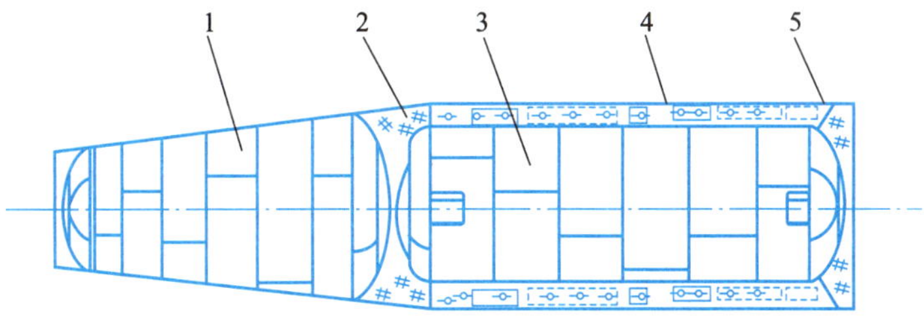

图 2-4　承力式贮箱和悬挂式贮箱示意图

1—承力式贮箱；2—隔热层；3—悬挂式贮箱；4—承力壳体；5—支承环

单，但是质量和尺寸较大。两种形式的选择取决于对总体布局、可靠性、工艺制造水平和经济性的权衡结果。

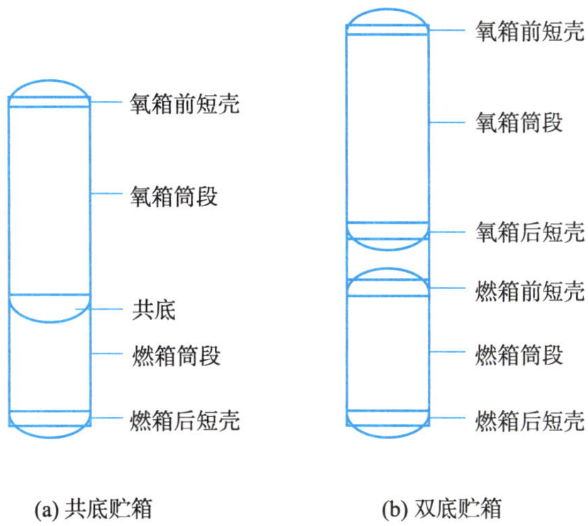

图 2-5　共底贮箱和双低贮箱

贮箱的轻质化和均质化要求高，主要采用硬壳式结构和网格加筋结构。

1）硬壳式结构：即光壳结构，由板材滚弯、冲压成型和焊接工艺实现，主要用来承受内压载荷，轴向承载能力较弱。

2）网格加筋结构：在硬壳式结构的基础上增加加强筋的结构，具有较强的轴向承载能力。根据工艺类型不同，分为化铣网格加筋壳和机械铣网格加筋壳[6]。网格加筋结构具有较强的设计性，可根据结构的受力情况对网格筋条布置进行优化，图 2-6 为不同的加筋结构形式示意图。

在设计贮箱时，根据具体受力情况选择结构形式：前后短壳主要承受轴向载荷，选用网格加筋结构或半硬壳式结构；前后箱底主要承受贮箱内压载荷，选用硬壳式结构；筒段是贮箱受力最复杂的位置，需要根据设计输入条件进行判断，采用公式（2-1）计算折合轴向力，当 $T_1 < 0$ 时，贮箱轴向受拉，以内压设计为主，轴压校核为辅，采用光壳结构。当 $T_1 > 0$ 时，贮箱轴向受压，以轴压失稳作为主要的考虑因素，采用网格加筋结构。

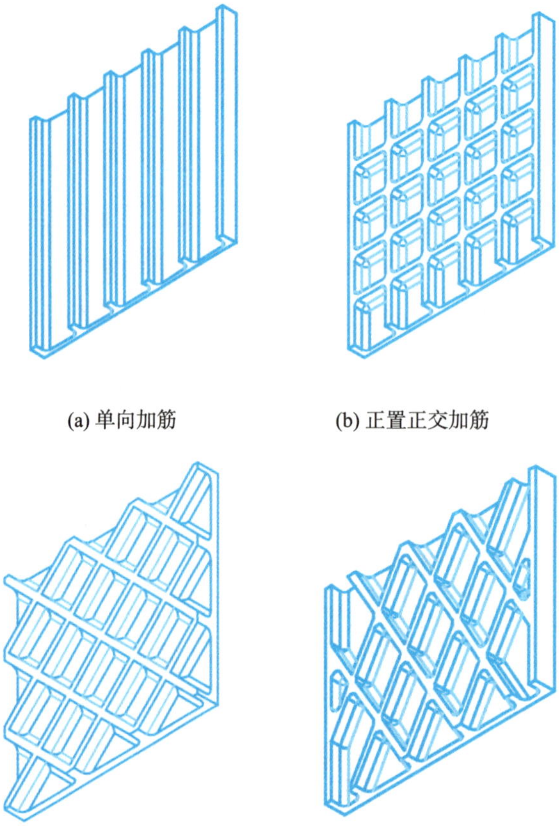

(a) 单向加筋　(b) 正置正交加筋　(c) 45°斜置正交加筋　(d) 30°斜置正交加筋

图 2-6　网格加筋结构不同网格类型

$$T_1 = f_1\left(N + \frac{2M}{R}\right) - \pi R^2 p_0 \tag{2-1}$$

式中，N 为截面轴力；M 为截面弯矩；f_1 为安全系数；p_0 为增压。

2.1.3　贮箱强度设计准则

贮箱结构的设计情况应考虑停放、运输、起吊、竖立和飞行过程中受载最严重的工况。保证贮箱在整个使用过程中的使用应力不超过设计应力，更不允许超过极限状态，确保结构不发生失稳，不产生应力强度破坏。

(1) 以结构应力破坏设计为设计准则

以结构应力破坏设计为设计准则时，设计应力应小于材料的强度极限 σ_b 。

对于脆性材料或低塑性材料，应使用第一强度理论，即

$$\sigma_1 \leqslant \sigma_b \tag{2-2}$$

式中，σ_1 为最大正应力，MPa。

对于塑性材料，使用第三强度理论，当结构主应力顺序为 $\sigma_1 > \sigma_2 > \sigma_3$ 时，则

$$\sigma_1 - \sigma_3 \leqslant \sigma_b \tag{2-3}$$

式中，σ_1 为最大正应力，MPa；σ_3 为最小正应力，MPa。

对于有焊缝的结构，应考虑焊缝削弱引起的结构强度的降低。焊缝削弱的影响系数应由该种材料的焊缝试片经过试验确定。

（2）以结构失稳设计为设计准则

当结构承受单一载荷或相当于承受单一载荷时，应使设计应力不大于相应的临界应力，外压小于相应的临界外压。

$$\sigma \leqslant \sigma_{\mathrm{lj}},\quad \tau \leqslant \tau_{\mathrm{lj}},\quad p \leqslant p_{\mathrm{lj}} \tag{2-4}$$

式中，σ 为轴压应力，MPa；σ_{lj} 为临界轴压应力，MPa；τ 为剪切应力，MPa；τ_{lj} 为临界剪切应力，MPa；p 为外压，MPa；p_{lj} 为临界外压，MPa。

2.1.4　贮箱强度设计基础

2.1.4.1　概述

贮箱结构主要采用硬壳式结构和网格加筋结构，主要承受火箭飞行过程中贮箱内部的压力和轴向载荷。在进行强度设计时，主要考虑内压是否引起结构应力破坏和轴向载荷是否引起结构失稳。在贮箱早期论证阶段，主要基于工程等效的理论计算方法。为此，本节给出了硬壳式结构和网格加筋结构的内压强度计算方法和稳定性的计算方法。

2.1.4.2　硬壳式结构

贮箱的前后箱底和筒段均采用硬壳式结构，前后箱底多采用椭球壳，筒段为光筒壳，前者在设计时仅考虑内压承载能力，后者在设计时既要考虑内压承载能力又要校核轴向承载能力。

（1）椭球壳

椭球壳以内压设计为主，在内压作用下，由公式（2-5）确定椭球壳任意位置处的径向应力和环向应力，进一步根据第三强度理论校核椭球壳的厚度设计的合理性。

$$\begin{cases} \sigma_1 = \dfrac{PR_2}{2t} \\ \sigma_2 = \sigma_1\left(2 - \dfrac{R_2}{R_1}\right) \end{cases} \tag{2-5}$$

式中，σ_1 为椭球壳径向应力，MPa；σ_2 为椭球壳环向应力，MPa；t 为光筒壳厚度，mm；P 为内压，MPa；R_1 为椭球壳第一曲率半径，mm；R_2 为椭球壳第二曲率半径，mm。

如图 2-7 所示，椭球壳的第一曲率半径 R_1 和第二曲率半径 R_2 可由公式（2-6）确定。

$$\begin{cases} R_1 = \dfrac{[a^4 - x^2(a^2 - b^2)]^{3/2}}{a^4 b} \\ R_2 = m\sqrt{a^2 - x^2\left(1 - \dfrac{1}{m^2}\right)} \end{cases} \tag{2-6}$$

式中，a 为椭球壳的长半轴长度，mm；b 为椭球壳的短半轴长度，mm；m 为模数，$m=$

a/b；x 为垂直于椭球旋转轴方向的坐标。

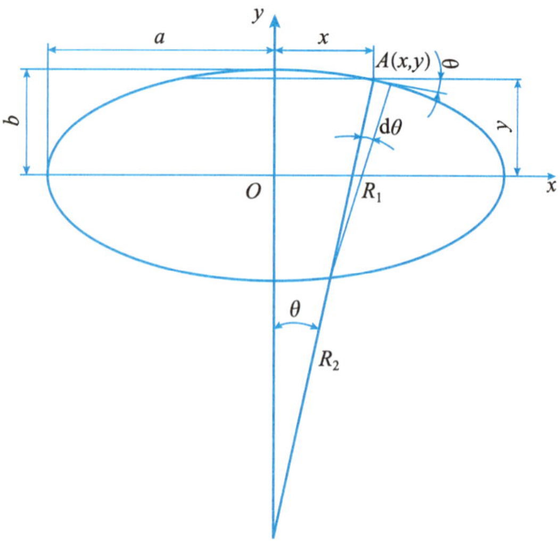

图 2-7　椭球壳参数示意图

（2）光筒壳

光筒壳以内压设计为主，轴向承载能力校核为辅。在内压作用下，由公式（2-7）[7] 确定光筒壳任意位置处的径向应力和环向应力，进一步根据第三强度理论确定出光筒壳的厚度。

$$\begin{cases} \sigma_1 = \dfrac{PR}{2t} \\ \sigma_2 = \dfrac{PR}{t} \end{cases} \tag{2-7}$$

式中，σ_1 为光筒壳径向应力，MPa；σ_2 为光筒壳环向应力，MPa；t 为光筒壳厚度，mm；R 为光筒壳半径，mm；P 为内压，MPa。

通常针对火箭起飞前未增压的竖立工况，还要校核光筒壳的轴向承载能力，光筒壳根据长度可以分为中长壳或短壳，具体划分根据长度参数 Z 进行判别

$$Z = \sqrt{1-\mu^2}\left(\frac{l}{R}\right)^2 \frac{R}{t} \tag{2-8}$$

式中，μ 为材料泊松比；R 为贮箱半径，mm；t 为贮箱壁厚，mm；l 为光筒壳长度，mm。

$Z \geqslant 30$ 称为中长壳，$Z < 30$ 称为短壳，对于中长壳，轴压稳定的临界应力 σ_{lj}[8] 为

$$\sigma_{lj} = kE\frac{t}{R} \tag{2-9}$$

式中，E 为材料弹性模量，MPa；R 为贮箱半径，mm；t 为贮箱壁厚，mm；k 为中长壳轴压临界应力系数，查图 2-8。

对于短壳，轴压稳定的临界应力 σ_{lj}[8] 为

$$\sigma_{lj} = \varphi_0 C K_c \frac{\pi^2 E}{12(1-\mu^2)}\left(\frac{t}{l}\right)^2 \tag{2-10}$$

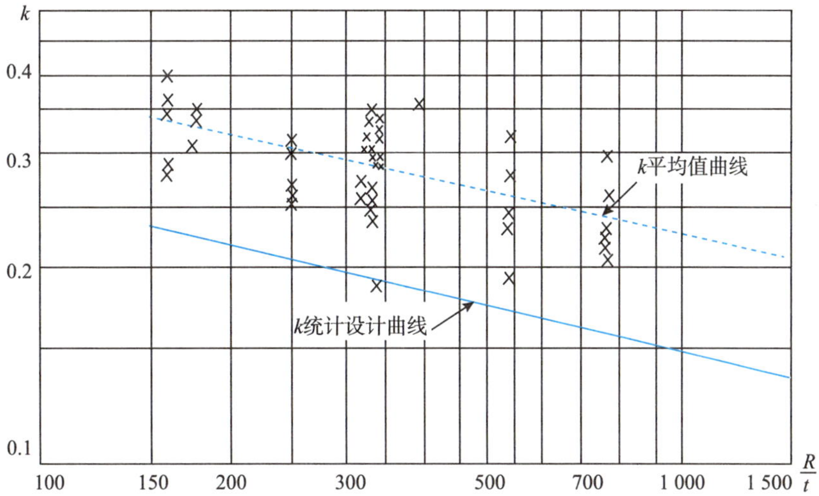

图 2-8　轴压临界应力系数 $k \sim R/t$ 曲线（按平均厚度）

式中，E 为材料弹性模量，MPa；t 为贮箱壁厚，mm；φ_0 为初挠度影响系数，查图 2-9；C 为塑性和长度影响系数，查图 2-10；K_c 为短圆壳临界轴压应力系数，查图 2-11。

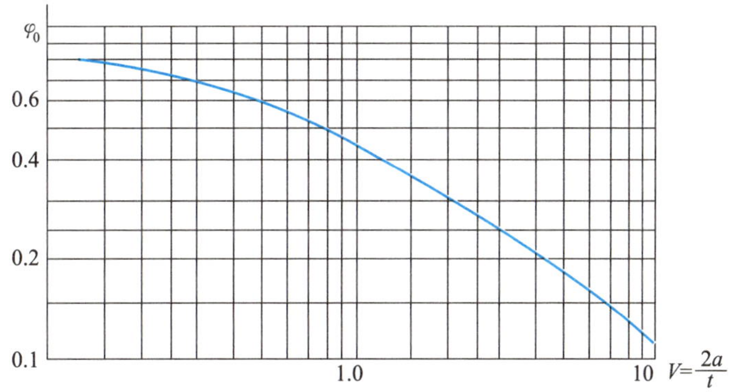

图 2-9　初挠度影响系数

光筒壳体在弯矩作用下的失稳特征和轴压作用下相同。大量试验结果说明，在同样工艺条件下制作的材料及尺寸相同的圆筒壳，弯曲应力[8]可按以下计算

$$\sigma_{lj} = \beta K_0 E \frac{t}{R} \tag{2-11}$$

式中，β 为弯曲临界应力系数。

在纯弯曲时 $\beta = 1.3$，在轴压弯曲联合作用时，β 可用下式计算

$$\beta = \frac{1.3 + \dfrac{FR}{2M}}{1 + \dfrac{FR}{2M}} \tag{2-12}$$

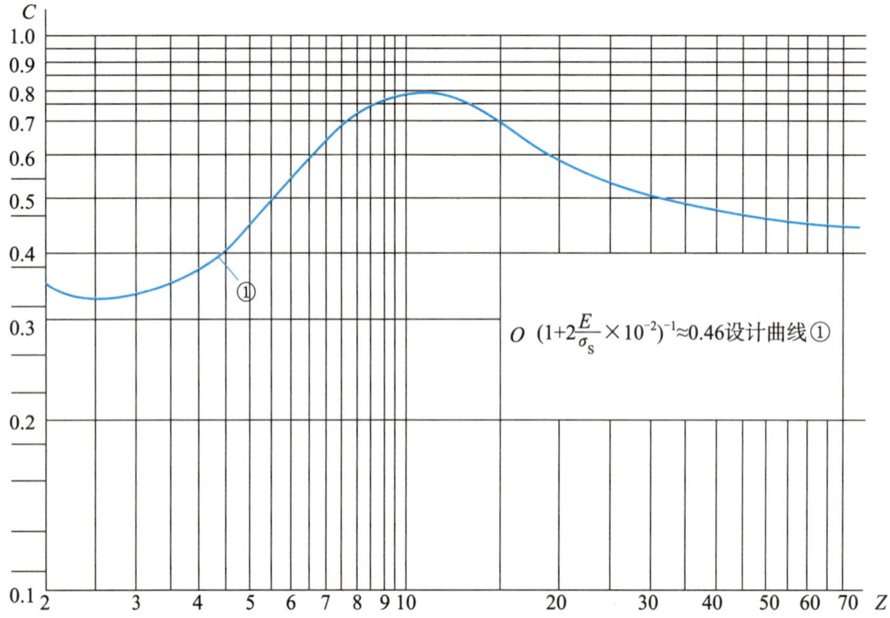

图 2-10 塑性和长度影响系数 $C-Z$ 曲线（90%概率）

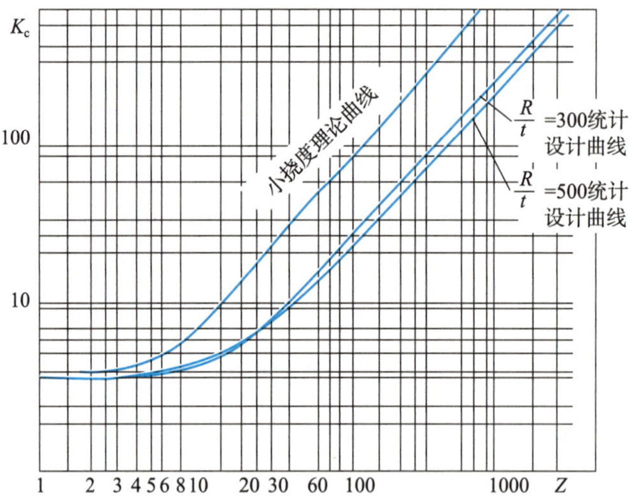

图 2-11 轴压临界应力系数曲线（90%概率分布）

2.1.4.3 网格加筋结构

在贮箱设计中，网格加筋结构[9]主要应用在以轴压载荷为主的结构，对于以轴压载荷为设计工况的圆筒壳，光筒壳的结构效率远低于网格加筋壳。网格加筋壳有正置正交[6]、±45°斜置正交和正置等边三角形网格[5]等（见图 2-12）。目前国内火箭贮箱筒段多采用化学铣切方式加工成斜置正交网格加筋壳体，国外现役火箭多采用等边三角形网格加筋壳[10]。正置网格加筋壳多用在贮箱的前后短壳或仪器舱等舱段上。

贮箱上多采用密加筋结构，理论计算网格加筋壳的方法很多，多以弹性小挠度理论的

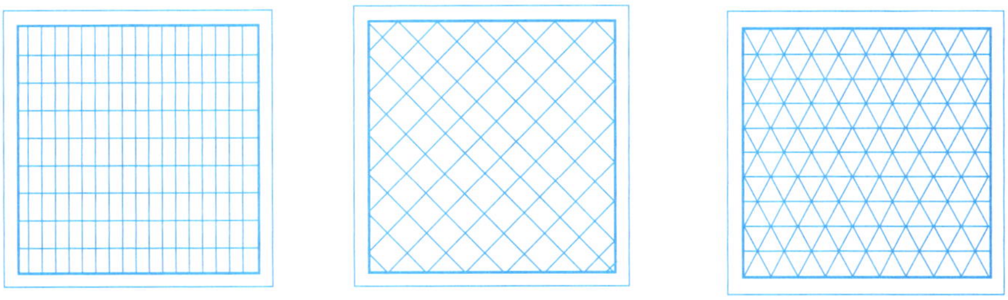

(a) 正置正交　　(b) ±45°斜置正交　　(c) 正置等边三角形

图 2-12　网格加筋结构

均匀化方法[11]计算，用这些计算方法计算壳体临界失稳载荷时，一般要将计算结果乘以试验修正系数（折损系数）才能得到比较真实的技术结果，复合材料折损系数[12]为 0.8，金属折损系数为 0.75～0.8。

随着复合材料在运载火箭的大规模应用，国外一些火箭上已经尝试采用复合材料贮箱[14]，为此，本书重点介绍等刚度铺层法[13,15]，该法将网格筋条按“等刚度铺平”方法进行处理，近似将同一个方向的筋条简化为一层当量的正交各向异性层，即把网格加筋壳转化成正交各向异性多层壳，该多层壳由蒙皮层和若干网格筋条层组成。计算过程中，规定圆筒壳的轴线方向为壳体结构的主方向，蒙皮和筋条部分的刚度参数分别计算，具体的计算过程如下。

蒙皮部分有单向纤维层坯以各种方向角叠加而成，设单向纤维层坯的纤维方向弹性模量为 E_1，垂直纤维方向的弹性模量为 E_2，泊松比为 ν_{12}，剪切模量为 G_{12}，则在其主方向上的应力-应变关系为

$$\begin{Bmatrix}\sigma_1\\ \sigma_2\\ \tau_{12}\end{Bmatrix}=\begin{bmatrix}Q_{11} & Q_{12} & 0\\ Q_{12} & Q_{22} & 0\\ 0 & 0 & Q_{66}\end{bmatrix}\begin{Bmatrix}\varepsilon_1\\ \varepsilon_2\\ \nu_{12}\end{Bmatrix} \tag{2-13}$$

根据主方向上的应力-应变关系，得到蒙皮部分在主方向的刚度参数

$$\begin{cases}Q_{11}=E_1/\left(1-\nu_{12}^2\dfrac{E_2}{E_1}\right)=E/(1-\nu^2)\\ Q_{22}=E_2/\left(1-\nu_{12}^2\dfrac{E_2}{E_1}\right)=E/(1-\nu^2)\\ Q_{12}=\nu_{12}Q_{22}=\nu Q_{22}\\ Q_{66}=G_{12}=E/[2(1+\nu)]\end{cases} \tag{2-14}$$

式中，E_1，E_2，ν_{12}，G_{12} 为单向纤维正交异性层坯主方向的材料性能；E，ν 为各向同性材料弹性模量和泊松比。

筋条部分刚度参数的计算，正置正交网格的筋条方向数为 2，方向角分别为 0°和 90°。筋条在结构主方向上的刚度参数

$$\begin{cases}\bar{Q}_{11}=u_1+u_2\cos2\theta+u_3\cos4\theta\\ \bar{Q}_{22}=u_1-u_2\cos2\theta+u_3\cos4\theta\\ \bar{Q}_{12}=u_4-u_3\cos4\theta\\ Q_{66}=u_5-u_3\cos4\theta\end{cases} \tag{2-15}$$

$$\begin{cases}u_1=(3Q_{11}+3Q_{22}+2Q_{12}+4Q_{66})/8\\ u_2=(Q_{11}-Q_{22})/2\\ u_3=(Q_{11}+Q_{22}-2Q_{12}-4Q_{66})/8\\ u_4=(Q_{11}+Q_{22}+6Q_{12}-4Q_{66})/8\\ u_5=(Q_{11}+Q_{22}-2Q_{12}+4Q_{66})/8\end{cases} \tag{2-16}$$

设某一方向的筋条宽度为 b，高度为 h，间距为 s，顺纤维方向的弹性模量为 E，则这同一方向的筋条构成一当量正交异性层，其当量正交异性层的方向角为筋条的方向角 θ，$E_1=Eb/s$，$E_2=0$，$\nu_{12}=0$，$G_{12}=0$，筋条主方向的刚度简化如下

$$\begin{cases}Q_{11}=E_1/\left(1-\nu_{12}^2\dfrac{E_2}{E_1}\right)=E_1\\ Q_{22}=E_2/\left(1-\nu_{12}^2\dfrac{E_2}{E_1}\right)=0\\ Q_{12}=\nu_{12}Q_{22}=0\\ Q_{66}=G_{12}=0\end{cases} \tag{2-17}$$

$$\begin{cases}u_1=3E_1/8\\ u_2=E_1/2\\ u_3=E_1/8\\ u_4=E_1/8\\ u_5=E_1/8\end{cases} \tag{2-18}$$

若参考面取蒙皮的外表面，综合考虑蒙皮和筋条对刚度的贡献，各刚度的公式如下

$$\begin{cases}A_{ij}=Q_{ij}t_s+\sum\limits_{m=1}^{L}(\bar{Q}_{lj})_m h_m\\ D_{ij}=\dfrac{1}{3}Q_{ij}t_s{}^3+\dfrac{1}{3}\sum\limits_{m=1}^{L}(\bar{Q}_{lj})_m\left[(t_s+h_m)^3-t_s^3\right]\\ B_{ij}=\dfrac{1}{2}Q_{ij}t_s{}^2+\sum\limits_{m=1}^{L}(\bar{Q}_{lj})_m\left(t_s+\dfrac{h_m}{2}\right)h_m\end{cases} \tag{2-19}$$

式中，A_{ij} 为抗拉刚度；D_{ij} 为弯曲刚度；B_{ij} 为拉弯耦合刚度；Q_{ij} 为蒙皮在壳体结构上主方向的刚度；$(\bar{Q}_{lj})_m$ 为各筋条在壳体结构主方向的刚度；t_s 为蒙皮厚度；h_m 为筋条高度；L 为筋条的总方向数。

圆筒壳轴压、外压的相关方程[16]为

$$N_x\alpha^2+N_y\beta^2=-K_{66}+\left[\frac{2K_{12}K_{16}K_{26}+K_{11}K_{26}^2+K_{22}K_{16}^2}{K_{11}K_{22}-K_{12}^2}\right] \tag{2-20}$$

式中，N_x 为圆柱壳界面上单位长度的力，N/mm；N_y 为圆柱壳所受外压，MPa；$\alpha=\frac{m\pi}{l}$，$\beta=\frac{n}{R}$，其中，l 为网格加筋中长圆柱壳长度，R 为网格加筋中长圆柱壳半径，m、n 分别为网格加筋中长圆柱壳失稳纵向半波数和环向整波数。

$$\begin{cases}K_{11}=A_{11}\alpha^2+A_{66}\beta^2\\K_{22}=A_{11}\beta^2+A_{66}\alpha^2\\K_{12}=(A_{12}+A_{66})\alpha\beta\\K_{16}=(B_{12}+2B_{66})\alpha\beta^2+B_{11}\alpha^3-\dfrac{A_{12}}{R}\alpha\\K_{26}=\dfrac{A_{22}}{R}\beta-(B_{12}+2B_{66})\alpha^2\beta-B_{22}\beta^3\\K_{66}=D_{11}\alpha^4+2(D_{12}+2D_{66})\alpha^2\beta^2+D_{22}\beta^4+\dfrac{A_{22}}{R^2}-2\dfrac{B_{12}}{R}\alpha^2-\dfrac{2B_{22}}{R}\beta^2\end{cases}\tag{2-21}$$

（1）圆筒壳临界轴压的数值解

令 $N_x=-N$，$N_y=0$，代入公式（2－20），可得

$$N=\frac{1}{\alpha^2}\left[K_{66}-\frac{2K_{12}K_{16}K_{26}+K_{11}K_{26}^2+K_{22}K_{16}^2}{K_{11}K_{22}-K_{12}^2}\right]\tag{2-22}$$

则临界轴压和临界应力[16]为

$$\begin{cases}T_{\mathrm{lj}}=2\pi RN_{\min}\\\sigma_{\mathrm{lj}}=\dfrac{N_{\min}}{\bar{t}}\end{cases}\tag{2-23}$$

式中，$N_{\min}$ 为由式（2－22）求得的最小值，$\bar{t}$ 为当量壁厚。

对中长圆柱壳的轴压失稳，m、n 均为正整数且满足 $m\geqslant1$，$n=0$ 或 $n\geqslant2$。

（2）圆筒壳临界外压的数值解

令 $N_x=0$，$N_y=-PR$，代入公式（2－20），可得

$$P=\frac{1}{R\beta^2}\left[K_{66}-\frac{2K_{12}K_{16}K_{26}+K_{11}K_{26}^2+K_{22}K_{16}^2}{K_{11}K_{22}-K_{12}^2}\right]\tag{2-24}$$

对中长圆柱壳的外压失稳，一般采用 $m=1$，$n\geqslant2$ 的正整数，求式（2－24）得到 P 的最小值 $P_{\min}$，此值即为临界外压[17]

$$P_{\mathrm{lj}}=P_{\min}\tag{2-25}$$

2.2　贮箱设计与校核经典案例

2.2.1　概述

以某液氧贮箱为例（见图 2－13），直径为 3 350 mm，筒段总长 8 000 mm，叉形环和短壳总长度为 400 mm，贮箱前后底模数为 1.6，贮箱材料采用 2219 铝合金，该材料具有

轻质、高强度、易于焊接的优点。弹性模量 $E=68\ 000$ MPa，屈服强度 $\sigma_s=350$ MPa，拉伸强度 $\sigma_b=435$ MPa，密度 $\rho=2\ 730\ kg/m^3$。

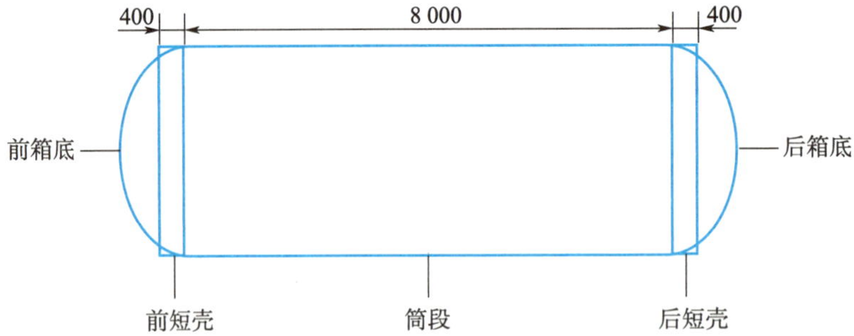

图 2－13　贮箱分站示意图

2.2.2　设计要求

贮箱结构应具有足够的刚度和强度，能够适应停放、起吊、运输和飞行等过程中的力学环境条件。本书给出贮箱筒段、箱底、前后短壳和叉形环的设计载荷和强度计算方法。

2.2.3　筒段设计

本书中的箱筒段为受拉贮箱，设计形式为内压设计、轴压校核。箱筒段结构形式为光筒壳结构，分为 4 个壳段，每个壳段分别由 4 块壁板焊接成筒，每块壁板采用先机械铣再滚弯成型的方式进行加工，每块壁板示意图如图 2－14 所示，包括蒙皮区域和焊接加厚区域，壁板之间的焊接采用搅拌摩擦焊，筒段与筒段之间焊接形式采用熔化焊工艺，其中对于时效强化的 2219 铝合金，熔化焊的焊缝强度系数为 0.5，搅拌摩擦焊的焊缝强度系数为 0.6。

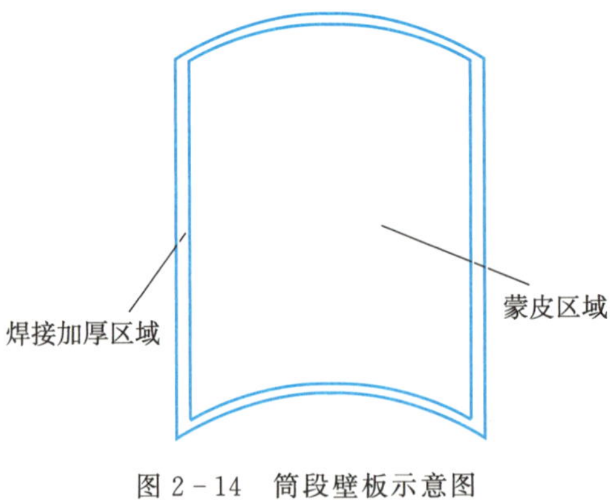

图 2－14　筒段壁板示意图

根据载荷分布特性，筒段蒙皮厚度采用了分段设计的原则，焊缝加强区的厚度均为 $7_{-0.1}^{0.1}$ mm，从前底到后底方向，4 个筒段的蒙皮厚度分别为 $3.2_{0}^{0.1}$ mm、$3.3_{0}^{0.1}$ mm、$3.4_{0}^{0.1}$ mm、$3.4_{0}^{0.1}$ mm，4 个筒段的内压和轴压载荷分布见表 2－1、表 2－2 所示。

表 2－1　各个筒段的内压载荷（保险阀打开）

类别	筒段 1	筒段 2	筒段 3	筒段 4
p_z/kPa	540	540	540	540
p_q/kPa	0	44.5	66.8	89.1
t/℃	－182	－182	－182	－182
温度影响系数 ϕ_t	1	1	1	1
使用内压 p_s/kPa	540	584.5	606.8	629.1
基体金属安全系数 f_{jt}	1.3	1.3	1.3	1.3
焊缝安全系数 f_{hf}	1.4	1.4	1.4	1.4
基体金属设计内压 p_j/kPa	702	760	789	818
焊缝设计内压 p_{hj}/kPa	756	818	850	881

表 2－2　各个筒段的轴压载荷（竖立，未增压）

类别	筒段 1	筒段 2	筒段 3	筒段 4
t/℃	－182	－182	－182	－182
p_z/kPa	0	0	0	0
p_q/kPa	22.3	44.5	66.8	89.1
M/(N·m)	52 289	76 518	101 221	121 358
T/N	4 551	6 123	7 654	8 765
温度影响系数 ϕ_t	1	1	1	1
使用轴压 T_s/N	93 780	136 483	179 921	215 139
轴压稳定性安全系数 f	1.4	1.4	1.4	1.4
设计轴压 T_j/N	131 292	191 077	251 890	301 194

以第 1 筒段的内压设计与强度校核为例，计算过程如下。

（1）内压设计

对于纵向焊缝位置，考虑负公差之后最小厚度为 6.9 mm，其极限承载能力为

$$P_b = \frac{\sigma_b t_h}{R}\varphi = \frac{435 \times 6.9}{1675} \times 0.6 = 1.075(\text{MPa}) \tag{2-26}$$

因此，焊缝区的剩余强度系数

$$\eta = \frac{P_b}{P_t^{hj}} = \frac{1.075}{0.756} = 1.422 \tag{2-27}$$

对于蒙皮区，考虑公差之后的最小厚度为 3.2 mm，其极限承载能力为

$$P_b = \frac{\sigma_b t_s}{R} = \frac{435 \times 3.2}{1675} = 0.831(\text{MPa}) \tag{2-28}$$

因此，蒙皮区的剩余强度系数

$$\eta=\frac{P_b}{P_t^j}=\frac{0.831}{0.702}=1.184 \tag{2-29}$$

（2）轴压校核

在竖立工况下，贮箱筒段所承受载荷以弯矩为主，筒段临界失稳应力如下

$$\sigma_{lj}=\beta K_0 E_t\frac{t}{R}=72.31\ \text{MPa} \tag{2-30}$$

轴压承载能力如下

$$T_{lj}=2\pi\left(R-\frac{t}{2}\right)\times t\times\sigma_{lj}=2\ 434\ 280\ \text{N} \tag{2-31}$$

轴压稳定性剩余强度系数如下

$$\eta=\frac{2\ 434\ 280}{131\ 292}=18.54 \tag{2-32}$$

其他筒段与第 1 筒段计算流程一致，表 2-3、表 2-4 给出各个筒段的计算结果。

表 2-3　各个筒段内压设计结果

项目		第 1 筒段	第 2 筒段	第 3 筒段	第 4 筒段
焊缝区	P_b/MPa	1.075	1.075	1.075	1.075
	η	1.422	1.314	1.266	1.221
蒙皮区	P_b/MPa	0.831	0.857	0.883	0.883
	η	1.184	1.128	1.119	1.080

表 2-4　各个筒段轴压校核结果

项目	第 1 筒段	第 2 筒段	第 3 筒段	第 4 筒段
σ_{lj}/MPa	72.35	74.70	77.02	77.07
T_{lj}/N	2 434 280	2 591 837	2 753 310	2 754 933
η	18.54	13.56	10.93	9.15

2.2.4　箱底设计

箱底采用的瓜瓣拼焊方案（见图 2-15），即由顶盖和 8 块瓜瓣拼焊而成，长半轴长度为 1 675 mm，内型面的模数为 1.6。顶盖的外缘直径为 1 500 mm，箱底瓜瓣区域分为焊接区域和蒙皮两部分，其中焊接区域要考虑焊缝系数影响。因此箱底强度校核分为箱底顶盖强度计算和瓜瓣强度计算。

其中前箱底的载荷主要由增压产生，后箱底的载荷由增压压力和推进剂的液柱压力联合产生，表 2-5 为贮箱箱底的设计载荷。

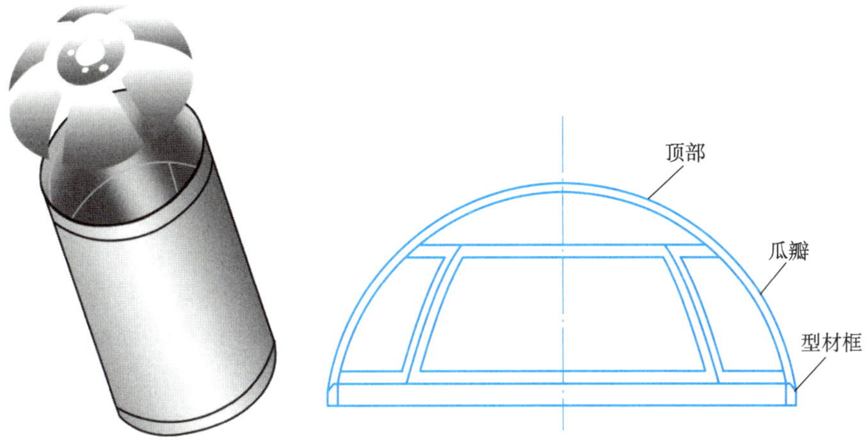

图 2－15　箱底结构

表 2－5　贮箱箱底的设计载荷

项目	前底	后底
p_z/kPa	540	540
p_q/kPa	—	157.8
t/℃	142	－182
温度影响系数 ϕ_t	1.28	1
使用内压 p_s/kPa	700	697.8
基体金属安全系数 f	1.3	1.3
焊缝安全系数 f	1.4	1.4
基体金属设计内压 p_j/kPa	910	907
	711(142 ℃)	
焊缝设计内压 p_{hj}/kPa	980	977
	766(142 ℃)	

2.2.4.1　顶盖强度计算

顶盖按等厚度设计，经计算比较，顶盖内压强度的危险点位于其小端的焊缝位置（顶盖与人孔法兰的焊缝处），此处板材考虑负公差和变薄后的最小允许厚度为 6.5 mm，顶盖与人孔法兰焊缝处的直径为 670 mm，第二曲率半径 R_2＝2 647 mm，其承载能力为

$$P_b=\frac{2\sigma_b t_h}{R_2}\varphi=\frac{2\times 435\times 6.5}{2\ 647}\times 0.5=1.068(\text{MPa}) \tag{2-33}$$

剩余强度系数

$$\eta=\frac{P_b}{p_{hj}}=\frac{1.068}{0.98}=1.09 \tag{2-34}$$

2.2.4.2　瓜瓣强度计算

瓜瓣强度校核分为蒙皮区和焊缝加强区，蒙皮区的内压强度危险点位于瓜瓣最上端，

取该位置对应的直径为 1 500 mm。蒙皮区最小厚度为 3.2 mm，此处第二曲率半径 $R_2=$ 2 511 mm，其极限承载能力为

$$P_b=\frac{2\sigma_b t_s}{R_2}=\frac{2\times 435\times 3.2}{2\ 511}=1.109(\mathrm{MPa}) \tag{2-35}$$

剩余强度系数为

$$\eta=\frac{P_b}{P_j}=\frac{1.109}{0.91}=1.22 \tag{2-36}$$

前底瓜瓣焊缝加强度的内压强度危险点位于瓜瓣最上端，该位置对应的直径为 1 500 mm，焊缝区最小厚度为 6 mm，此处第二曲率半径 $R_2=2\ 511$ mm，其极限承载能力为

$$P_b=\frac{2\sigma_b t_h}{R_2}\varphi=\frac{2\times 435\times 6}{2\ 511}\times 0.5=1.039(\mathrm{MPa}) \tag{2-37}$$

剩余强度系数

$$\eta=\frac{P_b}{P_{hj}}=\frac{1.039}{0.98}=1.06 \tag{2-38}$$

因此，前底设计满足载荷要求。汇总其结构参数和剩余强度系数见表 2-6。

表 2-6 前底基本结构参数及剩余强度系数

位置	厚度/mm	R_2/mm	η
顶盖焊缝区 t_h	6.5	2 647	1.09
瓜瓣蒙皮区 t_s	3.2	2 511	1.22
瓜瓣焊缝区 t_h	6	2 511	1.06

后底计算过程与前底一致，此处不再给出详细计算过程，其后底结构参数和剩余强度系数见表 2-7。

表 2-7 后底基本结构参数及剩余强度系数

位置	厚度/mm	R_2/mm	η
顶盖焊缝区 t_h	6.5	2 647	1.09
瓜瓣蒙皮区 t_s	3.2	2 511	1.22
瓜瓣焊缝区 t_h	6	2 511	1.06

2.2.5 前、后短壳设计

前后短壳长 400 mm，均为正置网格加筋结构[12]，网格加筋结构（见图 2-16）尺寸见表 2-8，其承受的最大承载载荷见表 2-9，经理论计算，短壳剩余强度系数见表 2-10，结果满足设计要求。

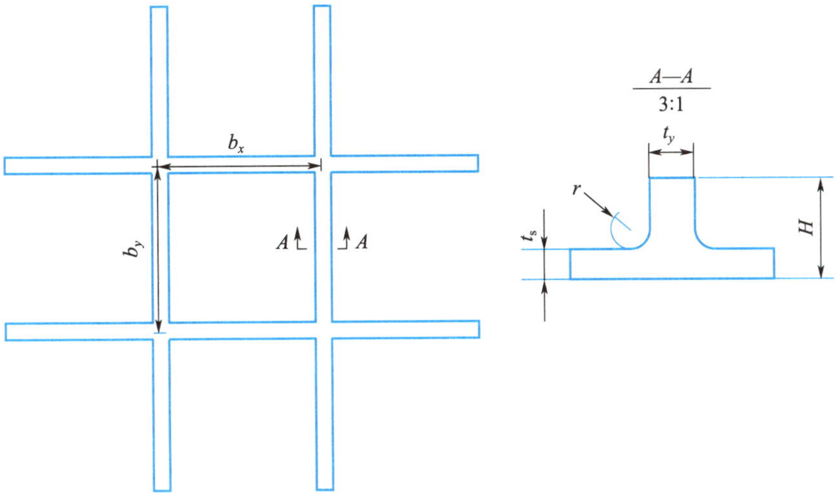

图 2-16　网格加筋结构形式

表 2-8　前短壳网格加筋结构基本结构参数（单位：mm）

参数	筋条高度 H	蒙皮厚度 t_s	周向筋宽 t_x	轴向筋宽 t_y	周向筋间 b_x	轴向筋间 b_y	加筋壳半径 R	加筋壳筒高 L
数值	6	3.2	4	4	100	100	1 675	400

表 2-9　短壳设计载荷表

设计工况	前短壳前截面	后短壳后截面
t/℃	30	30
M/(N·m)	33 434	412 806
T/N	65 143	645 953
温度影响系数 ϕ_t	1.02	1.02
轴压稳定性安全系数 f	1.4	1.4
设计轴压 T_j/N	144 206	1 563 135

表 2-10　短壳剩余强度系数

设计工况	前短壳	后短壳
总体稳定性剩余强度系数	32.118	2.875

2.2.6　叉形环强度校核

叉形环与筒段之间的焊缝是贮箱的一个薄弱环节，由于该位置的力学响应复杂，难以用工程计算方法进行校核，主要通过有限元分析方法对前、后叉形环与筒段焊缝进行强度校核。

2.3 贮箱有限元强度校核

2.3.1 设计概述

贮箱在火箭结构中既能起到支撑作用，又能承载结构内部的压强。贮箱结构部件受力多变且复杂。贮箱结构组成部分为箱底、叉形环、箱筒段、短壳，各部段之间通过焊接而成，图 2-17 为贮箱结构模型图。

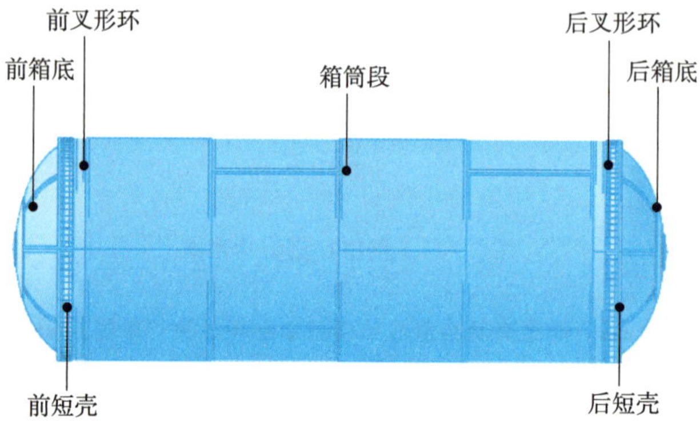

图 2-17　贮箱结构模型

以下通过有限元方法对贮箱进行静强度和显示动力学分析，并与理论结果进行对比。

2.3.2 有限元模型介绍

使用有限元法对贮箱结构进行仿真计算，可以验证贮箱力学特性和结构强度[18]是否满足设计要求，便于对结构进行优化分析，同时在建立有限元模型过程中，可以充分考虑材料的非线性、几何结构的非线性，准确地模拟边界条件、载荷施加方式、结构性开口、筋条形貌等细节，更好地实现贮箱在不失稳状态下轻量化设计，在工程上得到了广泛的应用。

依据贮箱模型图 2-18 建立有限元模型，该模型由前、后箱底，前、后叉形环，前、后短壳和箱筒段组合焊接而成。CAE 模型中除人孔法兰和叉形环因结构特殊性，采用实体建模，单元类型为 C3D8I 六面体非协调单元，其余的壳段用抽壳建模，单元类型为 S4R 壳单元，这样可以减少计算量，提高计算效率。有限元模型中长度单位为 mm，应力单位为 MPa，力单位为 N。

2.3.3 相互作用关系定义

贮箱各部段之间通过焊接成形，因此，对各个部段模型依次建立 Master surface 和 Slave surface（Tools→Surface→Create）。如图 2-19 所示，各部段模型之间通过 Tie 绑定关系（Interaction→Create→ Constraint→Tie），依次选定主、从面。建立面与面之间绑定，模拟焊接关系。

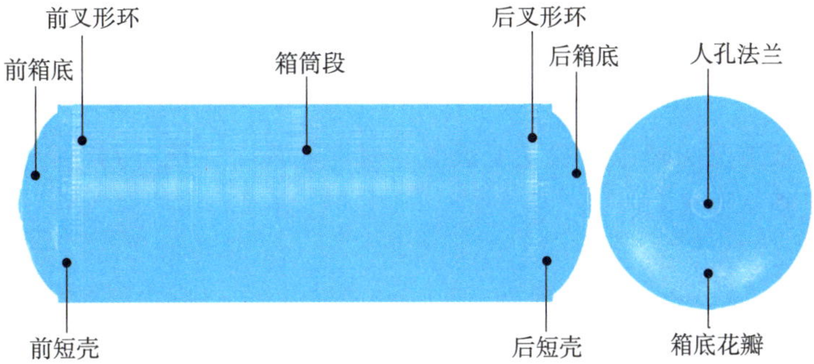

图 2-18　贮箱有限元模型

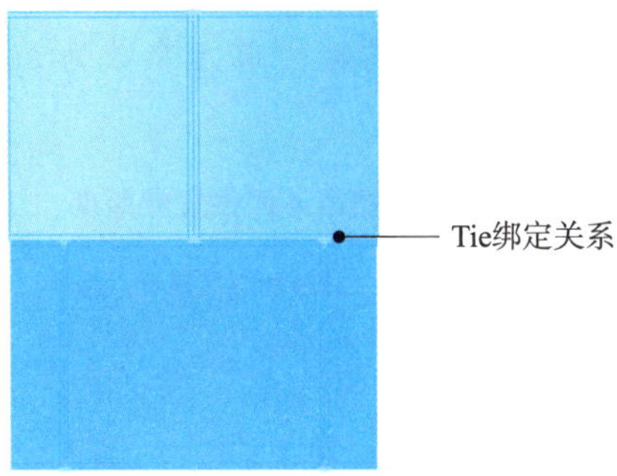

图 2-19　相互作用关系

2.3.4　建立边界条件

模型的边界条件通过 Load → Create boundary condition → Mechanical → Symmetry/Antisymmetry / Encastre 选项，选定端面进行约束固定。

加载载荷根据分析工况分为内压工况和轴压工况两大类。

内压工况加载载荷为：在贮箱内壁面加载压强，操作选项为 Load →Create load → Pressure 添加压强载荷。

轴压工况加载载荷为：在箱筒段一端加载位移载荷，操作选项为 Load →Create boundary condition →Displacement /Rotation，按照位移加载方式进行加载。

2.3.5　分析步设置

轴压采用显示动力学分析（Step →Create →Dynamic，Explicit），时间段设置为 0.1，非线性设置 Nlgeom 打开 On。

内压采用静力学分析（Step →Create →Static general），由于静力学分析和时间步长没有关系，因此时间段默认为 1，在时间增量选项 Increment size 中初始步长（Initial）设置为 0.1，模型更容易收敛。

基于以上操作步骤对贮箱进行分段计算，分别为：箱筒段强度校核、箱底强度校核、前后短壳强度校核以及叉形环强度校核。

2.3.6 箱筒段强度校核

根据内压加载工况和轴压加载工况设置，对贮箱两个工况分别进行强度校核[18]，验证结构是否满足强度要求。

2.3.6.1 内压工况结果

箱筒段进行内压校核时，将箱筒段、前后箱底、瓜瓣、前后短壳统一按抽壳处理，箱筒段不同位置处的厚度如表 2－11 所示。4 个箱筒段之间的连接关系用 Tie 绑定，瓜瓣、顶盖、叉形环之间用 Tie 绑定。箱筒段的壳体和焊缝均采用 S4R 壳单元，短壳整体采用 S4R 壳单元，前后短壳单元为 S4R 壳单元。顶盖采用 C3D8I 六面体非协调单元，叉形环和人孔法兰使用实体单元 C3D8I。整个贮箱壳单元个数为 107 232 个，实体单元个数为 71 728 个，节点个数为 214 652 个。

表 2－11 贮箱不同位置的厚度

筒段	焊缝加强区厚度/mm	蒙皮厚度/mm
第 1 筒段	6.9	3.2
第 2 筒段	6.9	3.3
第 3 筒段	6.9	3.4
第 4 筒段	6.9	3.4

约束前后短壳端面，贮箱内不同位置处的内压值按表 2－1 中金属基体和焊缝设计内压值进行设置。

根据第三强度理论，在后处理中提取各个筒段蒙皮、焊缝位置处的环向切应力，如图 2－20 所示。

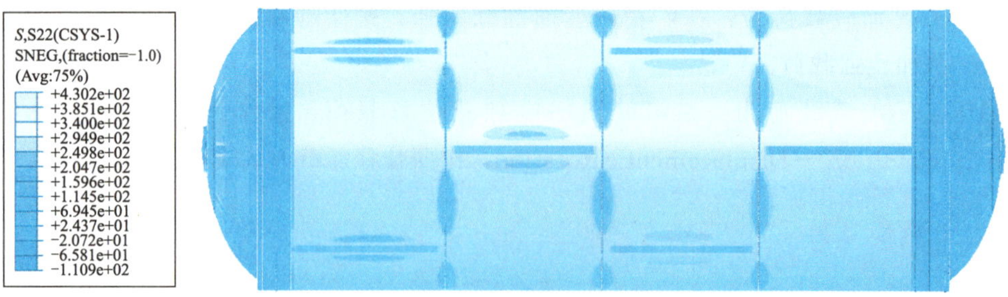

图 2－20 应力云图（见彩页）

表 2－12 和表 2－13 分别为蒙皮和焊缝位置剩余强度系数理论值与有限元值对比。

表 2-12　蒙皮位置处的剩余强度系数对比

剩余强度系数	第 1 筒段	第 2 筒段	第 3 筒段	第 4 筒段
理论值	1.184	1.128	1.119	1.08
有限元值	1.130	1.074	1.074	1.046
误差	−4.56%	−4.79%	−4.02%	−3.15%

表 2-13　焊缝位置处的剩余强度系数对比

剩余强度系数	第 1 筒段	第 2 筒段	第 3 筒段	第 4 筒段
理论值	1.422	1.314	1.266	1.221
有限元值	1.359	1.299	1.222	1.163
误差	−4.43%	−1.14%	−3.48%	−4.75%

2.3.6.2　轴压工况结果

贮箱轴压校核时，各筒段采用 S4R 壳单元，焊缝位置处赋予焊缝厚度，单元个数为 12 740 个，节点个数为 13 000 个，为弱化箱体约束引起的刚度影响，在各个筒段前后端面都连接一个短壳。贮箱轴压有限元模型如图 2-21 所示。为便于约束和加载，前后端面分别建立一个参考点，并与端面建立 Coupling 约束，对参考点进行边界约束和载荷加载。约束一端，另一端加载位移，其中算法采用显示动力学求解结构的最大承载能力，如图 2-22 所示，筒段 1～筒段 4 的最大承载能力分别为 2 318 780 N、2 614 550 N、2 836 490 N、2 891 780 N。表 2-14 为各段极限载荷剩余强度系数理论值与有限元值对比，误差在 5%以内。

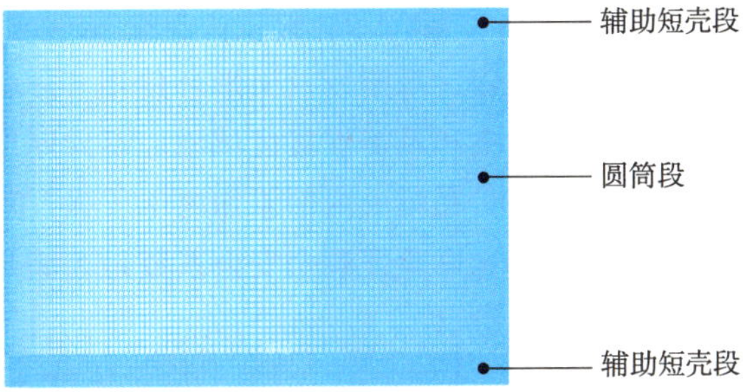

图 2-21　贮箱轴压有限元模型

表 2-14　各段剩余强度系数对比

剩余强度系数	第 1 筒段	第 2 筒段	第 3 筒段	第 4 筒段
理论值	18.54	13.56	10.93	9.15
有限元值	17.66	13.68	11.26	9.60
误差	−4.75%	0.88%	3.02%	4.92%

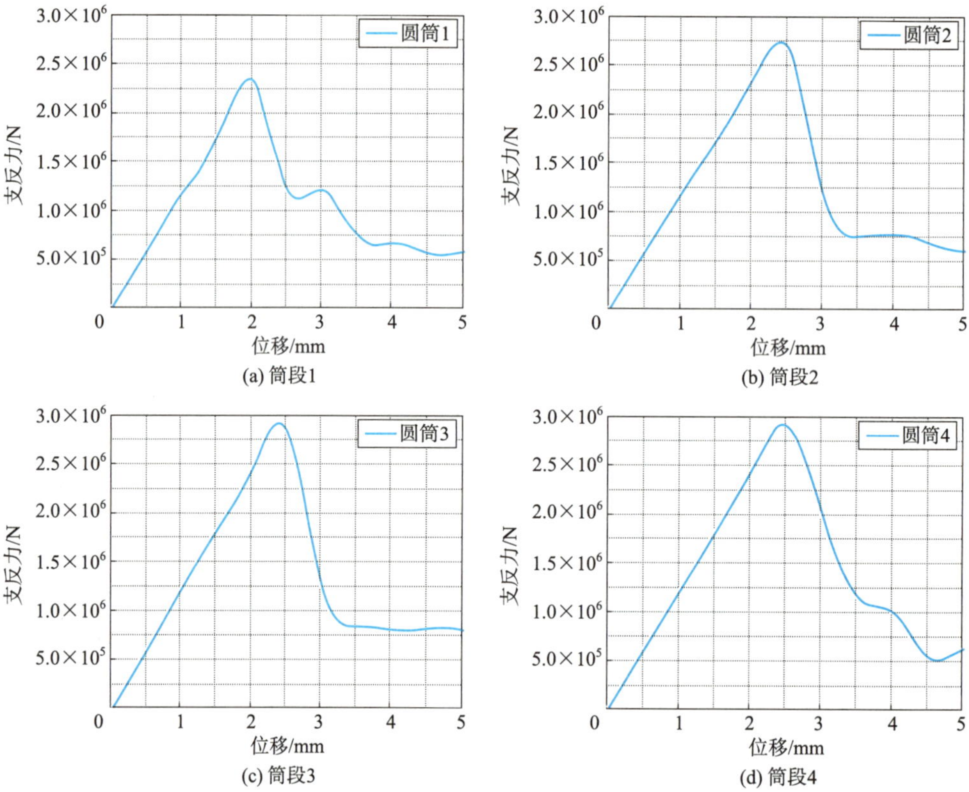

图 2-22　箱筒各段轴压承载能力

2.3.7　箱底内压强度校核

箱底进行内压计算时，分别对顶盖、瓜瓣以及叉形环使用 Tie 绑定，其中瓜瓣作为壳模型导入，依据不同的区域给瓜瓣蒙皮和瓜瓣焊接区域添加不同厚度材料属性。约束叉形环的端面，弱化约束箱底的刚度影响。在箱底内部添加内压压强，对箱底进行非线性强度分析，得到结构最大应力与设计值对比，验证剩余安全系数是否满足结构安全需求。低温影响已经在载荷中体现，如图 2-23 所示。

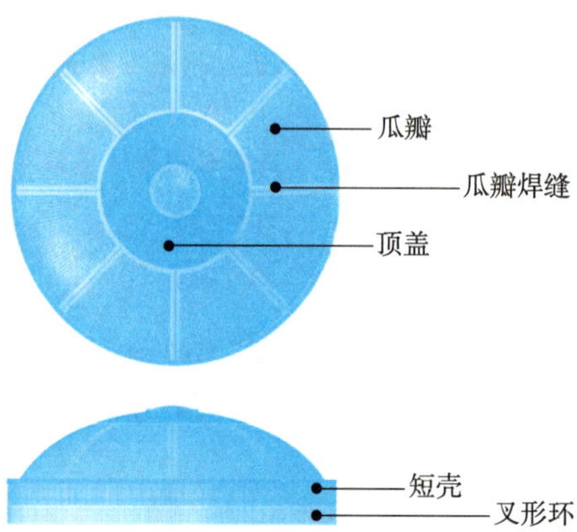

图 2-23　箱底有限元模型

结构受到最大内压工况下，在后处理中提取顶盖、瓜瓣焊缝区和瓜瓣蒙皮位置处的应力，如图 2 - 24 所示。

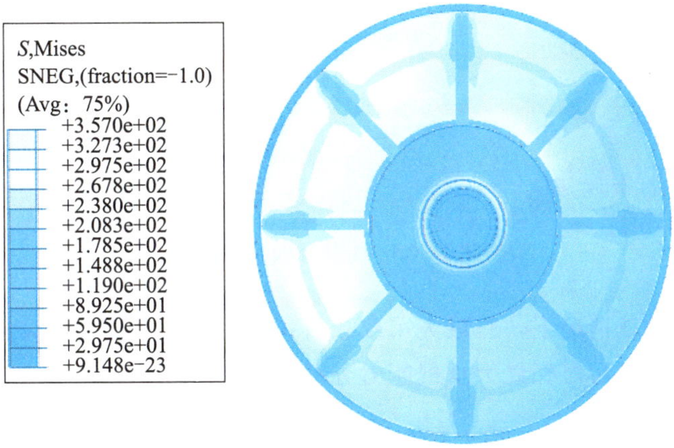

图 2 - 24　应力分布（见彩页）

前后箱底极限承载能力如表 2 - 15 所示。前后箱底的剩余强度系数如表 2 - 16 和表 2 - 17 所示，误差在 5%之内，内压工况安全可靠，满足使用条件。

表 2 - 15　前后箱底极限承载能力

最大应力/MPa	顶盖	瓜瓣蒙皮区	瓜瓣焊缝区
前箱底	198	357	210
后箱底	196	357	211

表 2 - 16　前箱底剩余强度系数对比

剩余强度系数	顶盖焊缝区域	瓜瓣蒙皮区	瓜瓣焊缝区
理论值	1.09	1.22	1.06
有限元值	1.098	1.218	1.031
误差	0.73%	−0.16%	−2.74%

表 2 - 17　后箱底剩余强度系数对比

剩余强度系数	顶盖焊缝区域	瓜瓣蒙皮区	瓜瓣焊缝区
理论值	1.09	1.22	1.06
有限元值	1.110	1.218	1.036
误差	1.83%	−0.16%	−2.26%

2.3.8　前、后短壳强度校核

前、后短壳由 4 块机械铣网格板折弯焊接而成，为防止直接约束短壳两端刚度过大，在短壳两端添加辅助短壳结构，分别在辅助短壳两端建立 Coupling 链接。短壳整体抽壳处理，添加不同厚度材料属性，短壳和辅助结构之间使用 Tie 绑定链接。约束辅助短壳结构一端，在另一端加载位移。进行显示动力学分析，求解短壳加筋壳的最大承载能力，短壳有限元模型如图 2－25 所示。

图 2－25　短壳有限元模型

结构受到位移加载情况下，在最大承载载荷状态时发生变形破坏，图 2－26 为不同位移加载下的支反力，前后短壳最大承载能力分别为 4 622 290 N、4 618 530 N。

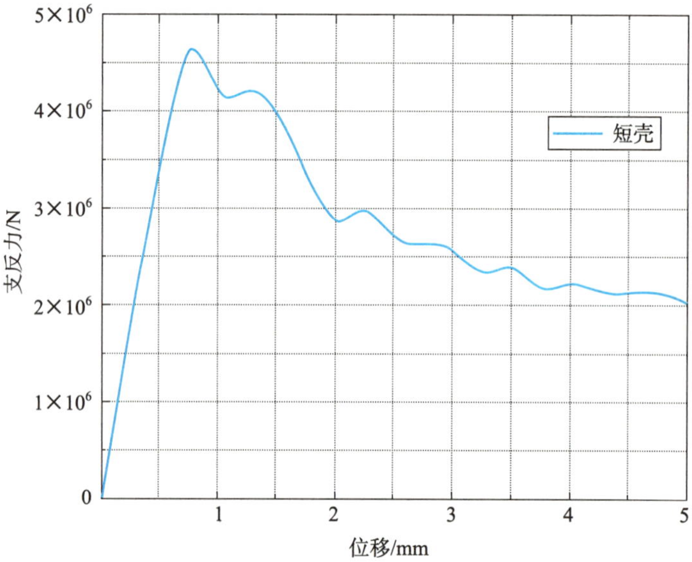

图 2－26　短壳轴压承载能力

表 2－18 为前后短壳剩余强度系数对比，前后短壳承压工况安全可靠，理论值与有限元值误差在 10%以内。

表 2－18　前后短壳剩余强度系数对比

剩余强度系数	前短壳	后短壳
理论值	32.118	2.875
有限元值	35.21	2.95
误差	9.63%	2.61%

2.3.9　叉形环强度校核

叉形环为箱底、短壳、箱筒段之间连接的环形结构，受力方式多变，力学响应复杂，是贮箱的一个最薄弱环节。因此叉形环的设计通常由机械铣整体加工而成，材料采用 2219 铝合金材料，具有质量小、强度高、易焊接的特点。叉形环关键部件均需在模型中体现（见图 2－27），同时在叉形环下端添加辅助短壳结构，防止直接约束短壳而造成刚度过大使得计算结果失真。在有限元计算过程中，约束辅助短壳边界。叉形环施加 0.651 MPa 均匀内压，箱底短壳位置加载集中载荷 100 000 N。

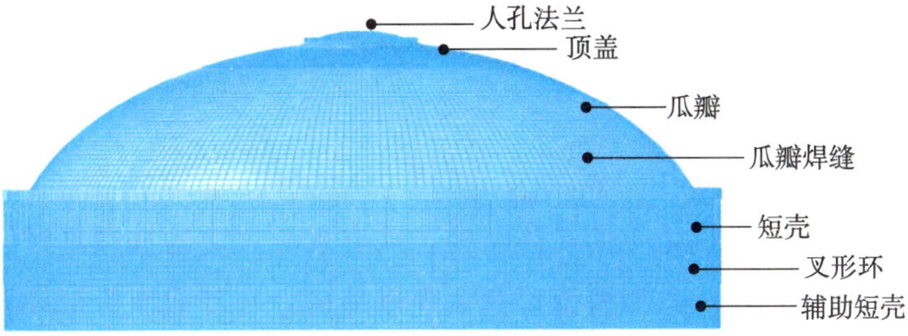

图 2－27　叉形环模型

图 2－28 为最大内压和轴拉工况下应力结果，其应力值小于许用应力值，结构设计满足要求。

图 2－28　叉形环应力结果（见彩页）

叉形环的材料抗拉强度与应力结果之比为剩余安全系数，剩余安全系数大于 1，表明叉形环结构安全可靠，满足使用条件，结果如表 2－19 所示。

表 2－19　叉形环安全系数统计表

叉形环位置	前叉形环	后叉形环
σ_b /MPa	435	435
最大应力/MPa	243	222
剩余强度系数 η	1.79	1.96

从以上分析可以得到，箱底、叉形环和箱筒段在内压工况和轴压工况计算结果和理论计算一一对应，且都在误差之内，有效验证了理论的正确性，同时也验证了贮箱结构满足使用条件。

2.3.10 小结

本章通过介绍贮箱建模和分析过程，在多工况加载条件下，有限元分析结果能够和理论计算一一对应，都在允许误差范围之内，因此可以实现在贮箱初期设计阶段对结构强度校核，验证结构设计的可行性，对结构局部优化提供分析依据。通过分析结果可以快速对设计进行反馈，缩短设计周期，降低试验成本，提高设计效率。

2.4 贮箱设计评述

作为运载火箭关键分系统之一的箭体结构，现有主流火箭的推进剂贮箱多采用高强铝合金材料拼装焊接而成，属于大型薄壁铝合金焊接结构，一方面作为液体容器实现推进剂的储存、增压输送等功能，另一方面作为火箭主结构传递飞行作用力，结构的轻质化、可靠性、先进性要求也越来越突出。

随着运载火箭运载能力要求不断提高，运载火箭贮箱结构整体向着大型化、模块化的方向发展；新型高效轻质材料得到更多应用，结构更加轻质化，但需特别注意工艺适应性；贮箱结构可靠性的提高，需要不断推进新型高可靠工艺的应用；贮箱结构设计与先进轻质材料、先进制造技术更加紧密结合，共同推动着结构轻质、高效目标的实现。

材料方面，第二代贮箱结构材料的抗拉和屈服强度大幅度超过铝镁合金，但其焊接性能急剧下降，如 2A12、2A14（LD10）合金在热处理强化状态下焊接时，易产生焊缝金属凝固裂纹及近缝区母材液化裂纹，焊缝脆性大，对应力集中敏感。

为进一步减轻贮箱结构、增加有效载荷，美俄两国将贮箱结构材料转向了新型铝锂合金。2195、2198 铝锂合金是这一系列合金的佼佼者，特别是低温下高比强度、比刚度材料的合理应用可以直接提升结构性能和轻质化水平。目前，我国运载火箭在高性能金属及复合材料的研发和应用方面还存在一定差距，正在促进以铝锂合金、高强铝合金、高模量铝合金、高性能镁合金为代表的轻质高强合金材料的研发，并通过这些高性能新材料的应用研究，实现贮箱结构铝锂合金强度达到 600 MPa 级、700 MPa 级。铝合金广泛应用于舱段主结构，提高高性能复合材料在运载火箭结构尤其是上面级结构中的应用比例和应用水平等，有望得到较大程度提升。

在成形工艺方面，整体旋压（见图 2－29）成形技术已成为制造运载火箭贮箱箱底的先进成形工艺，采用该技术可简化贮箱箱底制造工艺，提高生产效率和贮箱可靠性。美国 Delta 系列火箭、美国 Atlas 系列火箭、日本 H－2B 火箭的贮箱箱底、美国 Ares I 火箭直径为 5.5 m 的上面级 2195 铝锂合金[20]贮箱箱底结构均采用“整体旋压成形＋热处理”工艺制造。

图 2-29　整体旋压

熔焊铝锂合金时，存在的几个主要问题是焊缝气孔、裂纹、焊缝区锂元素的挥发和接头系数较低。为解决熔焊铝锂合金时的气孔问题，焊前不得不进行机械加工或通过化学铣切方法去除表面层，为消除铝锂合金熔焊产生的焊接裂纹不得不在填充焊丝和焊后热处理方面下功夫，所以不仅耗时、低效，而且焊缝质量难以保证。解决的方法是采用搅拌摩擦焊。它在运载火箭贮箱上已得到工程化应用。美国 Atlas 系列、Delta 系列[19]等火箭贮箱纵焊缝以及日本 H-2B 火箭和我国新一代运载火箭贮箱的筒段纵焊缝和对接环焊缝均采用搅拌摩擦焊[21]技术。美国 Space X 公司以 2198 铝锂合金为原材料，用搅拌摩擦焊[22]完成猎鹰 9 号运载火箭贮箱箱体环缝焊接制造（见图 2-30）。

图 2-30　Space X 公司火箭整体贮箱

参考文献

[1] 吴德隆．飞行器贮箱整体网格加强壳的优化设计［J］．宇航学报，1981（4）：51－59.

[2] 郝云飞，王国庆，周庆，等．运载火箭铝合金贮箱全搅拌摩擦焊接工艺及应用［J］. 宇航材料工艺，2016，46（6）：11－20.

[3] 杨瑞生，陈友伟，王婧超，等．商业化液体火箭箭体结构低成本快捷制造技术［J］．深空探测学报（中英文），2021，8（1）：70－79.

[4] 尹嘉明，马鹏程，陈永来，等．铝锂合金的发展及在运载火箭贮箱的应用［J］．兵器材料科学与工程，2020，43（3）：137－141.

[5] 黄诚．航天运载器低温复合材料贮箱结构设计方法研究［D］．长沙：国防科技大学，2017.

[6] 王心清. 液体弹道导弹与运载火箭系列：结构设计［M］. 北京：宇航出版社，1994.

[7] 周广文，吴会强．运载火箭推进剂贮箱安全系数的选取［J］．导弹与航天运载技术，2011（6）：19－22.

[8] 弹道式导弹弹体结构强度与刚度设计规范．QJ 1919－1990［S］.

[9] HUYBRECHTS T. Analysis and behavior of grid structures［J］. Science and Technology，1996，56：1001－1015.

[10] 范瑞祥，张晓颖，黄诚，等．等边三角形网格加筋壳轴压承载研究［J］．强度与环境，2014，41（4）：33－40.

[11] 周家麟．整体网格加筋箱体轴、内压承载能力计算［J］．强度与环境，1986（1）：42－45.

[12] JOHN P E，PETER W，ADRIAN V，et al. Design and testing of the minotaur advanced grid－stiffened fairing［J］. Composite Structures，2004，66：339－349.

[13] 蒋鞠慧．复合材料加筋壳稳定性研究［J］．玻璃钢/复合材料，2001，1（2）：5－9.

[14] 张骏华．复合材料结构设计指南［M］．北京：宇航出版社，1994.

[15] 张骏华，盛祖铭，孙继桐．导弹和运载火箭复合材料结构设计指南［M］．北京：宇航出版社，1999.

[16] 杨蓉，马斌捷，吴兵，等．网格加筋圆柱壳轴压稳定性分析［J］．强度与环境，2016，43（4）：57－64.

[17] 马斌捷，盛祖铭，贾亮，等．轴外压作用下复合材料网格加筋柱壳蒙皮铺层和筋条角度优化分析［J］．导弹与航天运载技术，2009（1）：41－47.

[18] 张骏华．导弹结构强度计算设计手册［M］．北京：国防工业出版社，1978.

[19] The boeing company. Delta payload planners guide［S］. MDC H3224D，1996.

[20] 熊焕．低温贮箱及铝锂合金的应用［J］．导弹与航天运载技术，2001（6）：33－40，46.

[21]　我国首个 3.35m 直径铝锂合金火箭贮箱诞生［J］. 铝加工，2021（5）：45.

[22]　宋建岭，李超. 搅拌摩擦焊在运载火箭贮箱制造中的应用与发展［J］. 焊接，2018（5）：21－27，66.

本章作者：杨浩亮，陈　果

第3章

火箭垂直回收着陆支腿设计

3.1　概述

美国 SpaceX 公司猎鹰 9 号运载火箭成功发射并且一子级火箭回收成功，使其成为世界上第一家掌握入轨可重复使用火箭的商业公司[1]。通过子级回收，将火箭的成本大幅降低，同时突破了火箭产能限制，实现了火箭的高频发射，引领了低轨星座互联网的建设浪潮。作为火箭重复回收的关键技术之一，垂直回收着陆系统的设计一直备受 SpaceX 公司关注。与现如今猎鹰 9 号运载火箭优雅的回收支腿有所不同，其垂直回收着陆支腿经历了从粗犷到精致的过程，最早的垂直回收着陆支腿就像蚱蜢腿[4]一样的不展收支腿（见图 3－1），结构由钢架结构和缓冲器组成[5]。

图 3－1　蚱蜢腿式火箭支腿

随着垂直回收技术的发展，SpaceX 公司的火箭垂直回收支腿也在不断升级，最终固化为猎鹰 9 号运载火箭采用铰链三角形着陆支腿方案（见图 3-2）。该方案由主支腿、副支腿、缓冲装置和动力驱动装置组成。在上升段，垂直回收着陆支腿收缩于箭体尾部，着陆时，在动力驱动装置的作用可实现回收支腿的解锁、展开和锁紧。垂直回收的运载火箭在以一定速度和姿态着陆时，主要依靠着陆支腿缓冲和吸收箭体在着陆时产生的巨大冲击能量以确保箭体结构完整和稳定着陆[6]。相比于传统火箭，着陆支腿的重量被视为“死重”，是直接影响火箭运载能力的关键参数。因此，运载火箭着陆支腿设计的基本要求是合理设计着陆支腿的构型（着陆稳定性）、刚度、强度和冲击缓存能力[7]，以最小的质量代价实现总体设计约束下的火箭的垂直回收功能。猎鹰 9 号运载火箭采用铰链三角形，着陆支腿的着陆稳定性较好，结构受力合理，是目前实现大火箭在恶劣环境下的垂直着陆的重要方案。

图 3-2　猎鹰 9 号运载火箭上的回收支腿

目前，国内运载火箭的重复使用技术尚处于研制阶段，火箭重复回收的关键技术之一的回收着陆技术仍在深入探索和工程化实践中，后续将进一步攻关。本章以猎鹰 9 号运载火箭的铰链三角形着陆支腿为例介绍运载火箭垂直回收着陆支腿的基本设计理论，并结合具体的工程案例介绍仿真分析方法。

3.2　着陆支腿设计准则

为保证运载火箭的安全稳定着陆，重复使用垂直回收运载火箭着陆支腿需要满足以下功能要求：

1）运载火箭垂直回收着陆系统在上升段应能收拢、压紧，满足火箭飞行气动要求，在返回段可顺利解锁展开；

2）着陆时，应避免出现倾倒、翻滚和触地反弹等问题，缓冲器可有效吸收、消耗大部分冲击能量，确保最大过载低于规定值，保证火箭结构以及重要设备安全；

3）着陆支腿应该具有足够的刚度和强度，防止碰撞过程损坏；

4）着陆支腿经过简单检测维修后能够重复使用。

3.3 着陆稳定性

3.3.1 概述

现役的运载火箭的垂直回收着陆支腿均采用四腿式方案。在 NASA 早期的探索中尝试过五腿式和六腿式，但均未在工程实际中应用[8]。在设计运载火箭的垂直着陆支腿时，定义以火箭支腿着陆点为顶点的正多边形为稳定多边形（如图 3 - 3 所示）。箭体着陆过程中，若箭体质心沿重力方向的投影始终落在支腿连线的内切圆内，则箭体不会翻倒。当支腿跨度一定时，支腿数量越多，支腿连线的内切圆的面积将越大，箭体的着陆稳定性就越好。由几何拓扑可知，当支腿数量超过 4 个时，支腿连线的内切圆的面积增量减小，支腿的机构复杂度和质量将大幅增加。因此，四腿式着陆方案是火箭垂直回收的最优方案。

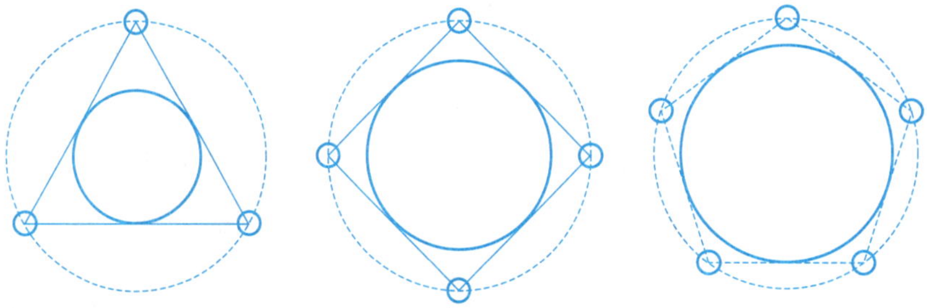

(a) 三腿　(b) 四腿　(c) 五腿

图 3 - 3　软着陆稳定性多边形

3.3.2 着陆稳定性判据条件

四腿式铰链三角形着陆支腿的展开支腿半径对结构的着陆稳定性有直接影响，在不考虑缓冲吸能、尺寸变形和侧滑的前提下，由能量法得到满足着陆稳定的条件是：

$$\begin{cases} W_D = \dfrac{1}{2} m V_z^2 + \dfrac{1}{2} J \omega^2 \\ W_H = m g \delta H \end{cases} \Rightarrow W_D \leqslant W_H \tag{3-1}$$

式中，m 为垂直返回级着陆质量；$V_z = \sqrt{V_x{}^2 + V_y{}^2}$ 为垂直返回级着陆速度，其中，V_x 为试验垂向速度，V_y 为水平速度；J 为转动惯量；ω 为箭体的转动角速度；W_D 为垂直返回级具有的初始动能；W_H 为危险工况下垂直返回级着陆重心上升到最高处增加的势能；δH 为垂直返回级重心最大上升高度。

如图 3 - 4 所示，四腿式铰链三角形着陆支腿在着陆倾覆时质心将离开半径为 R 的投影圆区域，故定义 R 为运载火箭垂直回收支腿的稳定半径。

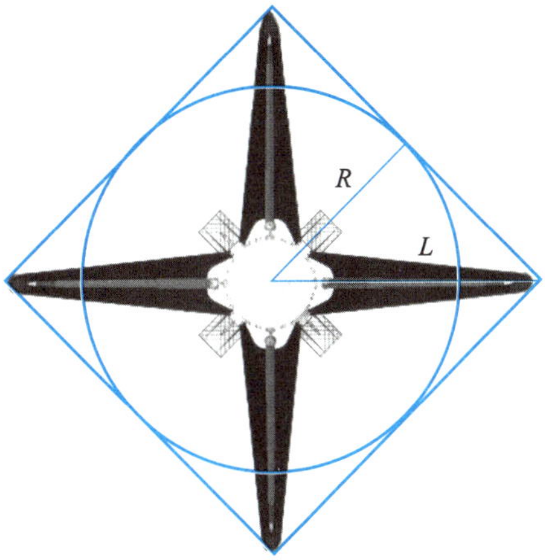

图 3 - 4　着陆支腿稳定半径

图 3 - 5 为着陆过程中火箭双腿着陆状态。这是箭体最严酷工况，此时 R 即为箭体最小稳定半径，假设箭体以倾角 ϑ 着陆，可以达到稳定半径为

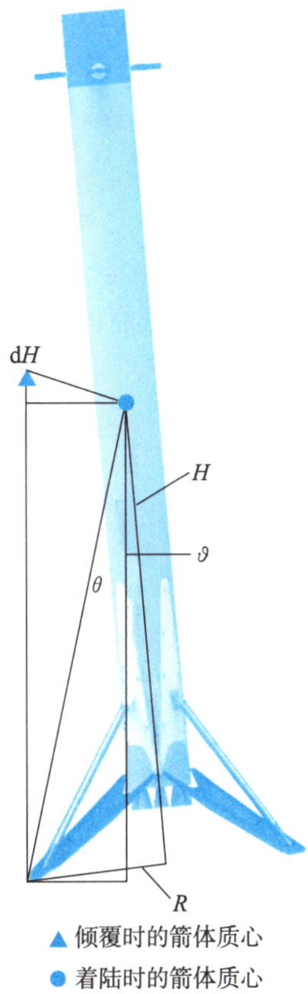

图 3 - 5　双腿着陆倾覆几何状态

$$mg\,\mathrm{d}H=\left[\frac{1}{2}mV_x{}^2+\frac{1}{2}mV_z{}^2+\frac{1}{2}J\omega^2\right] \tag{3-2}$$

$$\mathrm{d}H\leqslant[H/\cos(\theta+\vartheta)]\cdot(1-\cos\theta) \tag{3-3}$$

$$R=H\tan(\theta+\vartheta) \tag{3-4}$$

$$L=R/\cos45^\circ \tag{3-5}$$

式中，$\mathrm{d}H$ 为质心上升高度；H 为箭体质心相对于支腿底部的高度。

假定初始状态下主支腿与着陆平面夹角为 β ，副支腿与着陆平面夹角为 α ，主副支腿连线与副支腿夹角为 φ ，支腿着陆示意如图 3－6 所示。其中主支腿和副支腿长度可按式（3－6）计算得出。

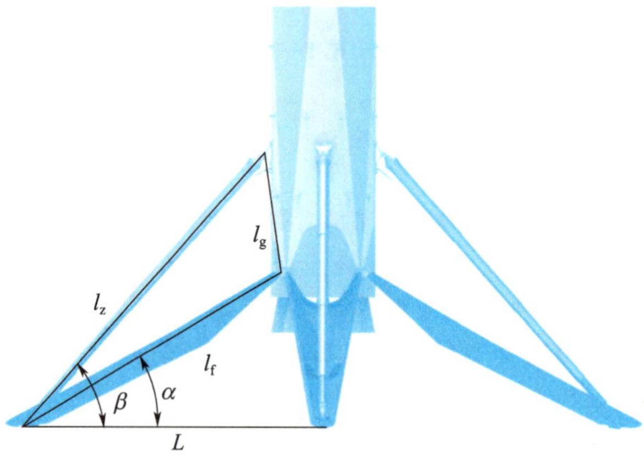

图 3－6　正常着陆状态

$$\begin{cases}l_z=(L-r)/\cos\beta\\ l_z^2=l_g^2+l_f^2-2l_gl_f\cos\varphi\end{cases} \tag{3-6}$$

式中，l_z 为主支腿长度；l_f 为副支腿长度；l_g 为箭体上的主支腿接头和副支腿接头的连接线在箭体横向剖面上的投影长度。

3.4　着陆支腿缓冲器设计

火箭着陆时，会承受巨大的冲击载荷，为了保证火箭最终实现平稳安全着陆，降低冲击载荷对火箭的影响，需要给支腿内安装缓冲器，从而实现着陆缓冲吸能，因此支腿缓冲器是火箭着陆支腿设计中的关键组成部分，是火箭回收成功的保证。

3.4.1　着陆载荷计算

以如图 3－7 所示考虑 1－2－1 单腿着陆为例，假定支腿点着陆点处，摩擦力 F_x 的方向沿水平向（落地时的姿态和水平方向有关，若摩擦力方向不在面内，可投影至水平面参与计算），着陆过程中，主支腿受压，力的大小为 F_S ，辅助支腿受拉，力的大小为 F_C ，陆面对着陆支腿的接触法向载荷为 F ，$F=NMg$ ，其中，N 为过载系数，M 为当量质量，

与着陆时触地支腿的数量有关，$M=\dfrac{m}{n}$，n 为支腿个数。则根据力的平衡公式有

$$\begin{cases} F_S \times \cos\beta = F_C \times \cos\alpha + F_x \\ F_S \times \sin\beta = F + F_C \times \sin\alpha \\ F_x = F \times \xi \end{cases} \tag{3-7}$$

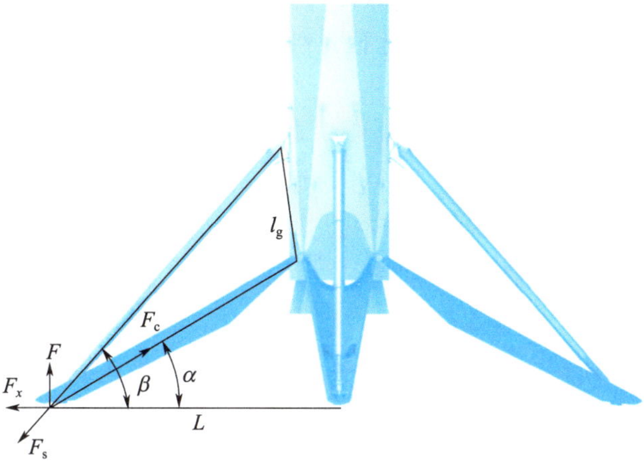

图 3－7　支腿受力示意图

进一步，可以求缓冲器的传力系数为

$$\varphi = \frac{F_S}{F} = (1 - \xi \cdot \tan\alpha)(\sin\beta - \tan\alpha \cdot \cos\beta)^{-1} \tag{3-8}$$

由传力系数可知任意转角下支腿的受力情况。

3.4.2　缓冲器类型

缓冲器是火箭着陆支腿设计中的重要部件，是保证火箭回收成功的关键。运载火箭垂直着陆支腿可选的缓冲器[11-12]如表 3－1 所示。

表 3－1　火箭设计参数

类型	优点	缺点
液压缓冲器	缓冲过程稳定可靠，阻尼性能好，不易反弹，效率高，可长期重复使用	液压油的密封和温度控制较为困难，难以在月球等地外空间使用
铝蜂窝缓冲器	强度高、质量轻、变形大、良好的耐热性、耐腐蚀性、可靠性高	不可精确控制缓冲力，一次性使用
机械式缓冲器	环境适应性强，抗冲击能力强，压缩变形后可恢复，可反复使用	阻尼性能差、质量易控制
磁流变缓冲器	变形可恢复，安全可靠性高，缓冲力可控	目前还处于研究阶段，技术还不成熟

3.4.3　缓冲器的工作行程

火箭箭体的动能主要由主支腿上的缓冲器消耗，采用能量方程可以得到[5]

$$Sn_s Nmg = \frac{1}{2}mV_z^2 + mgS \tag{3-9}$$

其中，S 为箭体的下沉行程；n_s 为缓冲着陆系统的等效效率，取 0.65；m 为箭体结构的质量；N 为箭体着陆时箭体产生的反向过载，为总体设计参数；V_z 为箭体结构的合速度，对于带倾角着陆时应考虑姿态高度势能转化为动能的部分。

箭体的设计下沉距离为 S，由箭体的几何关系（见图 3－8）可知，副支腿的长度保持不变，其与陆面的夹角 α 变小，假设下沉到底后的夹角为 α_m，副支腿的长度为 l_f，则有

$$l_f \sin\alpha_m - l_f \sin\alpha = S \tag{3-10}$$

由公式（3－10）可推导出 α_m，进一步可以得到主支腿的压缩长度为

$$\begin{cases} l_z^2 = l_g^2 + l_f^2 - 2l_g l_f \cos\varphi \\ l_{zm}^2 = l_g^2 + l_f^2 - 2l_g l_f \cos(\varphi - \Delta\alpha) \\ \Delta l = l_z - l_{zm} \end{cases} \tag{3-11}$$

其中，l_g 为主副支腿连线长度；l_z 为主支腿长度；l_{zm} 为主支腿压缩后长度；φ 为主副支腿连线与副支腿投影线的夹角；$\Delta\alpha = \alpha - \alpha_m$。

由箭体的下沉行程 S 可根据几何运动关系，推导出缓冲器的理论长度 Δl，在此基础上，缓冲器的设计长度为理论长度增加 25.4mm，即

$$l = \Delta l + 25.4 \tag{3-12}$$

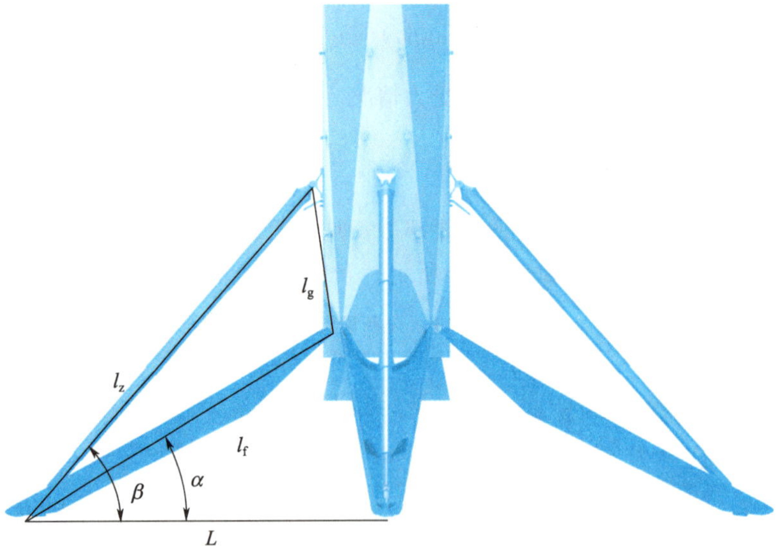

图 3－8　运动关系

3.4.4　着陆过载设计验证

假设着陆时刻箭体的质量为 m（kg），当量质量为 M（kg），当量质量与着陆腿的数量有关，假设着陆时 n 只腿同时着陆，则有

$$M=\frac{m}{n} \tag{3-13}$$

箭体着陆速度 V_z，缓冲器吸收着陆使用功量 A 为

$$A=\frac{1}{2}\cdot M\cdot V_z^2 \tag{3-14}$$

考虑功量储备，缓冲器的最大功量为着陆使用功量的 1.56 倍，即缓冲器设计的最大功量为

$$A_m=1.56A \tag{3-15}$$

着陆时，箭体反向过载为 N，则

$$F=NMg \tag{3-16}$$

式中，F 为陆面对着陆支腿的接触法向载荷。

由缓冲器的使用功量曲线可知

$$A_h=A=\eta\cdot L_h\cdot F_S \tag{3-17}$$

式中，η 为缓冲器使用功量曲线效率系数，取 $\eta=0.65\sim0.7$；F_S 为使用功下的垂直载荷；L_h 为缓冲系统总压缩量，可取缓冲器设计最大行程 l 的 84%，即 $L_h=0.84l$。

联立式（3－8）、式（3－14）、式（3－15）和式（3－17）可以得到

$$N=\frac{V_z^2}{1.68\eta lg\varphi} \tag{3-18}$$

考虑缓冲器填充参数容差的影响，放大系数取 $K_1=1.1$，考虑过载起转与回弹引起支柱变形的影响，取放大系数 $K_2=1.1$，于是缓冲器过载为

$$N_{max}=K_1\cdot K_2\cdot N \tag{3-19}$$

缓冲的过载设计与缓冲器的工作行程、缓冲器使用功量曲线效率系数正相关。想要获得更小的着陆过载，就需要提升缓冲器的工作行程或提高缓冲器的效率。

3.4.5　缓冲器等效建模

缓冲器的动力学等效模型如图 3－9 所示，假定着陆支腿的质量为 M，C_e 和 K_e 分别为着陆支腿缓冲器的等效阻尼和等效刚度，V_z 为着陆速度，l 为着陆缓冲总行程（等效纵向行程），假定着陆过程中缓冲稳定无弹跳，同时假定缓冲过程是匀减速的，根据能量定理有

$$\frac{1}{2}MV_z^2+Mgl=\int_0^t C_e v^2\,\mathrm{d}t+\frac{1}{2}K_e l^2 \tag{3-20}$$

在设计缓冲器刚度时，无论几只腿着陆，设计时均按四腿着陆考虑，如图 3－10 所示，即便是箭体以一定姿态角度单腿着陆，在重力场的作用下将产生一个较大的恢复力矩，在较短的时间里，箭体的 4 个支腿将同时触地，因此在设置弹簧刚度时，不宜设置过大，否则箭体在正式触地时会出现刚度过大的情况。

考虑到回收火箭缓冲支柱压缩行程最大时刻，回收火箭的过载系数最高，即

$$F_S=Kl \tag{3-21}$$

式中，l 为缓冲总行程；F_S 为箭体 4 腿着陆时的载荷。由式（3－21）可得箭体的等效刚度

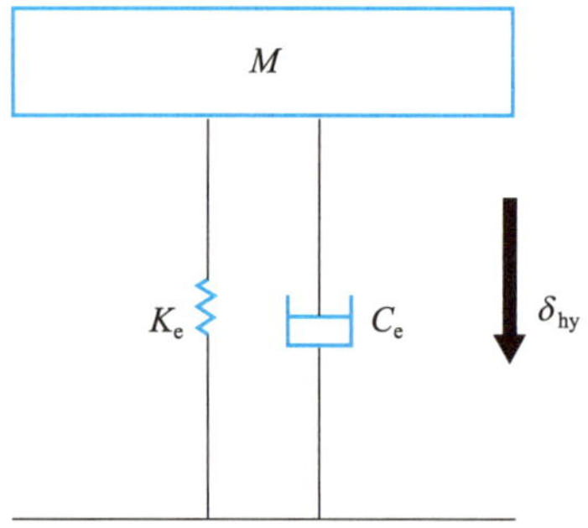

图 3-9　缓冲器动力学等效模型

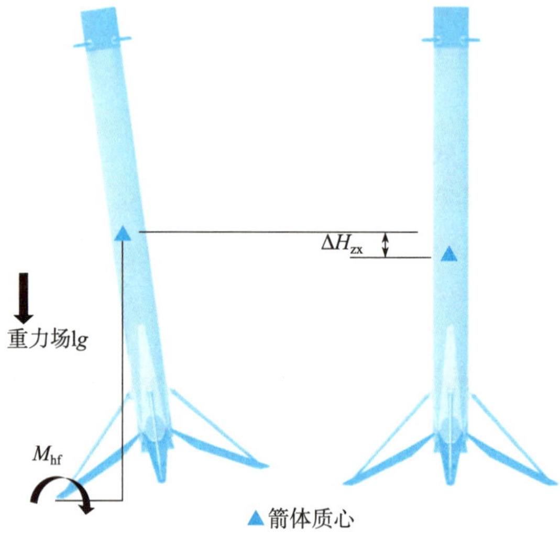

图 3-10　恢复力矩示意图

K，即

$$K=\frac{F_S}{l} \tag{3-22}$$

考虑到阻尼着陆缓冲装置在整个着陆缓冲过程中，主要利用阻尼特性，其弹性刚度所吸收的能力相对于阻尼所吸收的能量要小得多，同时在缓冲过程中，其初始着陆势能相对初始动能来说要小得多，所以可以忽略能量方程中的 Mgl 和 $\frac{1}{2}K_e l^2$ 项，则有

$$\frac{1}{2}MV_z^2 \approx \frac{1}{2}V_{th}C_e l \tag{3-23}$$

由几何关系求出 V_{th}，则有

$$C_e=\frac{MV_z^2}{V_{th}l} \tag{3-24}$$

单个支腿上的缓冲器为 $C_d=\frac{C_e}{4}$，着陆支腿缓冲器缓冲力特性为

$$F_{hc}=C_d\dot{l}+Kl \tag{3-25}$$

式中，C_d 为缓存器阻尼系数；$\dot{l}$ 为缓冲器的压缩速度；l 为缓冲器的长度；K 为缓冲器的刚度。

3.5　着陆支腿设计案例

3.5.1　设计输入参数

火箭着陆时的设计参数如表 3 - 2 所示，设计着陆支腿和缓冲器，并基于 Abaqus 软件开展动态仿真验证。

表 3 - 2　火箭设计参数

名称	符号	单位	数值
垂直返回子级质量	m	kg	2 000
横向转动惯量	J	kg/m^2	3 000
着陆轴向速度	V_x	m/s	4
着陆横向速度	V_y	m/s	1
横向转动角速度	ω	rad/s	0.01
箭体质心高度	H	m	18
箭体半径	r	m	1.85
着陆最大倾角	ϑ	(°)	$\not>5$
着陆过载	N	g	$\not>5$

3.5.2　着陆支腿构型

着陆箭体采用铰链三角形着陆支腿方案，着陆支腿由主支腿、副支腿和缓冲器三大部分组成（见图 3 - 11）。根据表 3 - 2 所示的总体参数，由式（3 - 2）～式（3 - 5）可以求

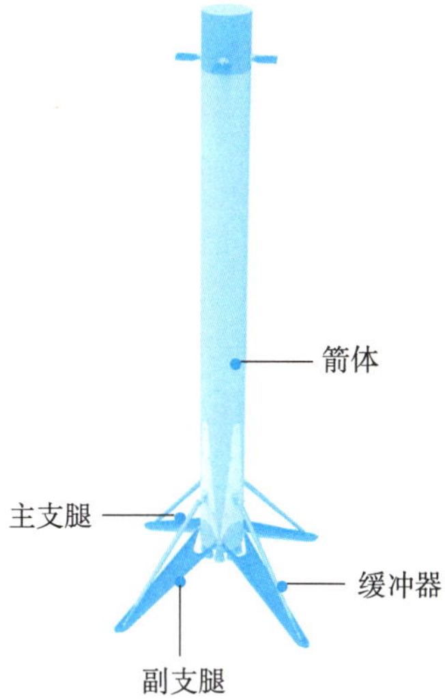

图 3 - 11　着陆支腿组成

得 $dH \leqslant 0.8674$ m，支腿的最大跨度应不小于 20.5 m，在此基础上设计火箭支腿的基本构型为：初始状态下主支腿与着陆平面夹角 β 为 48°，副支腿与着陆平面夹角 α 为 30°，主副支腿连线与副支腿夹角 φ 为 110°，主副支腿连线长度 $l_g = 4.15$ m，根据几何关系，求出主支腿长度为 $l_z = 12.4887$ m，副支腿投影长度为 $l_f = 10.4448$ m。

3.5.3 着陆载荷计算

火箭着陆支腿着陆载荷与箭体着陆姿态、初始速度相关，以 1-2-1 单腿 5°倾角姿态着陆进行举例分析：单腿着陆时，箭体的当量质量为 $M = m$，箭体的设计最大过载为 $N = 5g$，假设着陆过程中的摩擦系数为 $\xi = 0.15$，由公式（3-7）可以得到

$$\begin{cases} F_S \times \cos\beta = F_C \times \cos\alpha + F_x \\ F_S \times \sin\beta = F + F_C \times \sin\alpha \\ F_x = F \times \xi \end{cases} \Rightarrow \begin{cases} F_S = 232\ 500\ \text{N} \\ F_C = 152\ 870\ \text{N} \\ F_x = 14\ 700\ \text{N} \end{cases} \tag{3-26}$$

如前所述，单腿着陆时，在倾角的条件下，箭体受重力的恢复力矩作用，在缓冲器单只支腿达到最大压缩量前，箭体将会四腿着陆，箭体的当量质量为 $M = \dfrac{m}{4}$，箭体的设计最大过载为 $N = 5g$，假设着陆过程中的摩擦系数为 $\xi = 0.15$，由公式（3-7）可以得到

$$\begin{cases} F_S \times \cos\beta = F_C \times \cos\alpha + F_x \\ F_S \times \sin\beta = F + F_C \times \sin\alpha \\ F_x = F \times \xi \end{cases} \Rightarrow \begin{cases} F_S = 62\ 715\ \text{N} \\ F_C = 44\ 213\ \text{N} \\ F_x = 3\ 675\ \text{N} \end{cases} \tag{3-27}$$

在校核强度时，应结合有限元动态仿真获取单腿基线载荷，设计展开缓冲器时，应以四腿着陆工况作为设计工况。

3.5.4 缓冲系统工作行程设计

箭体以 1-2-1 单腿 5°倾角姿态着陆，假设箭体在受重力作用恢复四只腿水平过程中缓冲器不吸收能量。箭体将在重力作用下增加下沉高度为 ΔH_{zx}，如图 3-12 箭体在重力恢复力矩作用下做功所示，根据几何关系，质心下沉高度为 $\Delta H_{zx} = 0.84$ m，则着陆速度 V_z 可以由能量守恒定量得到

$$\frac{1}{2} m V_z^2 = \frac{1}{2} m V_x^2 + \frac{1}{2} m V_y^2 + mg\Delta H_{zx} \tag{3-28}$$

代入表 3-2 所示的速度后可以得到 $V_z = 5.784$ m/s。

由公式（3-9）确定着陆时，箭体的设计下沉距离 $S = 0.7586$ m，由箭体的几何关系可知，副支腿长度保持不变，其与陆面夹角 α 变小，假设下沉到底后的夹角为 α_m，则有

$$l_f \sin\alpha_m - l_f \sin\alpha = S \tag{3-29}$$

则有 $\alpha_m = 25.3°$，由式（3-11）可以求得 $\Delta l = 274.2$ mm，于是可以得到设计缓冲器行程

$$l = \Delta l + 25.4 \approx 300(\text{mm}) \tag{3-30}$$

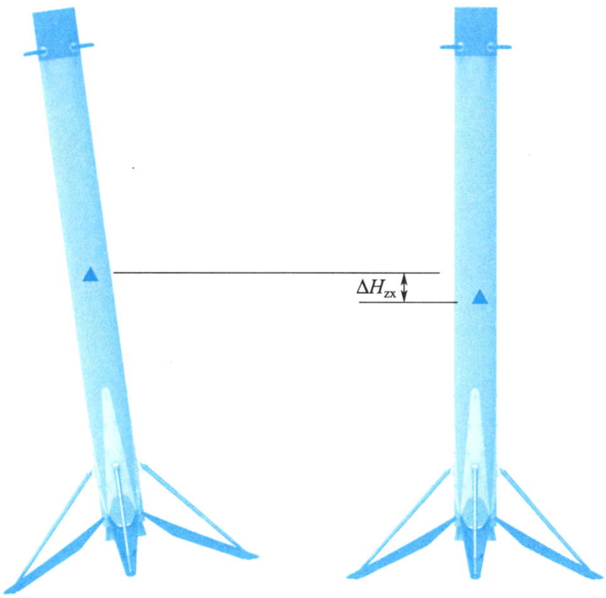

图 3-12　箭体在重力恢复力矩作用下做功

3.5.5　着陆过载设计验证

针对单腿着陆工况，箭体的当量质量为 $M=m=2\ 000$ kg，箭体着陆速度为 $V_z=5.784$ m/s，则设计缓冲器吸收着陆使用功量 A 为

$$A=\frac{1}{2}\cdot M\cdot V_z^2=33\ 455\ \mathrm{J} \tag{3-31}$$

缓冲器使用功量曲线效率系数取 $\eta=0.65$，计算

$$N=\frac{V_z^2}{1.68\eta l g\varphi} \tag{3-32}$$

考虑缓冲器填充参数容差的影响，放大系数取 $K_1=1.1$，考虑过载起转与回弹引起支柱变形的影响，取放大系数 $K_2=1.1$，于是过载为

$$N_{\max}=K_1\cdot K_2\cdot N=4.925\ 7\ g \tag{3-33}$$

设计满足要求。

3.5.6　缓冲器等效参数

缓冲器的等效刚度根据公式（3-22）可以求得

$$K=\frac{F_s}{l}=\frac{62\ 715}{0.3}=2.09\times10^5=2.09\ \mathrm{e}5\ (\mathrm{N/m}) \tag{3-34}$$

假设已知四腿同时着陆时的着陆速度是 $V_z=5.784$ m/s，箭体的设计下沉距离 $S=0.758\ 6$ m，假设下沉到最低位时速度为 $V_{xm}=0$ m/s，假设作用时间为 t_{ys}，可建立运动

方程

$$\begin{cases} V_z^2 - V_{xm}^2 = 2aS \\ V_z^2 - 0.5at_{ys}^2 = S \end{cases} \tag{3-35}$$

推导出压缩时间 $t_{ys}=1.7221$ s，可计算出弹簧的平均压缩速度为 $V_{th}=0.1742$ m/s

$$C_e=\frac{MV^2}{V_c l}=2.2135\text{ e5 (N·s/m)} \tag{3-36}$$

阻尼均分至4个缓冲器上，单个缓冲器的阻尼为 $C_d=\frac{C_e}{4}=5.534$ e4 (N·s/m)。

3.6 着陆动力学仿真

3.6.1 概述

在开展运载火箭支腿设计时，需要考虑以不同姿态、不同速度着陆的性能要求。若单纯采用理论方法分析，将花费大量的时间和精力。随着有限元技术的发展，原本复杂的问题变得简单，通过合理的等效建模和仿真，将大大节约优化设计时间。

本案例中，开展火箭着陆支腿的着陆运动学仿真采用显示动力学法[15]，核心的难点在于物理模型的有效简化和参数的正确设置，后文中将基于本案例介绍 Abaqus 软件处理该类问题的具体解决思路。

3.6.2 有限元模型组成

火箭回收动力学仿真的有限元模型（见图 3-13）主要包括箭体、主支腿、副支腿、缓冲器、连接支耳和着陆地面 6 部分。箭体、副支腿、连接支耳和着陆地面均采用壳单元

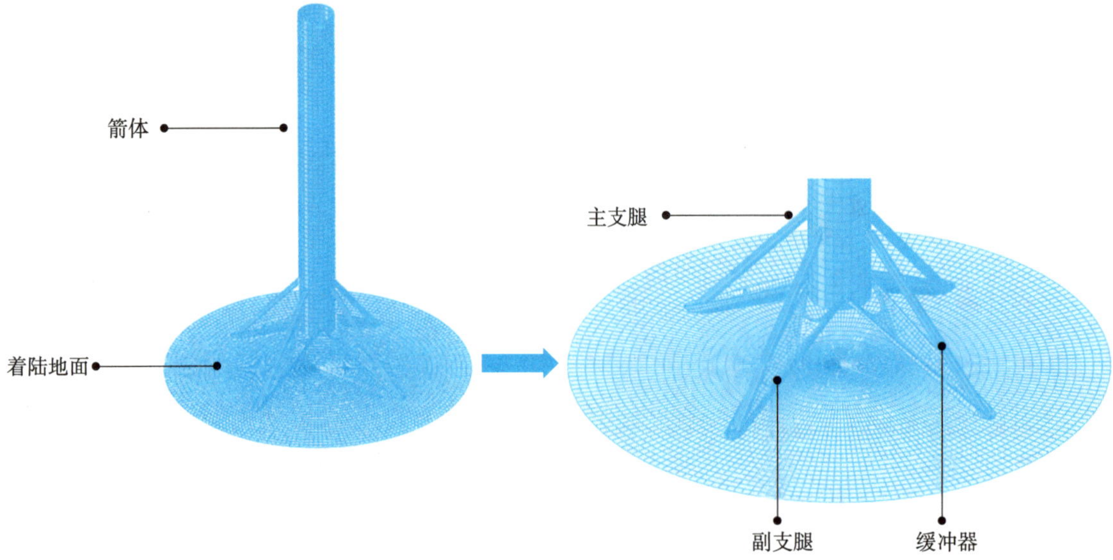

图 3-13　着陆仿真有限元模型

并定义为显示刚体，箭体的质量特性通过显示刚体的参考点、定义点、质量点实现。主支腿采用梁单元模拟，主支腿由连接单元 Translator 模拟缓冲器并定义刚度和阻尼特性。根据箭体、主支腿和副支腿之间的铰接关系，通过连接单元 Join 模拟。为了实现着陆过程模拟，须定义接触特性。

3.6.3　相互作用关系定义

本模型的相互作用关系（Interaction）主要包括接触关系、约束关系和连接单元属性 3 部分。

（1）接触关系

本模型的接触关系采用通用接触（Interaction→Create→General contact（Explicit））定义，在接触属性编辑窗口（Interaction→Property→Create）中可定义：切向行为（Tangential Behavior）的摩擦系数（Penalty）为 0.15，法向行为（Normal Behavior）为 “Hard” Contact。

（2）约束关系

本模型的约束关系主要有 3 种类型（见图 3－14），分别是显示刚体约束（Rigid body）、绑定约束（Tie）和耦合约束（Coupling）。

显示刚体约束主要用在箭体、支腿、支耳和着陆地面的定义，其中箭体质心处可赋予质量特性（见表 3－2 所示）。

绑定约束主要用于箭体和支耳的连接。

耦合约束主要用于建立连接单元，分布在主副支腿与支耳的铰接处。

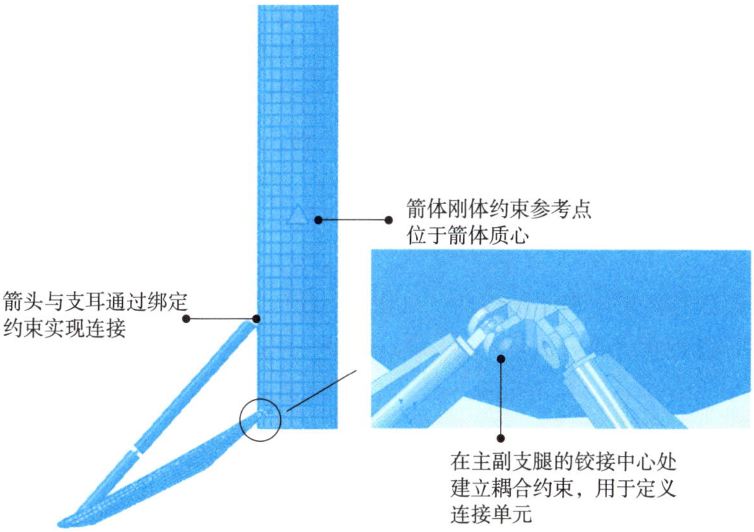

图 3－14　约束关系

（3）连接单元属性

本模型的连接单元采用两种类型，分别是 Translator 和 Join。Translator 模拟缓冲器

（见图 3－15），利用主支腿梁单元端点建立 Wire（Connector→Geometry→Create Wire Feature），并赋予 Translator 属性（Connector→Assignment→Create），初始长度为 300 mm，并在 Translator 的 Edit Connector Section 窗口中定义缓冲器等效刚度为 $K=2.09$ e5（N/m）和阻尼 $C_d=5.534$ e4（N・s/m）。

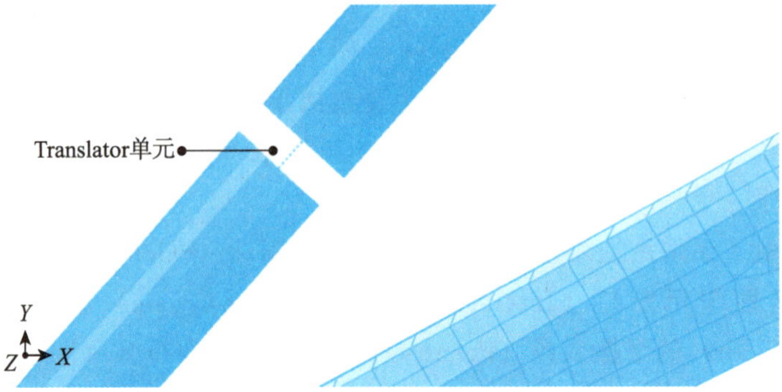

图 3－15　Translator 单元

Join 单元的建立方法是在铰接点处建立两个参考点，分别与铰接的两个物件建立耦合连接关系（见图 3－16），最后通过两个参考点建立 Wire（Connector→Geometry→Create Wire Feature），并赋予 Join 属性（Connector→Assignment→Create）。

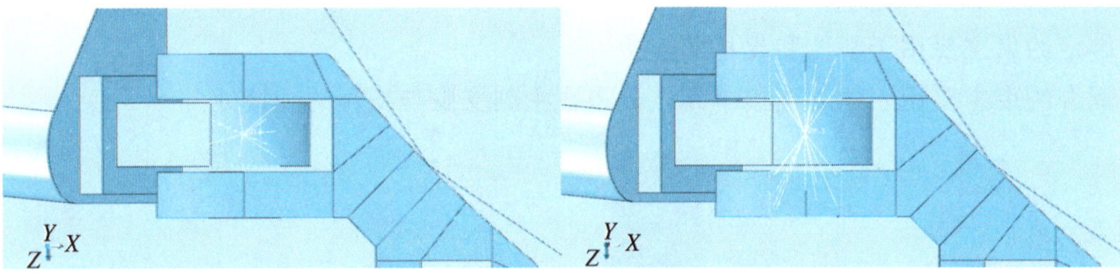

图 3－16　副支腿上的支耳耦合约束关系

3.6.4　载荷边界建立

本模型的边界条件为约束着陆地面（见图 3－17），为了模拟箭体以 5°倾角着陆，将着陆陆面旋转 5°。通过 Load→Create→Mechanical→Gravity 加载 1g 重力加速度场。通过 Predefined Field→Create→Mechanical→Velocity 设定 $V_x=4$ m/s，$V_y=4$ m/s，$\omega=0.01$ rad/s。

3.6.5　仿真设置

仿真采用显示动力学（Step→Create→Dynamic，Explicit），时间周期（Time period）为 0.3 s，勾选非线性（Nlgeom：On）。设置 Incrementation 的类型时，可以选择 Automatic，也可以选择 Fixed（适用于纯刚体分析），当选择 Fixed 模式时，本案例中 User－defined time increment 可设置为 1E－6。

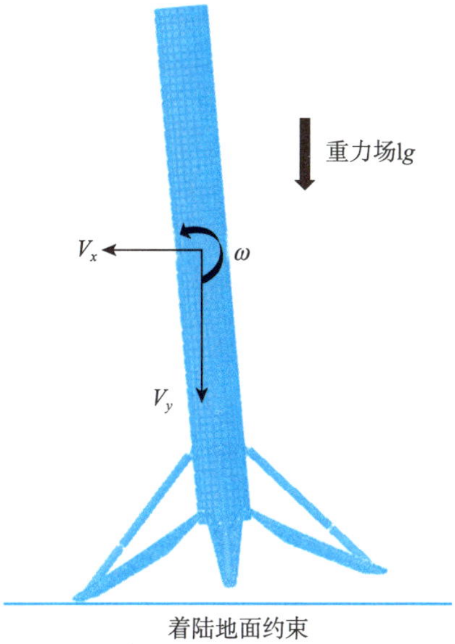

图 3 - 17　着陆状态

3.6.6　仿真结果

箭体着陆过程的仿真如图 3 - 18 所示，从运动过程可以看出，箭体着陆平顺，无反弹、无侧移。

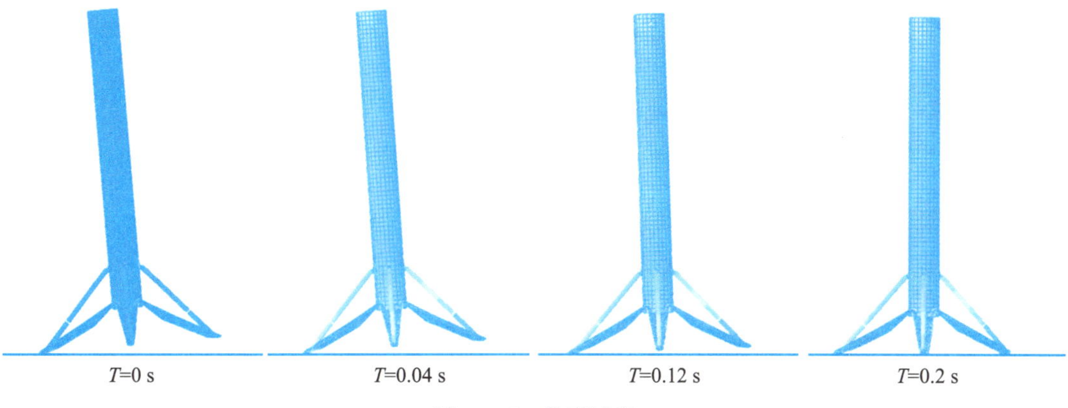

图 3 - 18　仿真过程

在后处理中提取仿真模型的动能和粘滞耗散能进行分析（Visualization→Tools→Create XY Data→ ODB history output，ALLKE&ALLVD），从图 3 - 19 的分析结果可以看出，箭体的动能先降低，随后在重力场的作用下逐渐将势能转化为动能，随着 4 个支腿同时着陆，缓冲器阻尼消耗动能。从能量的角度可以看出仿真结果符合预期。

进一步，提取箭体质心处的位移和速度（Visualization→Tools→Create XY Data→ODB field output，U&V）。仿真结果如图 3 - 20 所示，从结果中可以看出，箭体落地平

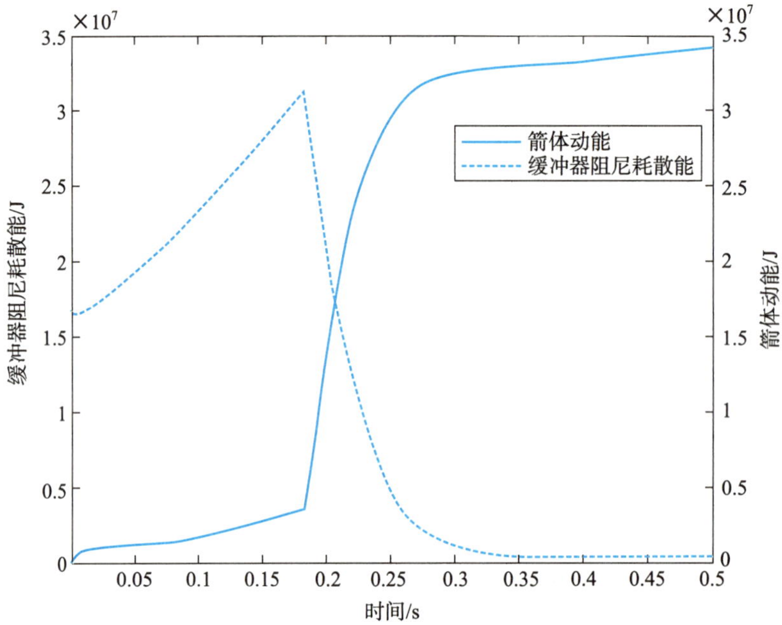

图 3-19 箭体耗散能和动能

稳，箭体无反弹，单腿着陆时的速度最大为 5.718 m/s，略小于理论计算结果 V_z＝5.784 m/s，主要原因是箭体在单腿触地过程中缓冲器会做功消耗部分能量。当四腿着陆同时触地后，4 个缓冲器同时起效，速度在着陆过程中被缓冲器有效耗散。

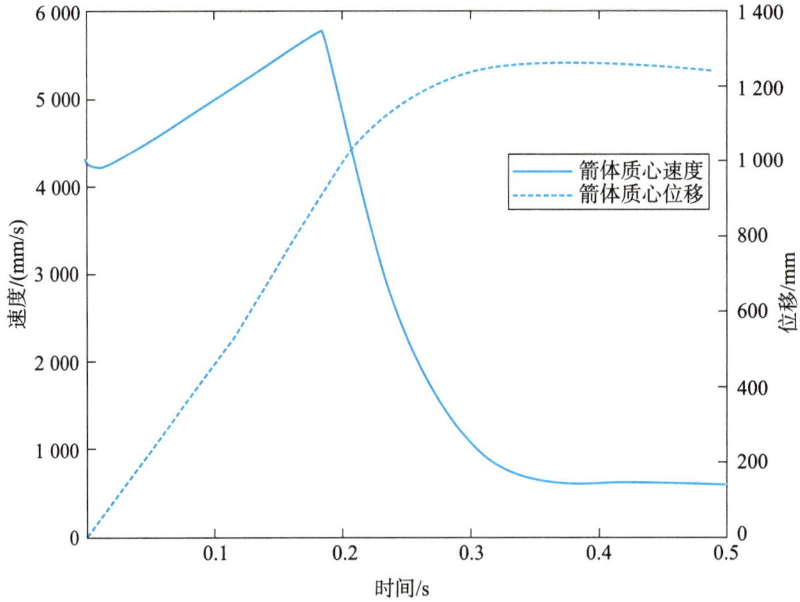

图 3-20 箭体质心处的位移和速度

进一步，提取箭体质心加速度，如图 3-21（a）所示，结果显示的箭体加速度较大，包括了大量的高频加速度信息，对其进行 5 Hz 低通滤波后可以得到如图 3-21（b）所示的箭体质心加速度，从中可以看出，主要的箭体的低频加速度不大于 $5g$，与理论设计水平相当。

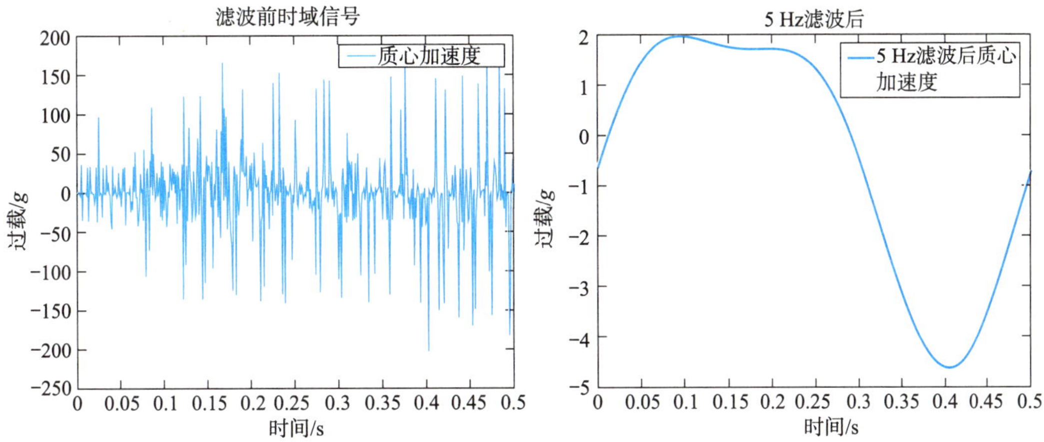

(a) 滤波前质心加速度　　(b) 滤波后质心加速度

图 3-21　质心处加速度

最后，提取着陆主支腿缓冲器的连接单元力或梁单元的截面力（Visualization→Tools→Create XY Data→ ODB field output，CTFL& Section Force），仿真结果如图 3-22 所示，单腿着陆阶段，支腿的最大受力为 83 033 N，远小于理论极限载荷 F_S=232 500 N，符合设计理论。在箭体受恢复力矩作用二次触地时，由于箭体重力做功，二次触地时的动能增加较多时，4 个支腿受力相对均匀，最大力达到 150 000 N，虽大于理论载荷的 F_S = 62 715 N，但超出部分的作用时间小于 200 ms（即≤5 Hz），符合理论计算结果。

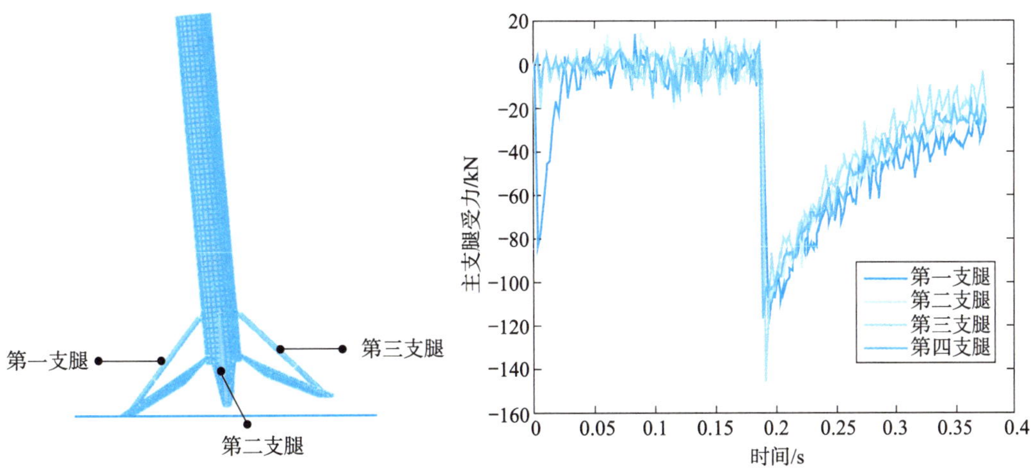

图 3-22　载荷结果（见彩页）

动力学模型中主支腿采用了梁单元，可直接提取主支腿在落振过程中受到的应力（如图 3-23 所示），进一步可根据分析需求建立模型。

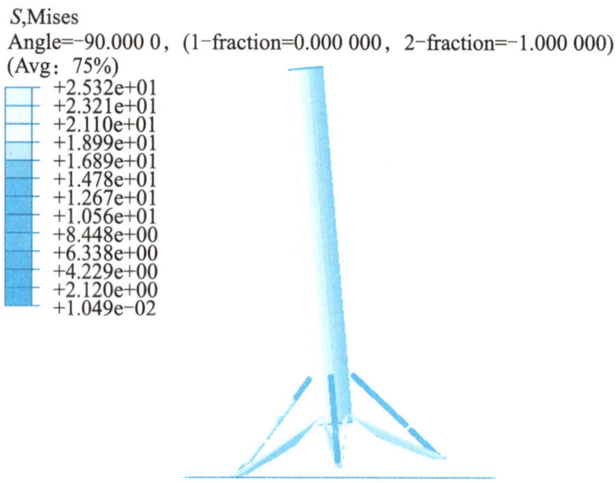

图 3-23　主支腿梁单元应力（见彩页）

3.6.7　小结

本节基于实例介绍了回收着陆支腿的有限元分析建模过程，基于该模型可完成不同着陆姿态、着陆条件的动态仿真。在此基础上可评估和优化缓冲器设计，通过加入弹性单元评估不同部位位置的受力情况和动态响应影响。

3.7　着陆支腿设计评述

着陆支腿一般由着陆腿（包含主支腿、副支腿）、缓冲装置、展开锁定机构以及足垫等组成。火箭着陆支撑机构的作用是能够在火箭起飞上升阶段收拢、压紧，返回软着陆前展开、锁定，能够缓冲着陆瞬间的冲击力，碰撞时能够调整适应火箭姿态，以防侧翻，着陆完成后承担火箭的质量。美国 SpaceX 公司猎鹰 9 号运载火箭成功发射并且一子级火箭回收成功。猎鹰 9 号运载火箭发射飞行过程中，着陆支腿收拢压紧于火箭箭身上并设计成流线型气动外壳以降低空气阻力，在着陆时，利用高压氦气气动系统打开 4 个着陆支架。它的副支腿由碳纤维材料和铝合金蜂窝板制成，主支腿内装有液压缓冲器，用于减缓着陆瞬间的冲击力，提高着陆稳定性，从而在回收着陆平台上实现软着陆。支腿的缓冲器设计是着陆支腿的关键组成部分，主要功能就是吸收火箭着陆期间的动能，因此合理设计缓冲器对着陆支腿的设计起着关键作用。其次要保证支腿具有足够的刚度和强度，保证碰撞过程中不被损坏，以及着陆后提供有效的支撑作用，并经过简单检测维修后能够重复使用[2]。

参考文献

[1] 单文杰，代坤，康斯贝．美国猎鹰-9 可重复使用火箭方案研究［J］．国际太空，2012（12）：

15 - 19.

[2] 庞之浩．回收火箭的重要意义与关键技术［J］．科技导报，2016，34（1）：15 - 19.

[3] 王铁兵，朱雄峰，崔朋，等．国外运载火箭发射技术创新发展路线分析［J］．国际太空．2022（5）：40 - 45.

[4] 崔乃刚，吴荣，韦常柱，等．垂直起降可重复使用运载器发展现状与关键技术分析［J］．宇航总体技术，2018，2（2）：27 - 42.

[5] 高泽迥．飞机设计手册：第 14 册起落着陆系统设计［M］．北京：航空工业出版社，2012.

[6] 王辰，王小军，张宏剑，等．可重复使用运载火箭发展研究［J］．飞航导弹，2018（9）：18 - 26.

[7] 毕春莹．可回收火箭平行四边形式着陆机构设计及稳定性分析［D］．哈尔滨：哈尔滨工业大学，2016.

[8] HAROLD H，GEORGE A. Apollo lunar module landing dynamics［Z］．AIAA - 2000 - 1678.

[9] 王闯，邓宗全，高海波，等．国内外月球着陆器研究状况［J］．导弹与航天运载技术，2006（4）：31 - 36.

[10] 曹志杰．国外可重复使用运载器近期进展［J］．国际太空，2005（11）：22 - 29.

[11] VERGNOLLE J F. Soft landing impact attenuation technologies review［C］．Washington：The 13th Aerodynamic Decelerator Systems Technology Conference. AIAA，1995.

[12] ALLEN G P，JOHNSON R L. Apollo experience report luna module landing gear subsystem［Z］．NASA. TN D - 6805.

[13] 胡亚冰，孙毅．月球探测器软着陆机构［J］．上海航天，2010，27（1）：43 - 50.

[14] 罗松柏，赵永嘉．月球软着陆动力学分析与仿真［J］．北京航空航天大学学报，2012，38（2）：185 - 190.

[15] 朱汪，杨建中．月球着陆器软着陆机构着陆稳定性仿真分析［J］．宇航学报，2009，30（5）：1792 - 1796.

[16] 庄雷．金属橡胶-铝蜂窝着陆器缓冲机构动力学特性研究［D］．哈尔滨：哈尔滨工业大学，2020.

[17] 孙毅，胡亚冰，刘荣强，等．月球探测器软着陆机构展开动力学仿真分析［J］．宇航学报，2010，31（2）：335 - 341.

本章作者：王英诚，张　瑞

第 4 章
火箭非火工气动分离装置

4.1 研究背景

航天分离系统是航天飞行器设计中的重要分系统，它的功用是将火箭飞行过程中已经完成预定工作而且在继续飞行中无用的部分分离并抛掉，从而改善火箭质量特性，提高运载能力。运载火箭在飞行中要进行多次分离，例如美国 Space X 公司的猎鹰重型运载火箭在升空后，2 分 33 秒两个助推器分离，3 分 07 秒一二级火箭分离，3 分 49 秒整流罩分离，任务剖面参见图 1-6。分离动作都是在高速度、多干扰的复杂动态环境下完成的，因此分离系统的性能是影响运载火箭性能、安全性和可靠性的重要系统，对飞行任务的成败至关重要。

美国 Space X 公司因尽可能多地避免复杂的设计而闻名，该公司提倡的是简单化、通用化的设计理念。火工品复杂的存放和使用要求，工作时产生的污染和冲击以及不可检、不可测、不能重复使用的特性，显然不能满足 Space X 公司的设计理念。因此，Space X 公司从猎鹰 1 号运载火箭开始就已经使用并验证了其气动形式的分离装置（见图 4-1）。火工品的可靠性主要是通过生产过程控制、高标准的抽样检查以及火药自身的特性来保证的[1]。气动分离装置涉及阀门、作动器等机械动作部件，可靠性比火药相对较低，但是可以在总装之后进行测试和验收，从而保证产品的可靠性。猎鹰 9 号和猎鹰重型系列火箭都采用气动式分离方式，并根据具体的分离需求进行了优化设计。

4.2 分离装置设计要求

运载火箭飞行中的分离是在如下几点动态条件下完成的。

1）高速度。火箭飞行中的分离大都是在高速飞行中完成的，如果分离时的高度比较低，分离将在较大的加速度下进行。

2）剧烈的加速度变化。级间分离或者星箭分离一般是在作用力发生剧烈变化时完成，

图 4-1　美国 SpaceX 公司安装气动分离装置的舱段

主要是因为分离时发动机推力急剧下降、分离力又突然作用于两分离体上造成的。

3）干扰多且复杂。比如发动机关机、启动造成的推力变化、气动干扰、结构偏差引起的干扰等。

4）复杂的运动状态。主要是由于干扰的存在，两分离体在分离前后都是处于复杂的运动状态中，包括平动、转动以及结构的弹性振动等。

因此，对分离系统的基本要求是：在分离之前要确保两分离体可靠地连接，在分离时，又要确保两分离体可靠地分离。并要保证分离过程中或分离后，不构成影响继续飞行的危害，比如过大的振动、冲击、碰撞及环境干扰等。

分离系统按其功能主要由两部分组成，即连接解锁装置和分离冲量装置（见图 4-2）。连接解锁装置的功用是在两分离体分离之前将其可靠连接，分离时将其连接构件断开，主要包括爆炸螺栓、炸药索和包带等。分离冲量装置的功用是产生分离冲量，提供两分离体

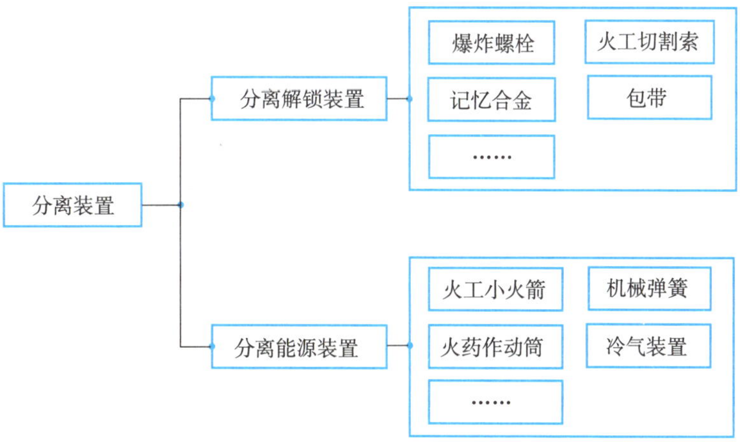

图 4-2　分离装置的组成

所需要的相对分离速度，因此也叫分离能源装置，主要包括火工小火箭、机械弹簧、火药作动筒、冷气装置等。为满足低冲击、无污染的分离需求，电动、气动、记忆合金等类型的分离装置也逐渐发展起来[2-3]。相较记忆合金驱动力小、电动设备启动慢、可靠性低的缺点，气动分离装置具有能力大、动作快等优势，成为了分离装置研究的一个热点[4]。

4.3 冷气分离能源装置

4.3.1 国内外应用实例

气动能源装置在火箭的分离方面已有应用。早在 20 世纪 70 年代，美国 Delta 火箭的助推分离中，应用了气动＋机械弹簧复合式的推杆[5]，如图 4－3 所示。Delta 火箭上有 9 个捆绑固体助推火箭，其中 6 个在起飞时点火，剩余 3 个在起飞 65.5 s 后点火；最早点火的 6 个助推火箭 3 个一组，分别在 66 s 和 67 s 时分离。每个助推火箭的分离需要 4 个推杆分离，2 个在前，2 个在后。起飞时就点火的 6 个助推火箭使用气动分离装置进行分离，起飞后再点火的 3 个助推火箭使用机械弹簧进行分离。安装时，9 个固体助推火箭与一子级相连，冷气分离装置安装在助推器的对应位置。

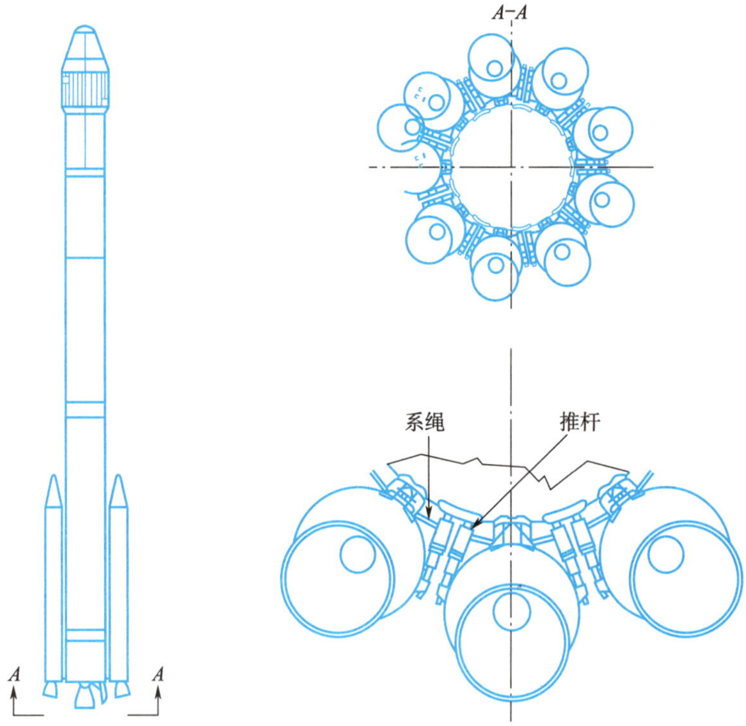

图 4－3　美国 Delta 火箭助推分离布局图

该气动分离能源装置外形（见图 4－4）在压缩状态下与机械弹簧外形一致，其内部机构与活塞类似，气体从底部侧面进入，推动内部推杆推出，产生推力。推杆与外筒之间设置密封装置，在总装总测阶段进行气密性检测。在推杆的顶部设置球窝，与芯级上的球头配合，以便调整推力的角度。该装置在压缩状态下，总长度为 18.02 in（457.7 mm），推杆行程 6.4 in（162.56 mm），峰值推力在 10 000 lb（44 450 N）。相同外形、相同行程下的机械弹簧，峰值推力 6 000 lb（26 670 N），总的能量不到气动弹簧的一半。如果在同样的质量下，气动分离装置提供的初始推力是机械弹簧的 4～5 倍，优化后甚至可以实现 10 倍的推动力。

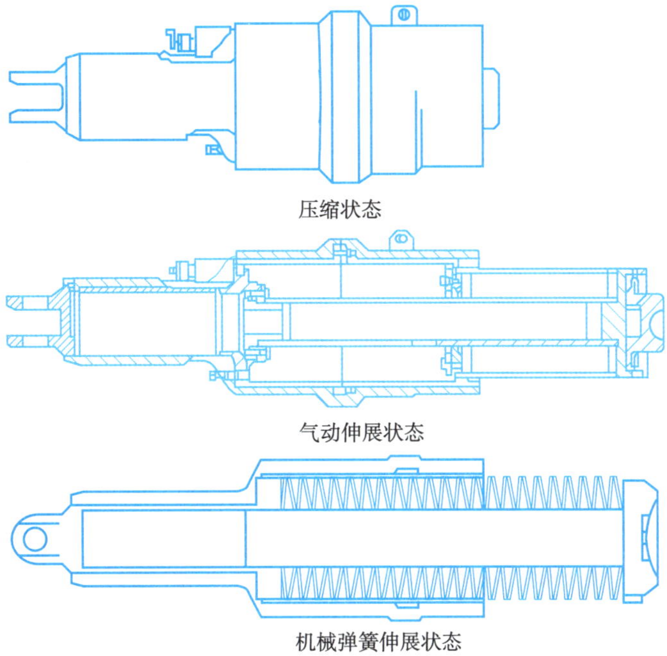

图 4－4　分离能源装置

类似的气动分离装置在战神 1 号运载火箭中得到应用。战神运载火箭为美国国家航空航天局在星座计划（Project Constellation）中所研制的载人太空载具，该火箭是两级式的运载火箭，一级使用的是五段式固体运载火箭，第二节使用的是 J－2X 火箭引擎，燃料为液态氢/液态氧。级间分离采用一套气动装置，主要组件是气瓶、阀门以及 6 组 12 个气动执行装置，如图 4－5 所示。

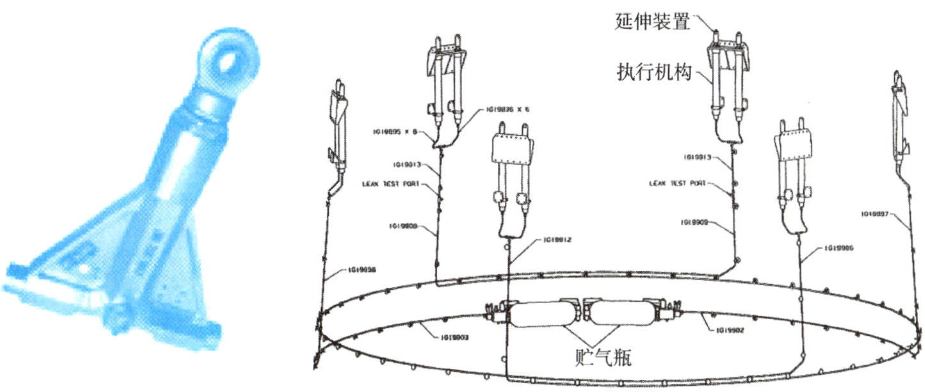

图 4－5　气动分离系统

猎鹰重型运载火箭整流罩采用了平抛方式，共设置4个气动推杆，上下各2个（见图4－6）。在整流罩的内部放置多个气瓶，为气动推杆提供气源（见图4－7）。推杆的行程较长，但是直径不大，主要依靠气瓶不断输入高压氦气来提供分离推力。

图4－6 猎鹰重型运载火箭整流罩内的气动推杆

图4－7 猎鹰重型运载火箭整流罩内的气瓶

猎鹰9号运载火箭一、二级分离则是采用了一个居中的气动推杆进行分离（见图4－8）。这主要是考虑到不同类型分离的需求，级间分离若使用多个推杆，则要考虑推杆推力不同、安装位置等因素带来的偏差影响[6]。另外，考虑空间布局的因素，级间分离使用单个居中的气动推杆，可以充分利用喷管内部空间，从而使用体积更大的推杆，提供更多的分离能量。

4.3.2 设计案例

力箭一号运载火箭（代号ZK－1A）为中型四级固体运载火箭，主要用于太阳同步轨道和近地轨道中小型航天器发射任务，支持单星发射、多星发射、星座快速组网和补网发

图 4-8　猎鹰 9 号运载火箭级间分离机构

射。ZK-1A 火箭采用四级固体发动机串联式布局方案，起飞质量约 134.9 t，全长约 29.668 m，最大箭体直径为 2.65 m。火箭飞行过程中有 6 次分离，包括 3 次级间分离、1 次整流罩分离和 2 次星箭分离。其中，三、四级分离采用爆炸螺栓解锁和冷气推冲、冷气推偏装置提供分离冲量的冷分离方案。

冷气推冲分离系统可根据分离两体的实际结构状态进行安装使用，结构适应性强。图 4-9、图 4-10 为冷气推冲分离系统作为级间分离能源安装于力箭一号运载火箭上的状态。冷气推冲分离系统已随该运载火箭参与完成了遥测飞行试验，验证了系统工作的时序和性能，试验取得圆满成功。

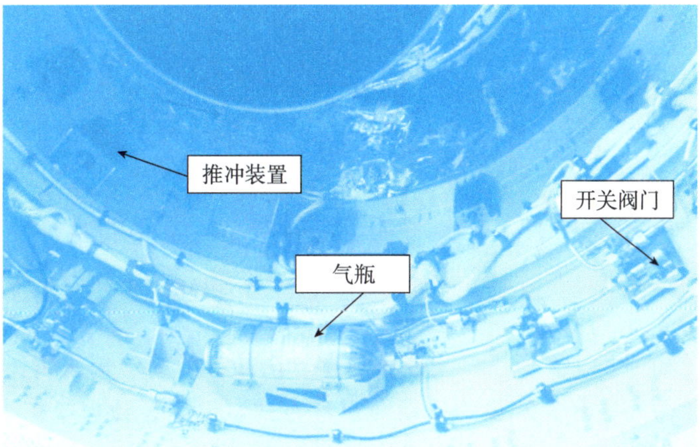

图 4-9　冷气推冲分离系统飞行试验状态一

4.3.2.1　设计方案

冷气推冲分离系统是一套以高压气作为能量来源的分离作动系统，作动杆在高压气的作用下推出，作用于分离体，从而将两体推开实现分离。

系统原理图如图 4-11 所示，包括一个或多个气瓶、开关阀门、一个或多个推冲装

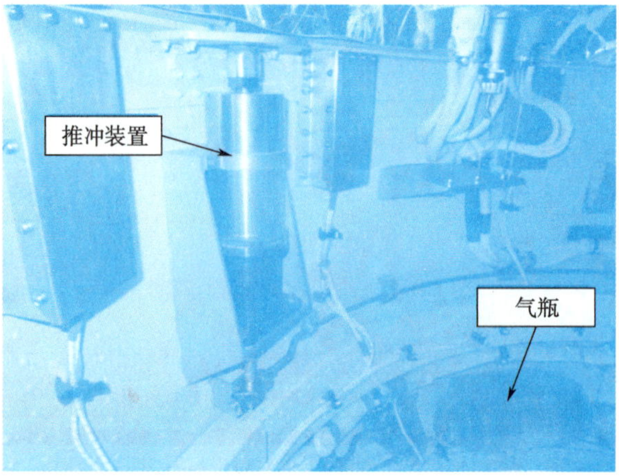

图 4-10　冷气推冲分离系统飞行试验状态二

置、管路。气瓶充入高压气体，开关阀门为常闭式。为了使系统提供更大能量，工作按一定的时序进行：当系统按时序发出阀门信号后，阀门打开，高压气体充入推冲装置空腔中。空腔中气压逐渐升高，直至达到平衡点。该阶段称作充气段。此时推冲装置内部蓄有高压气体，待分离两体解锁后，推杆在高压气体的作用下迅速推出，从而实现两体分离。该阶段称为做功段。蓄有高压气体的推冲装置，类似于压缩状态下的弹簧，因此推冲装置又可称作空气弹簧。

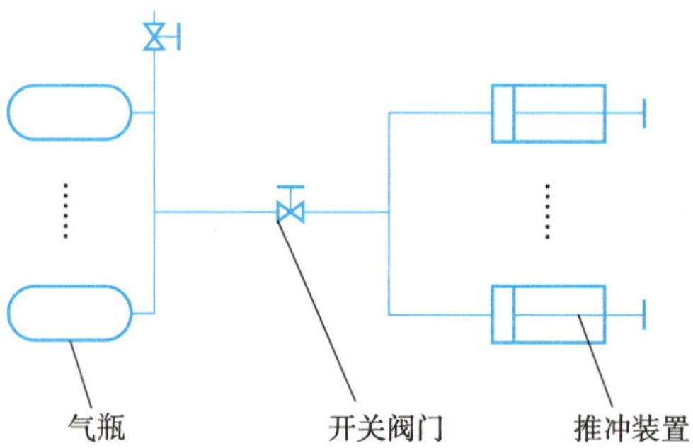

图 4-11　冷气推冲分离系统原理图

推冲装置设计如图 4-12 所示，主要由底座、内筒、外筒、端头帽、调节螺母和密封圈等组成。其中，内外嵌套为常规的作动筒设计方式，但本设计为了扩大初始贮气容积，将作动杆掏空作为内筒，并拉长中空底座作为贮气腔。

在推冲装置工作过程中，随着内筒的推出运动，推冲装置内部空腔体积变大，若气瓶供应的进气流量小于内部空腔体积的增大量，则推冲装置不能维持内部气压的稳定，因此推力会随推冲装置内筒的推出而减少。在实际应用中，为了提高推冲装置的推力，推冲装置的内筒截面积往往较大，而输送管路受到质量、体积和成型难度的限制，其截面积远远小于推冲装置内筒的截面积。内筒推出的速度较大，而气体的流速有限，在分离过程中气瓶供应的气体流量远远不能满足推冲装置的稳压需求。因此推冲装置高压气体的贮气量便

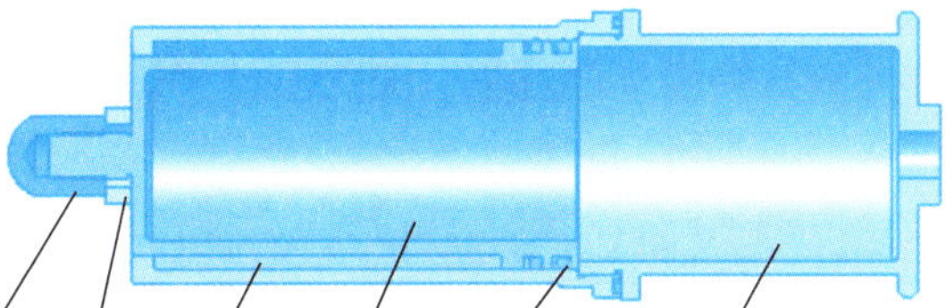

图 4-12　冷气推冲装置模型

成为提高系统冲量的关键因素。因此在结构设计中增大内腔初始体积是提高空气弹簧蓄积能量的必然措施。同样，若不设置时序而采用边充气边工作的使用模式，则工作气压较低，提供的冲量有限。令推冲装置在工作初始时刻就具有最大能量，是提高分离效率的方法，也是设置推冲装置工作时序设计的出发点。

在后续的仿真计算中，假设分离两体，一个分离体固定，另一个分离体自由状态，那么可认为固定分离体的质量为无穷大。气体介质为氮气，采用 1 个气瓶+2 个推冲装置状态进行仿真，具体参数见表 4-1。开始时阀门关闭，1 s 后阀门打开；开始时认为负载 M 质量为∞，从而保持锁定状态，1.5 s 后为 300 kg，实现解锁做功。

表 4-1　产品参数

序号	产品	状态	单位	备注
1	气瓶	4	L	—
2	气瓶压强 p_1	12	MPa	—
3	推冲初始体积 V_1	0.9	L	—
4	行程 l	0～125	mm	—
5	直径 D	80	mm	—
6	推充装置数量	2	只	—
7	质量 m_1	∞	kg	锁定状态
8	质量 m_2	300	kg	解锁状态

4.3.2.2　理论计算

冷气推冲分离系统在工作过程中产生的分离能源是系统与外界通过工质（气体）的状态变化过程来实现的。工程热力学中，大部分过程中的气体的状态参数满足 $pV^n=\text{const}$，其中 n 为常数。这样的过程称为多变过程，n 为多变指数，可以是$-\infty\sim+\infty$间任意的数值。其中 4 种典型的热力学过程——定容过程、定压过程、定温过程和绝热过程，这 4 种过程实质上是多变过程的特例。由于充气段和做功段的持续时间都很短，实际状态也非常复杂，且工质的各个状态参数都在变化，不能简单地用以上 4 种典型热力学过程中的一种进行描述。因此为了便于分析该过程，寻找其固有的规律，作出两个假设：1）工质为理想气体；2）充气段和做功段均为多变过程，即 $pV^n=\text{const}$，但两段的多变指数 n 不同。

（1）充气段

由阀门打开到气体充满推冲装置的过程（充气段），气瓶的初始气压为 p_0 ，气瓶体积为 V_0 ，则

$$p_0 V_0^n = p_1 (V_0 + V_1)^n \tag{4-1}$$

其中，V_1 为推冲装置的初始空腔体积。

那么阀门打开后的系统中的压强为

$$p_1 = p_0 V_0^n / (V_0 + V_1)^n \tag{4-2}$$

（2）做功段

推冲装置的推力较大，作用时间较短，可在毫秒级的时间内完成全行程工作。

当推冲装置内筒运动距离为 l_t 时，内部空腔的体积为 $V_2 = V_1 + \frac{\pi D^2}{4} l_t$ ，根据多变过程方程得到：$p_1 V_1^n = p_2 V_2^n$ ，则空腔内部压强与运动行程的关系为

$$p_2 = p_1 \left(\frac{4V_1}{4V_1 + \pi D^2 l_t} \right)^n \tag{4-3}$$

由此可得推冲装置推力与运动行程的关系

$$F = p_1 \left(\frac{4V_1}{4V_1 + \pi D^2 l_t} \right)^n \frac{\pi D^2}{4} \tag{4-4}$$

运动初始时刻的推力 $F_1 = p_1 \frac{\pi D^2}{4}$ ，则推力与行程的关系也可写为

$$F = F_1 \left(\frac{4V_1}{4V_1 + \pi D^2 l_t} \right)^n \tag{4-5}$$

可以看出：1）末秒推力与初始推力之比仅与推冲装置的结构尺寸有关，一旦结构设计完成，则系数不再改变；2）初始推力与结构尺寸、充气压强两项因素有关，结构设计完成后，充气压强是决定初始推力的唯一因素。

其中，充气段和做功段的多变指数 n 是通过试验测定结果进行计算得到的。在试验中，只要测定多变过程中工质的两个状态 p_1，V_1 和 p_2，V_2，则

$$p_1 V_1^n = p_2 V_2^n \tag{4-6}$$

整理后可得多变指数

$$n = \frac{\ln p_2 - \ln p_1}{\ln V_1 - \ln V_2} = \frac{\ln(p_2/p_1)}{\ln(V_1/V_2)} \tag{4-7}$$

图 4-13、图 4-14 分别为在试验中测试得到的压强和推力曲线。从压强曲线中可以看出，在阀门打开后的充气段，气瓶压强降低，两个推冲装置内压强升高，最终达到平衡状态；在此之后，两分离体解锁，推杆在压强的作用下迅速推出，推冲装置内部空腔迅速扩大。由于时间很短，气瓶中的气体只有少部分进入推冲装置内部，推冲装置内压强迅速降低，直到完全推出。当分离完成后，气瓶中的高压气体继续进入推冲装置内部，两者压强最终达到平衡。从推力曲线中可以看出，在充气段，推力迅速上升，直至达到最大值；当两分离体解锁之后，推力随推冲装置内部压强的降低迅速减小，直到推杆端头脱离分离

体，做功完成。

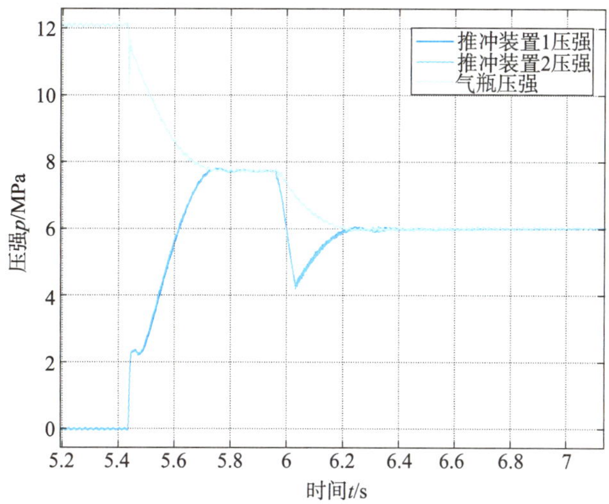

图 4－13　压强曲线（见彩页）

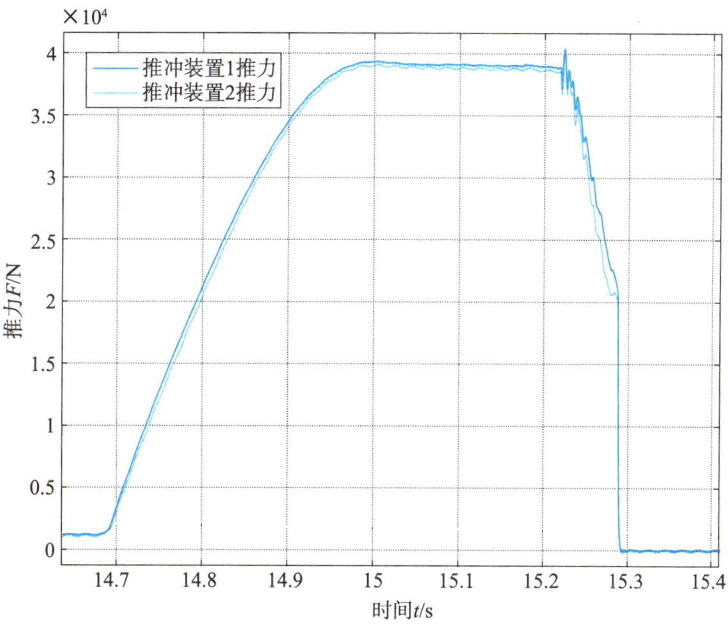

图 4－14　推力曲线（见彩页）

在 $p-V$ 图上，从同一状态 1 出发的 4 种基本热力学过程线如图 4－15 虚线所示，指数 n 的值按顺时针方向逐渐增大——由 $-\infty \to 0 \to 1 \to k \to +\infty$。因此对充气段和做功段，只要得到多变指数 n 值，就能确定其在图上的相对位置[7]。试验结果如图 4－16 所示，充气段 $n_1=1.14$，做功段 $n_2=1.28$，这两段的多变过程均介于定温过程和绝热过程之间。

可以对图 4－15 中的压强 p 进行积分，得到装置的做功能力，但是需要推冲装置全行程的试验数据。另一种方法是根据工程热力学的方法进行求解，以简化问题。一般来说，

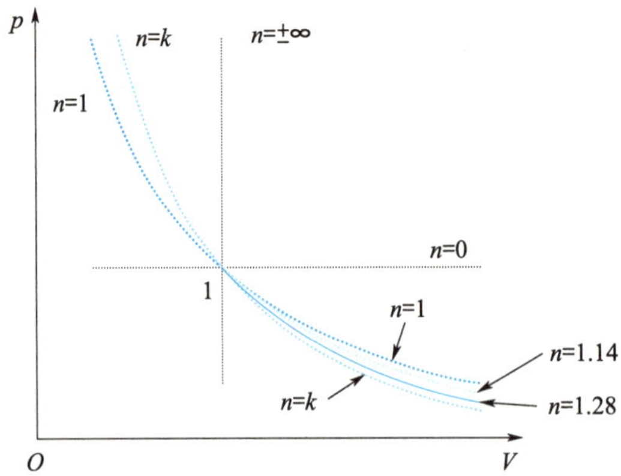

图 4-15　$p-V$ 曲线

可逆多变过程的过程功计算式可按 $W=\int_1^2 p\,\mathrm{d}V$ 确定。将 $pV^n=p_1V_1^n$ 代入，可得

$$W=\int_1^2 p\,\mathrm{d}V=p_1V_1^n\int_1^2\frac{1}{V_1^n}\mathrm{d}V=\frac{1}{n-1}(p_1V_1-p_2V_2) \tag{4-8}$$

4.3.3　有限元仿真

4.3.3.1　案例说明

推冲装置在工作过程中，对主要的零件进行受力分析如下（见图 4-16）。

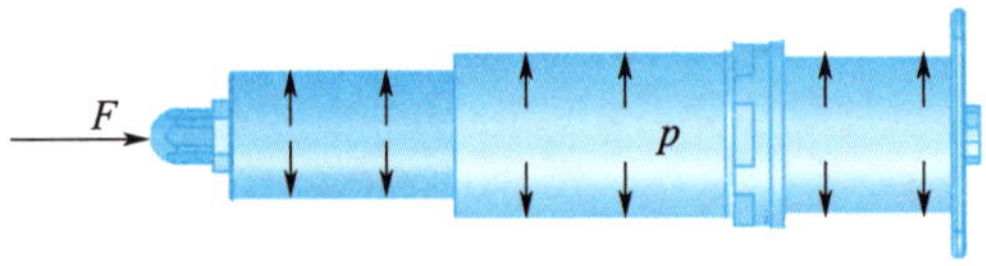

图 4-16　推冲装置受力分析

内筒：内部压强、端头压力、工作完成瞬间的冲击；

外筒：内部压强、工作完成瞬间的冲击；

端头帽：分离体对其推力的反作用力；

底座：内部压强。

由于端头帽和底座的受力比较简单，不再进行分析，主要研究内筒和外筒在整个工作过程中的受力情况。当内筒在压强的作用下冲出到最大长度时，通过外筒的凸台实现限位的作用：内筒在高速下撞击外筒凸台，实现能量的耗散，直至速度减少至零。

考虑到推冲装置在工作过程中主要受到的气体压力和分离体给予其的反作用力均为变化的力，用 Abaqus 软件进行工作全过程的仿真分析，在验证推冲装置的强度的同时求解做功量。

4.3.3.2　有限元模型建立

一般情况下，满足以下条件的可以建立轴对称模型：

1）形状上轴对称；

2）边界条件上轴对称；

3）载荷施加上轴对称。

由于推冲装置内筒、外筒均为对称的筒状结构，载荷和边界条件也满足对称要求，因此以下采用轴对称模型进行建模分析，从而将模型由三维简化到二维，减少计算网格量。

使用轴对称单元，依照轴对称的原理建模分析，有限元模型简化如图 4－17 所示。特别要注意的是，轴对称模型的截面属性应选择实体（Solid）而不是壳（Shell）。

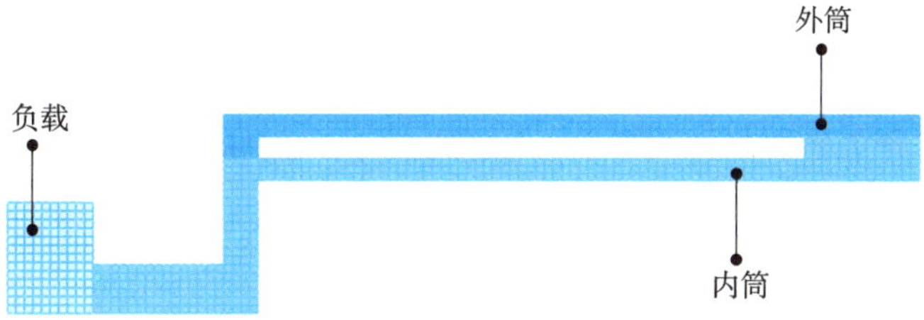

图 4－17　有限元模型设置

使用 Visualization 功能模块查看结果，延展轴对称单元构造等效的三维视图如图 4－18 所示。

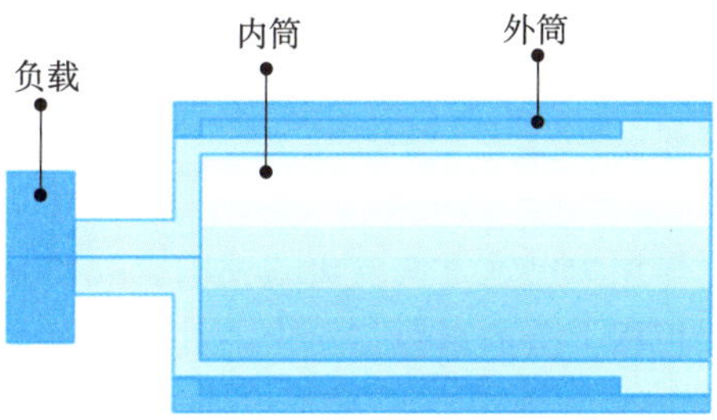

图 4－18　等效三维视图

4.3.3.3　材料属性

本次分析模型内筒、外筒材料均采用不锈钢，负载件的作用是模拟推冲装置的工作载荷，因此对其密度进行调整，使整体质量达到 300 kg（与表 4－1 参数一致），其他属性与不锈钢一致。材料属性如表 4－2 所示。

表 4－2　选用材料力学特性

材料名称	密度/(g/cm^3)	泊松比	弹性模量/GPa
不锈钢	7.85	0.3	210
负载	2.2×10^4	0.3	210

4.3.3.4　分析步设置

设置为两个分析步，均为显式动力学分析步（Step→Create→General→Dynamic，Explicit）：1）内筒在力的作用下向上运动，负载固定不动，直至全部接触到负载，目的是消除负载与内筒端部的间隙，分析步设置 Time period＝0.1，Maximum number of increments＝1 000，Initial increment size＝1E－8；2）外筒固定，内筒在变化的压强作用下向上运动，分析步设置 Time period＝0.1。

4.3.3.5 相互作用关系设置

由于模型为二维轴对称模型，因此不能使用全部覆盖的 General contact，而是需要用 Interaction→Create→Surface－to－surface contact 对特定的面组设置接触。创建接触属性（Interaction→Property→Create→Contact），并设置 Tangential Behavior＝0.15，Normal Behavior＝ “Hard” Contact。共设置 2 对特定的接触面：内筒上端面和负载下端面为一对接触面；最终内筒底部外侧凸台与外筒内侧凸缘接触，因此在此也设置一对接触面，如图 4－19 所示。

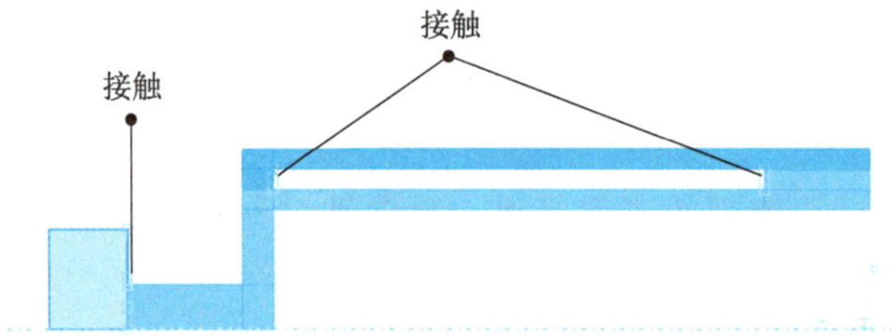

图 4－19 接触条件设置

4.3.3.6 边界与载荷设置

载荷设置：分离体的反作用力已通过调整负载件的密度使其与真实载荷的质量一致来施加。施加压强是变化的，根据上节的试验值给出，具体如图 4－20 所示。

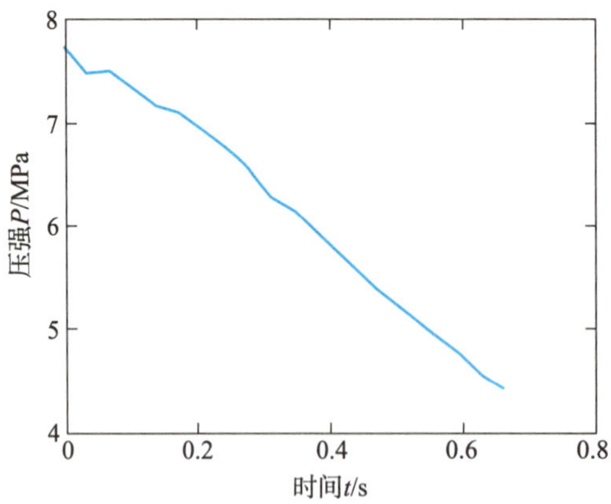

图 4－20 压强载荷曲线

边界条件设置：负载、外筒底部设置为固定边界（见图 4－21）BC→Create→Mechanical→Symmetry/Antisymmetry/Encastre→Encastre（U1＝U2＝U3＝UR1＝UR2＝UR3＝0）。其中，负载上的固定边界只在 Step－1 中激活，在 Step－2 中为 Inactive 状态，外筒上的边界条件，在 Step－1 和 Step－2 中均为激活状态。

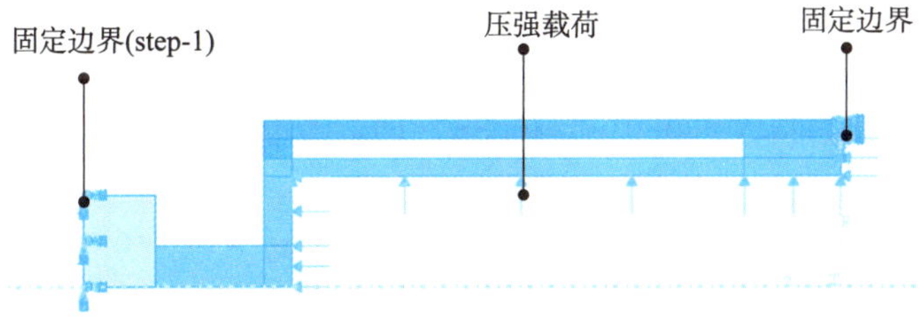

图 4－21　边界条件设置

4.3.3.7　仿真结果

计算结果如图 4－22，工作过程中，推冲装置的最大应力点位于内筒端头根部位置，最大值为 153 MPa；工作完成时刻，内外筒接触，最大应力位置在内筒凸台上，最大值为 127 MPa。提取外筒、内筒和负载 3 个零件的速度和系统总能量曲线，如图 4－23 所示。可以看出，当负载被推出后，按照最后时刻的速度继续匀速向前运动，带走了推冲装置做功的大部分能量。内外筒之间的碰撞接触导致外筒有一定的振动，从而将能量耗散掉。负载最后的速度为 2.9 m/s，则动能为 3 780 J，占系统总的能量（3 826 J）的 98.8%，因此分离系统中高压气体的能量大部分都转移给了负载，表现为负载速度。外筒与内筒碰撞的能量只占 1.2%，相对很小，对推冲装置的冲击也较小，因此造成的应力并不大，最大仅为 127 MPa。

图 4－22　有限元计算结果（见彩页）

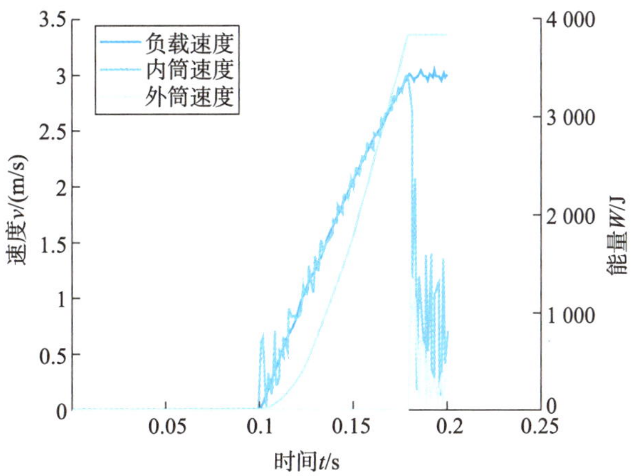

图 4－23　速度曲线和总能量曲线（见彩页）

表 4-3 列出了用工程热力学和有限元法计算的总能量以及根据实际试验数据积分获得的总功，可以看出，3 种结果比较相近，两种理论计算方法的偏差不大于 8%，一致性较好。实测总功/计算总功大约在 0.80～0.88 区间，考虑到试验数据采集系统的频率、精度以及积分时的误差，认为计算值与实测值的结果基本一致。

表 4-3 冷气推冲系统总功

热力学法计算总功	有限元计算总功	实测总功
3 561 J	3 850 J	3 102 J

4.4 冷气分离解锁装置

4.4.1 国内外应用实例

摆脱火工品，降低污染和冲击是星箭分离连接解锁装置的发展趋势[8]。在分离解锁装置方面，航天技术先进的欧美国家早已开展了无火工品的分离装置研究，并实现了初步的应用。根据美国国家航空航天局兰利研究中心的调查报告，美国和欧洲已经有基于形状记忆合金式、电驱卷轴式、石蜡驱动式、热切割和熔断式的分离连接解锁装置[9]。

基于记忆合金式的连接解锁装置发展较早也较为成熟。早在 1993 年，洛马公司就为美国空军实验室的 MightySat 计划研制了 LFN（Low Force Nut）分离螺母和 TSN（Two Stage Nut）分离螺母，该装置均采用了记忆合金作为触发装置，如图 4-24 所示。1999 年 5 月，LFN 和 TSN 通过发射 MightSat I 星搭载的 SMARD 装置进行了在轨试验，试验中两种装置均能顺利实现分离，并且分离冲击小于现有火工品的水平，均在 500 g 以下。但是记忆合金能提供的分离力较小，不能满足大型载荷的需求。1999 年美国空军实验室和 Starsys 研究公司共同开发了基于形状记忆合金的低冲击释放装置 QWKNUT，如图 4-25 所示。QWKNUT 与 LFN 的体积和质量都相当，在内部的设计上，以滚动代替滑动，减小了内部摩擦力，只需要 3.5～5 A 的触发电流。

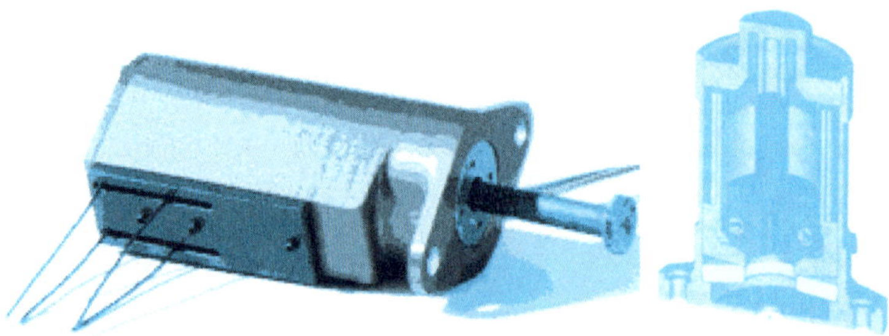

图 4-24 LFN 和 TSN 分离螺母装置外形

但是记忆合金提供的分离力有限，一般是作为解锁触发使用，适用于卫星等小载荷的分离场景。为获取更高的连接分离能力，基于该类成熟的连接解锁结构，以高压气体作为

图 4-25　QWKNUT 分离螺母

分离能源的连接解锁装置也不断涌现、发展[10]。

大力神火箭是美国研制的一次性使用运载火箭，从 1959 年至 2005 年，共发射 368 次。大力神系列火箭的一、二级采用热分离方式，级间的连接装置采用气压盒作为解锁装置，如图 4-26 所示，连接解锁系统主要由双头螺栓、气压螺母、垫圈和气压盒等部分组成。这种气压盒解锁装置与爆炸螺栓同属于点式连接装置，具有结构简单、装配与使用方便等优点。但是任意一个单点失效，则会导致解锁失败，因此对装置的可靠性要求较高。大力神系列火箭上的气压盒是较早地采用气动方式的连接解锁装置。

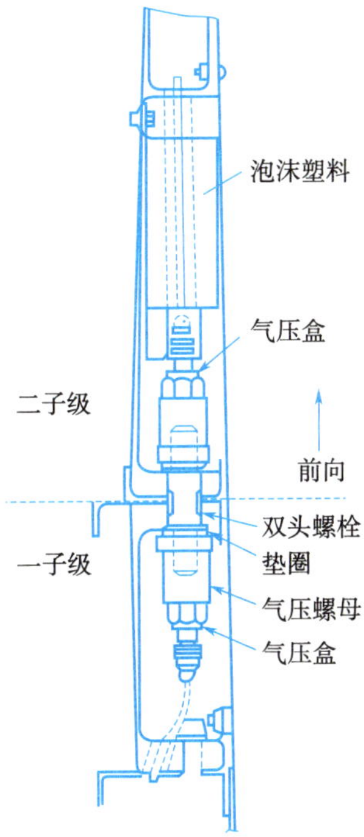

图 4-26　大力神系列火箭一、二级级间连接解锁装置

4.4.2 设计案例

4.4.2.1 设计方案

常用的气动连接解锁装置主要是分瓣螺母形式，最大安全锁紧力可达 8 t，解锁压强不高于 8 MPa。具体结构如图 4－27 所示，主要包括外壳体、中间筒形件、固定芯轴、分瓣螺母、C 形簧、钢球和固定底座等。

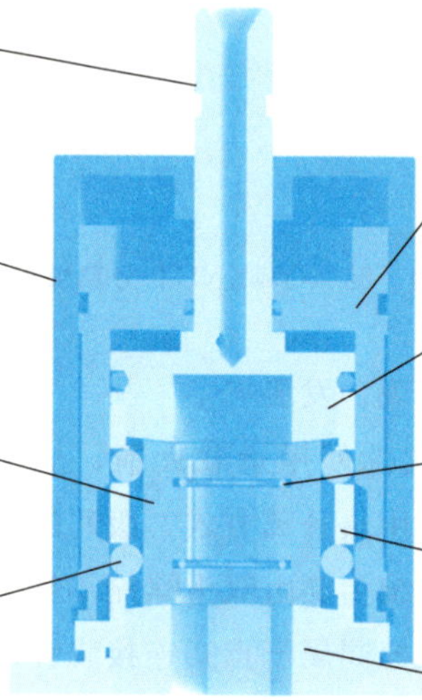

图 4－27 分瓣螺母气动解锁装置

锁紧状态：中间筒形件内侧壁上设置凸起和凹槽，凸起处挤压钢球压紧分瓣螺母，维持完整的螺母结构，螺母与外部螺杆连接，从而实现锁紧功能。

打开动作：解锁装置从入口接管嘴通入高压气体，并进入固定芯轴与中间筒形件之间的空腔中，从而推动中间筒形件克服与滚珠的摩擦力向上运动；滚珠落入中间筒形件侧面的凹槽中，分瓣螺母失去在水平方向上的约束，在 C 形簧的作用下向外侧打开，从而解除对螺杆的抱紧作用，实现分离。

分瓣螺母一般由 2～4 瓣组成，是实现锁紧-解锁的核心动作零件。螺母的几个分瓣螺纹不同，当按顺序组装在一起时，形成完整的螺纹连接副。分瓣螺母内部上下各设置一个凹槽，用于放置两个 C 形簧，凹槽的设置不影响螺纹的正常连接（见图 4－28）。设置两个 C 形簧而不是一个的原因主要有两点：1）上下两个 C 形簧向外平推，分瓣螺母受力均匀；2）C 形簧并不能提供 360°轴向力，不能保证每个分瓣都能在弹簧力作用下向后弹开。若有一片分瓣螺母未弹开，则会导致解锁失败。因此两个 C 形簧对称安装，以保证每片分瓣螺母均能受到径向的弹力作用。

4.4.2.2 理论计算

首先，分析气动装置的锁紧状态。以分瓣螺母的整体作为受力分析对象，主要受到螺杆对其的拉力、钢球对其的压力和固定底座对其的支撑力。由于钢球与分瓣螺母之间的摩

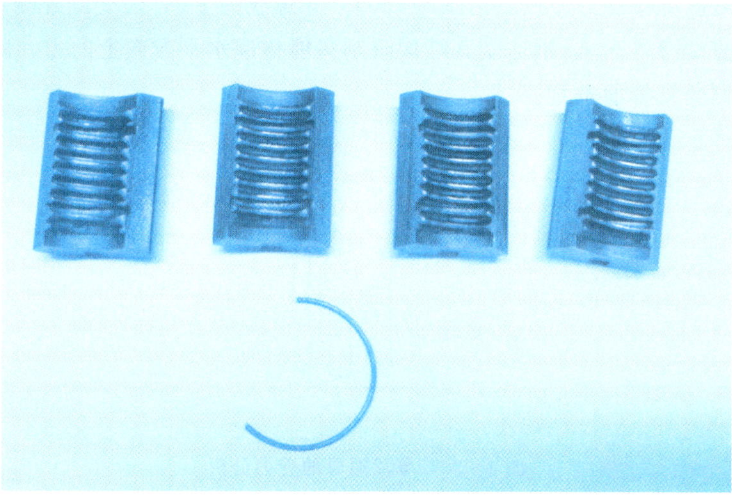

图 4-28　分瓣螺母与 C 形簧

擦力很小，可以忽略不计。

外部螺杆对分瓣螺母的拉力是通过螺纹斜面传递的，因此螺母与螺栓每个牙之间的力只能是垂直于螺纹牙面的。如图 4-29 所示，当螺杆竖直向下拉时，作用在螺母牙型上的力为 F_z，该力可分解为两个方向的分力：竖直方向的压力 F_v，用于抵抗螺杆对其的压力；水平方向的分离 F_h，即螺母有一个均匀的径向受力。当螺母是一个整体时，一周 360°对称位置的力均相互抵消，对外仅表现出竖直向下的力 F_v 的作用。但是，当螺母分瓣时，就不再是一个整体，对单片螺母进行受力分析，水平方向的力不能再对称抵消，即受到一个向外扩张的力。

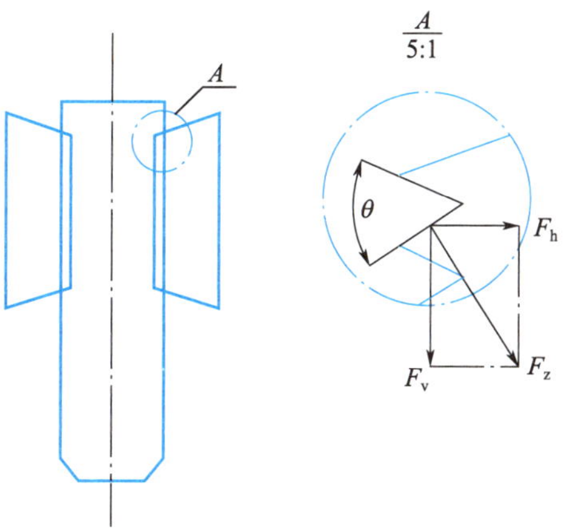

图 4-29　分瓣螺母受力分解

其中

$$F_v = F_z \times \sin\theta \tag{4-9}$$

$$F_h = F_z \times \cos\theta \tag{4-10}$$

对一片分瓣螺母作受力分析（见图 4 - 30）：除螺纹力 F_z，还受到外侧钢球的推力 F_D 和下部支撑件的支持力 F_p。钢球受其结构限制只能传递水平方向上的力，所以 F_D 方向为水平方向，F_z 则与支撑面垂直。

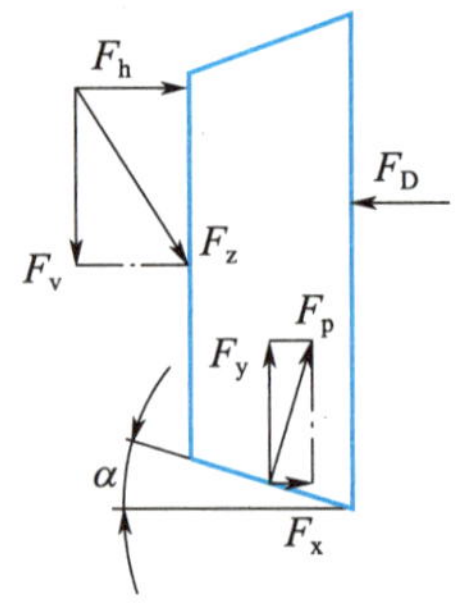

图 4 - 30　单片螺母的受力分析

根据分瓣螺母受力平衡，则有：

水平方向上

$$F_D - F_h - F_p \times \sin\alpha = 0 \tag{4-11}$$

垂直方向上

$$F_p \times \cos\alpha - F_v = 0 \tag{4-12}$$

代入数据得 $F_D = 4t$ 。

钢球与中间筒按钢对钢的摩擦系数进行计算，$\mu = 0.15$，则压力能产生的总摩擦力为 $F_M = F_D \times \mu = 0.6t$

气动解锁动力源为上部气腔压强，如图 4 - 31 所示。

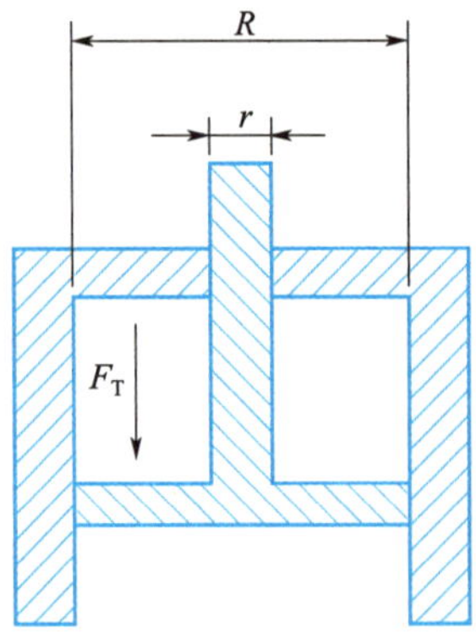

图 4 - 31　气缸原理图

气缸有效截面积为

$$A = \pi \times R^2 - \pi \times r^2 = 873\ \text{mm}^2 \tag{4-13}$$

当气压为 p 时，气缸可产生的推力为 F，则

$$p = F/A \tag{4-14}$$

计算可得 $p=6.87\ \mathrm{MPa}$ 。

即气缸压力大于 6.87 MPa 时可进行解锁动作，与实测值 7 MPa 接近。两者之间的偏差主要是由实际摩擦系数与理论摩擦系数之间的偏差、测量误差等因素造成的。

4.4.3　有限元仿真

4.4.3.1　案例说明

在锁紧状态下，中间筒形件的凸起挤压钢球，进而压紧分瓣螺母；解锁时，中间筒形件向上运动，直至掉入中间筒形件的凹槽中。在这个运动过程中，受力分析如下。

1）中间筒形件、钢球、分瓣螺母同时受到极大的径向压紧力；

2）中间筒形件还受到轴向的拉力。

气动分离装置能承受的最大锁紧载荷，主要与钢球能够提供的压紧力 F_D 有关。该力不能无限制地增大，主要是受钢球、分瓣螺母和中间筒形件材料强度的影响。因此主要分析在轴向力、径向力同时作用下，中间筒形件、分瓣螺母、钢球在解锁过程中的受力情况以及其结构强度。

4.4.3.2　有限元模型建立

为降低计算量，提升计算速度，如图 4－32 所示，有限元模型选择建立 1/4 对称模型，主要模型包括中间筒形件、分辨螺母，钢球和钢球承力骨架。网格模型均采用 C3D8R，单元总数 68 746。

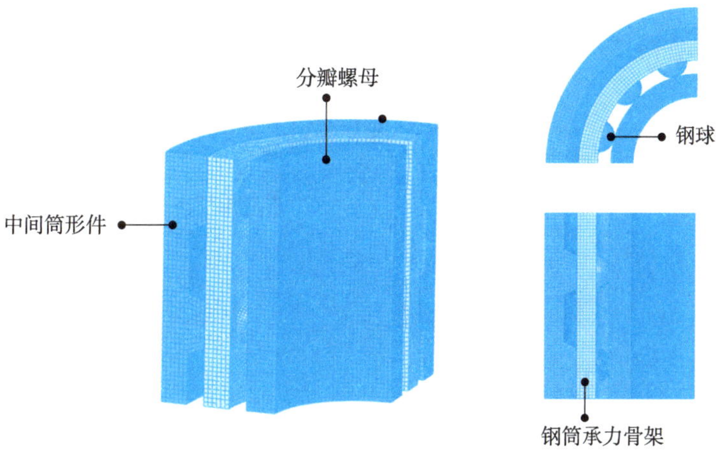

图 4－32　有限元模型旋转图

4.4.3.3　材料属性

本次分析模型均采用 GCR15 轴承钢，材料属性如表 4－4 所示。

表 4－4　选用材料力学特性

材料名称	密度/(g/cm³)	抗拉强度/MPa	屈服强度/MPa	延伸率/%
GCR15 轴承钢	7.85	518.42	861.3	27.95%

4.4.3.4　分析步设置

本仿真采用隐式动力学（Step→Create→General→Dynamic，Implicit），由于解锁过程极快，分析步设置 Time period＝0.000 5，Maximum number of increments＝1 000，Initial increment size＝1E－8。

4.4.3.5　相互作用关系设置

中间筒形件、分瓣螺母和钢球，均为钢件，三者之间的接触均为硬接触，因此创建接触属性（Interaction→Property→Create→Contact），并设置 Tangential Behavior＝0.15，Normal Behavior＝ “Hard” Contact。

4.4.3.6　边界与载荷设置

（1）载荷加载

由 4.4.2 可知，四瓣分瓣螺母合力为 $F_{D}=4t$ ，单瓣分瓣螺母 $F_{D1/4}=1t$ ，中间筒形件整体受向上的力为 $F_{M}=0.6t$ ，1/4 对称模型为 $F_{M1/4}=0.25t$ 。在有限元中通过压力施加，将上述力除以作用面积得到对应的表面压强，可以得到分瓣螺母的内表面压强为 $p_{Dpressure}=5.6$ MPa（Load→Create→Mechanical→Pressure→Magnitude＝5.6 MPa，Amplitude＝Instantaneous)，中间筒形件上表面的拉力为 $p_{Mpressure}=-15.43$ MPa（Load→Create→Mechanical→Pressure→Magnitude＝－15.43 MPa，Amplitude＝Amp－1)，见图 4－33 和图 4－34。

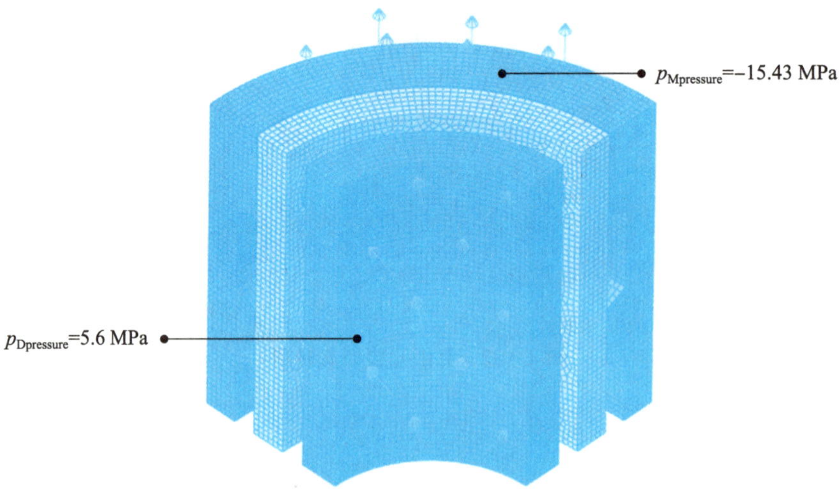

图 4－33　载荷加载

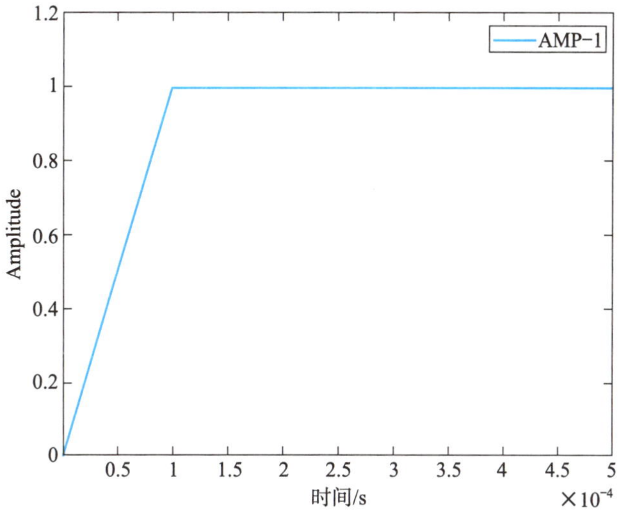

图 4－34　AMP－1 幅值

（2）边界条件

边界条件主要在于设置 1/4 对称模型的对称边界条件和约束钢筒承力骨架底部（见图 4－35）。即在 *XZ* 平面设置对称约束平面（Load→BC→Create→Symmetry/Antisymmetry/Encastre→YSYMM）；在 *YZ* 平面设置对称约束平面（Load→BC→Create→Symmetry/Antisymmetry/Encastre→XSYMM）；在钢筒承力骨架底部设置估值约束（Load→BC→Create→Symmetry/Antisymmetry/Encastre→Encastre）。

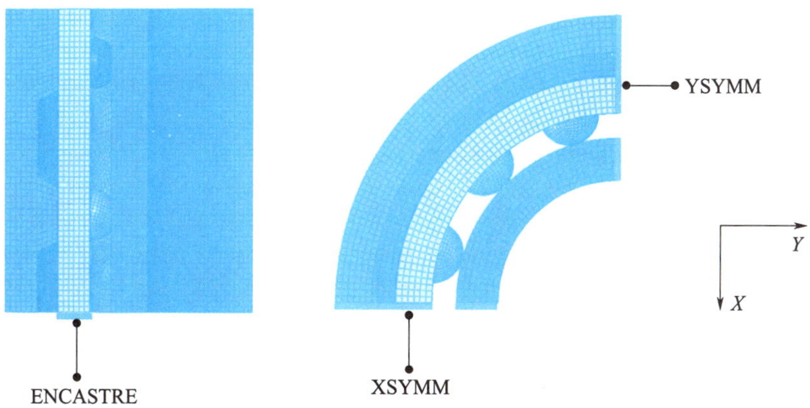

图 4－35　边界条件

4.4.3.7　仿真结果

冷气分离解锁装置分离过程应力如图 4－36 所示。如图 4－37 所示，仿真结果显示钢球与中间筒形件接触的结构表面局部出现屈服，提取屈服位置 P_1 的应力响应，结果如图 4－38，最大应力均未超过屈服强度，结构未破坏，通过观察实物试验产品的内表面，在仿真预示屈服的位置表现出局部屈服未破坏的情况，验证了仿真结果的正确性。

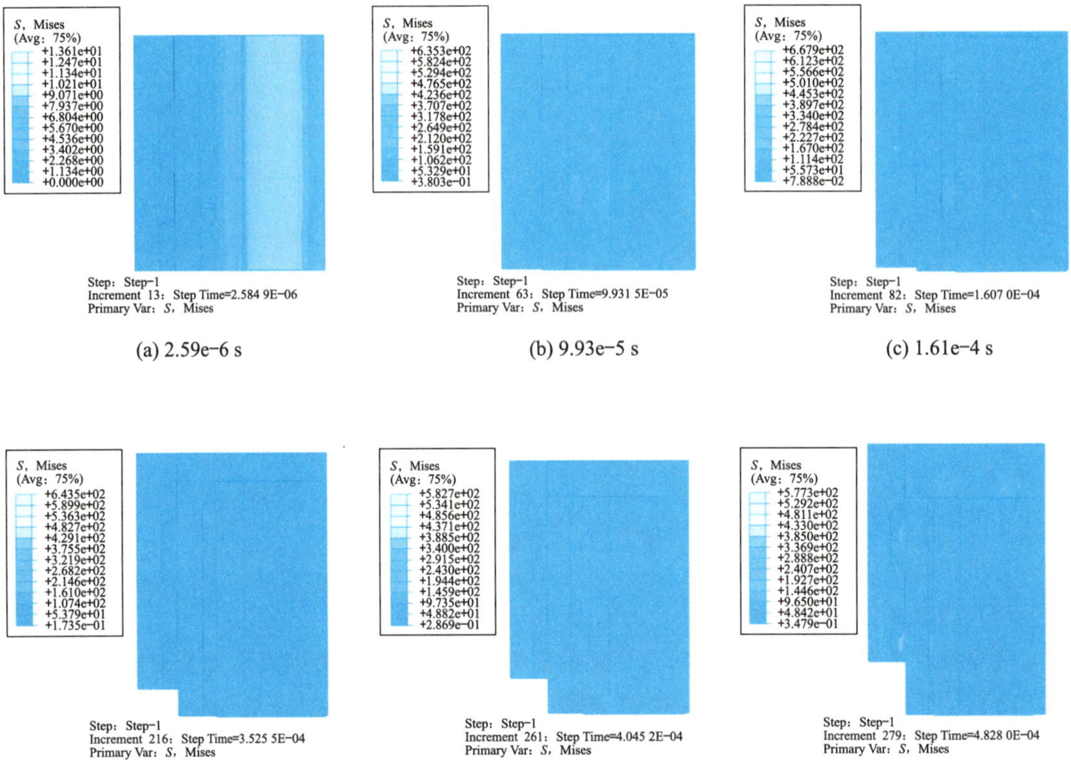

(a) 2.59e-6 s (b) 9.93e-5 s (c) 1.61e-4 s

(d) 3.53e-4 s (e) 4.19e-4 s (f) 1.92e-4 s

图 4-36 冷气分离解锁装置分离过程（见彩页）

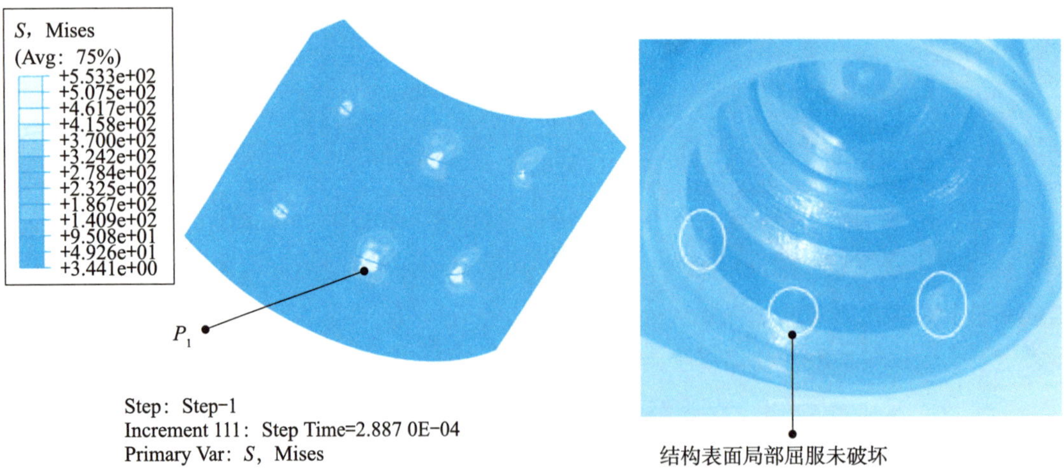

图 4-37 应力结果（见彩页）

进一步对冷气分离解锁装置开展可靠性验证试验，证明了结构表面局部屈服不影响分离过程，产品的平均寿命不小于 100 次。

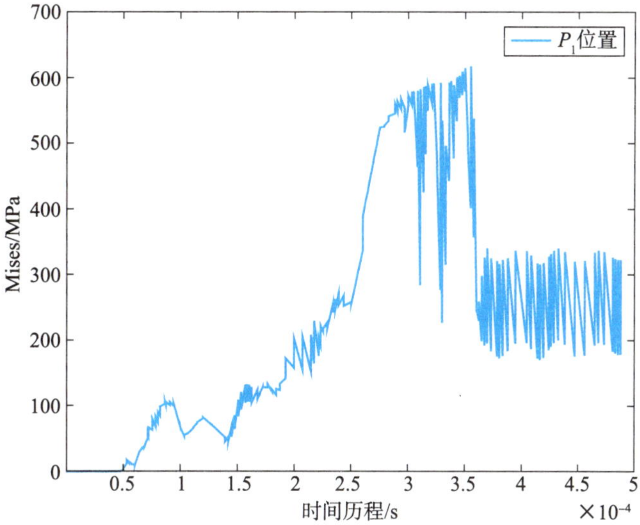

图 4 - 38　P_1 点 Mises 等效应力

4.5　总结

根据资料统计，因为分离系统引起的飞行失败（失利）屡见不鲜，特别是在固体运载火箭中，保证分离的可靠性至关重要。因此，迄今为止，多数运载火箭选择可靠性高、冲量大的火工产品作为分离装置。但是随着商业航天的发展，在保证可靠性的同时，对分离产品提出了更高的要求：一方面，运载火箭商业化的发展势必要求配套产品成本低，显然火工品的运输、存放以及严苛的生产条件会造成高昂成本；另一方面，可回收火箭技术的发展，必然要求分离产品具备多次使用、可检可测的能力。

随着运载火箭分离技术的飞速发展，非火工分离装置的应用逐渐增多，也越来越成熟。气动分离装置一般由能源储存装置（气瓶等）、动作执行机构和管路组成，具有分离能量大、响应快、可检可测等优势。SpaceX 公司猎鹰 9 号和猎鹰重型系列火箭的级间分离和整流罩分离，均多次成功运用了气动的分离装置参与飞行试验，证明了气动装置的可靠性。目前，国内采用气动分离装置的运载火箭相对较少，国内某型号火箭曾采用气动解锁装置，力箭一号火箭上采用了气动能源装置。在设计和使用能源装置时，主要考虑气量供应能力、气路可靠性以及执行机构的作动情况，以保证分离系统的可靠性。

参考文献

[1]　张海瑞，王浩，王尧，等．基于不确定性的飞行器分离可靠性建模与分析方法［J］．宇航学报，

2019，40（4）：378－385.

［2］ 蔡逢春，孟宪红．用于连接与分离的非火工装置［J］．航天返回与遥感，2005，26（4）：50－55.

［3］ 张雪原，唐文彦．低冲击分离装置冷气驱动分离过程的动力学建模与试验［J］，固体火箭技术，2008，31（5）：435－438.

［4］ 孙建玲，祁军义．新型冷气弹射式发射装置分离速度稳定性研究［J］．企业技术开发，2012，31（20）：38－40.

［5］ CASEY W J. Solid rocket motor separation thruster ordnance initiated for the Delta launch vehicle［C］. AIAA，July10－13，1995.

［6］ 顾名坤，秦旭东，容易，等. 运载火箭级间分离能源布局优化技术［J］. 科学技术与工程，2019，19（27）：387－390.

［7］ 沈维道，童钧耕．工程热力学［M］．5 版．北京：高等教育出版社，2016.

［8］ 胡星志．小卫星星箭分离系统设计、分析与优化研究［D］．长沙：国防科学技术大学，2012.

［9］ 白志富，果琳丽，陈岱松．新型非火工星箭连接分离技术［J］. 导弹与航天运载技术，2009（1）：31－37.

［10］ 杜正刚，娄路亮，张立强，等．分离装置设计参数对冲量的影响［J］．导弹与航天运载技术，2011（4）：1－3.

本章作者：明爱珍，孙志超

第5章 火箭管路随机振动

5.1 管路系统

5.1.1 概述

管路是运载火箭的“心脏血管”和“生命通道”，承担着输送火箭推进剂和增压气体等介质的重要责任，连通着动力系统的各个部分，其主要功能是把指定的介质输送到使用部位，用于推进剂输送、贮箱增压、泄压、测压、气瓶增压、气动阀门启闭控制、气封吹除等，确保火箭动力系统的功能可靠和正常运转。

根据输送介质种类的不同，管路可分为液路和气路。液路主要是输送各种液体推进剂，包括常温推进剂（如四氧化二氮、偏二甲肼等）和低温推进剂（如液氧、液氢等）。气路主要是输送各种气态介质，如氮气、氦气、高温燃气及低温氢气等。

5.1.2 管路布局

在液体火箭推进系统中，为了保证发动机正常工作，通过管路给发动机输送一定压力、温度、流量的推进剂，同时通过管路贮箱增压和测压。由于推进剂的供给方式不同以及增压输送系统原理的不同，管路系统的布局也不相同。在增压系统中，管路承担输送增压气体的重要任务，满足发动机泵启动的最低压力需求，保证泵的无气蚀工作条件。结合运载火箭的特点，根据不同的增压介质来源对增压方式管路布局进行分类，如图5-1所示。常用的增压方式一般分为贮气式增压、自生增压、化学增压和活塞泵式增压[1]，不同的增压方式管路布局也不相同。

在上述增压方式中，其中贮气式增压和自生增压最为常见，下面以这两种增压方式为例，结合具体应用分析不同的管路布局。

贮气式增压是指预先贮存在贮气装置中的增压介质以一定的流量进入贮箱增压的方式。一般会配备独立贮存的增压介质，专门用于贮箱增压，如图5-2所示。美国宇宙神5

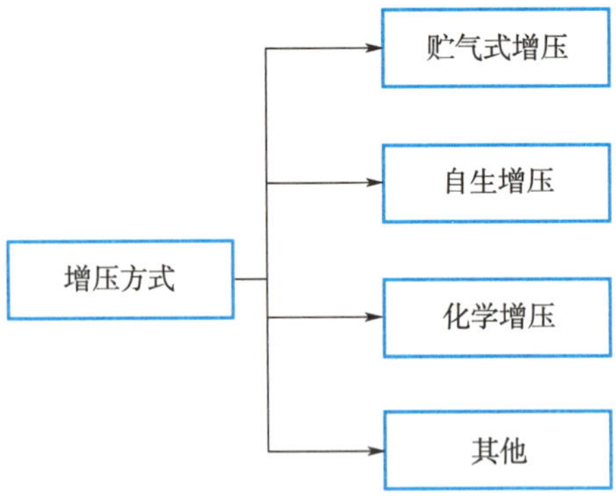

图 5-1　增压方式分类

号运载火箭芯一级、美国土星 5 号运载火箭一级、美国 SpaceX 公司的猎鹰 9 号运载火箭等均采用贮气式增压方式。

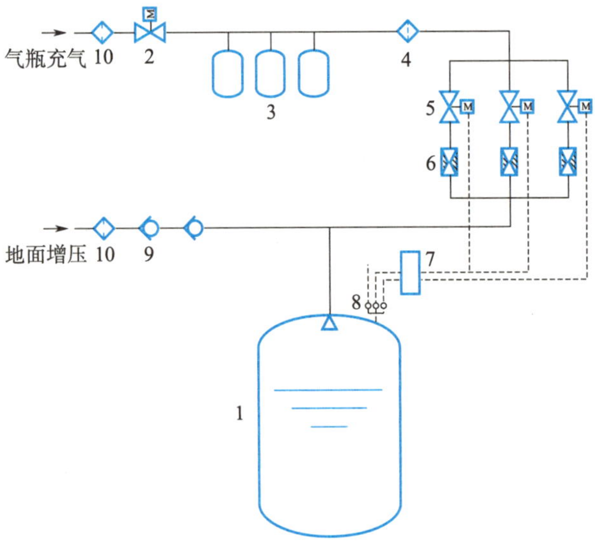

图 5-2　贮气式增压方式

1—贮箱；2—气瓶充气阀；3—增压气瓶；4，10—过滤器；5—增压电磁阀；6—增压孔板；7—综控器；8—压力传感器；9—地面增压单向阀

自生增压是指贮存在液体火箭贮箱中的推进剂进入发动机后，由部分推进剂蒸发汽化后产生增压气体回到贮箱进行增压的方式，如图 5-3 所示。

猎鹰 9 号和星舰（Starship）都是美国 SpaceX 公司制造的火箭。这两种运载火箭都是使用超低温液体推进剂的两级火箭，且第一级都是可回收利用的。但猎鹰 9 号火箭采用的是贮气式增压方式，而星舰火箭采用的是自生增压方式。下面以这两种火箭为例分析不同的增压方式下的不同管路布局，以及各自特点和对整个动力系统的影响。

猎鹰 9 号和星舰火箭最大的不同是所采用的发动机和燃料。猎鹰 9 号火箭用的发动机是液氧-煤油（RP-1）燃气发生器循环的发动机（代号：梅林 Merlin），点火方式为点火

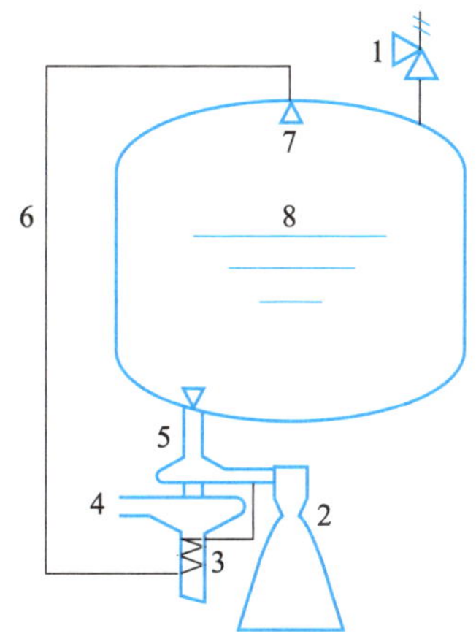

图 5－3　自生增压方式

1—安全阀；2—发动机；3—蒸发器；4—涡轮泵；5—输送管；6—增压管；7—消能器；8—贮箱

剂自燃点火。而星舰火箭采用的发动机是以液氧-甲烷为推进剂的全流量分级燃烧循环发动机（代号：猛禽 Raptor），点火方式为电火花点火。甲烷比煤油（RP－1）燃烧得更干净，几乎不会在发动机中留下烟灰，还具有较高的效率，但甲烷的密度比煤油（RP－1）低，这导致贮箱体积略大一些。

猎鹰 9 号运载火箭每个贮箱内部都有一组外包复合材料的气瓶。气瓶里面装有 38 MPa 的压缩氦气，通过管路给贮箱增压，用以使贮箱保持 0.3 MPa 至 0.4 MPa 的恒定压强。当推进剂耗尽时，贮箱会排出氦气。也就是说猎鹰 9 号运载火箭采用的是贮气式增压方式，这可以避免贮箱中的负压并能保持推进剂的正常流动，如图 5－4 所示。

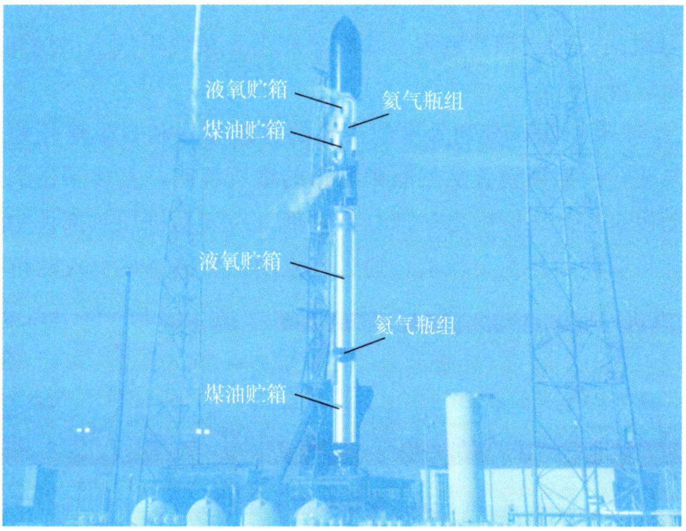

图 5－4　猎鹰 9 号运载火箭贮箱、气瓶及管路

星舰火箭将完全取消这些气瓶。考虑到登陆火星的情况，SpaceX 公司使用甲烷代替

煤油（RP－1），因为甲烷可以在火星上就地产生。因此，星舰采用了自动给推进剂贮箱加压的方式，也即自生增压。这就是说，当发动机运转时，它们会将一些气体燃料和氧化剂泵回各自的贮箱中。通过让一些推进剂蒸发产生蒸气来保持贮箱压力，也可释放任何多余的压力。不过在星舰 SN9 中实际上是使用氦气来确保甲烷头部贮箱的压力，因为 SN8 在美国得克萨斯州南部博卡奇卡村附近的基地起飞，首次开展 12.5 km 高空亚轨道飞行测试，升空 6 min 42 s 后，这枚 50 m 高的火箭在着陆时爆炸，后经分析这是由于头部贮箱压力过低，导致着陆速度高所致。星舰的贮箱增压压力比猎鹰 9 号运载火箭更高一些，压强为 0.5～0.6 MPa。

星舰火箭还采用了一种叫头部贮箱（head tank）的结构，如图 5－5 所示，头部贮箱体积较小，装载有着陆推进剂。按照 SpaceX 公司的解释，头部贮箱的主要作用是：取消推进剂沉底和晃动抑制需求；降低对贮箱增压需求；减少推进剂蒸发量；配平火箭质心。

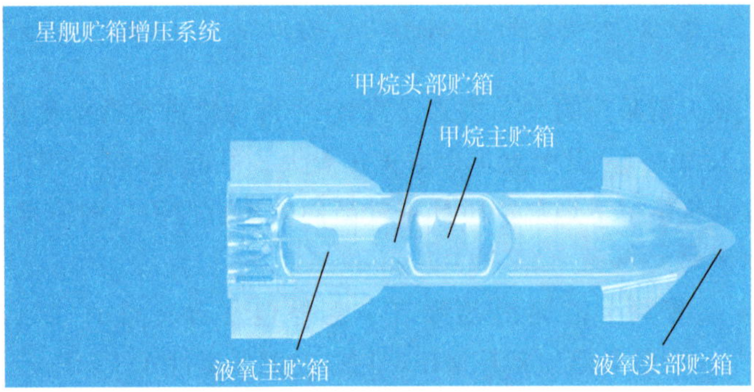

图 5－5　星舰火箭头部贮箱

SpaceX 公司在猎鹰 9 号运载火箭上还使用了另一种介质，那就是冷气体。这些压缩冷气用于猎鹰 9 号级间的冷气推冲装置。而在星舰上直接使用气态甲烷和气态氧驱动的热气推进器进行级间分离。

如图 5－6、图 5－7 所示，分别为星舰火箭的管路布置和自生增压原理图，可以看出由于取消了增压气瓶，故无须设置从气瓶到贮箱的增压管路，直接采用推进剂汽化的自生增压方式。从发动机泵后高压区引出一部分推进剂，在发动机加热部件中加热汽化产生所需的增压气体，并将温度加热至要求值，通过自生增压管路直接引入贮箱气枕增压。

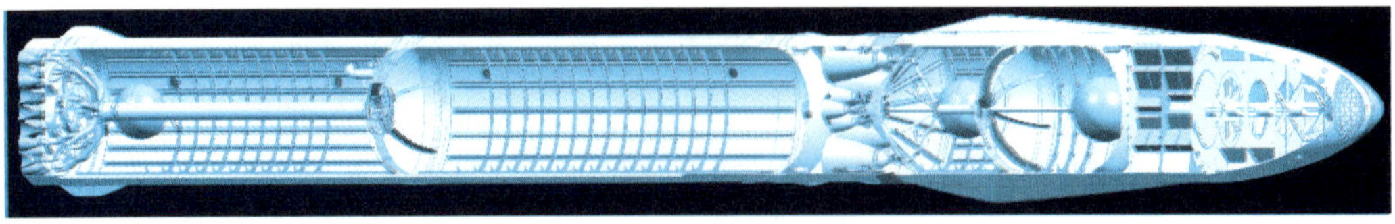

图 5－6　星舰火箭管路布置

正如 SpaceX 公司的设计一样，针对不同的应用工况选用不同的推进剂，而根据不同的推进剂性能设置更合理高效的增压系统，从而有了不同的管路原理和布局。就贮气式增

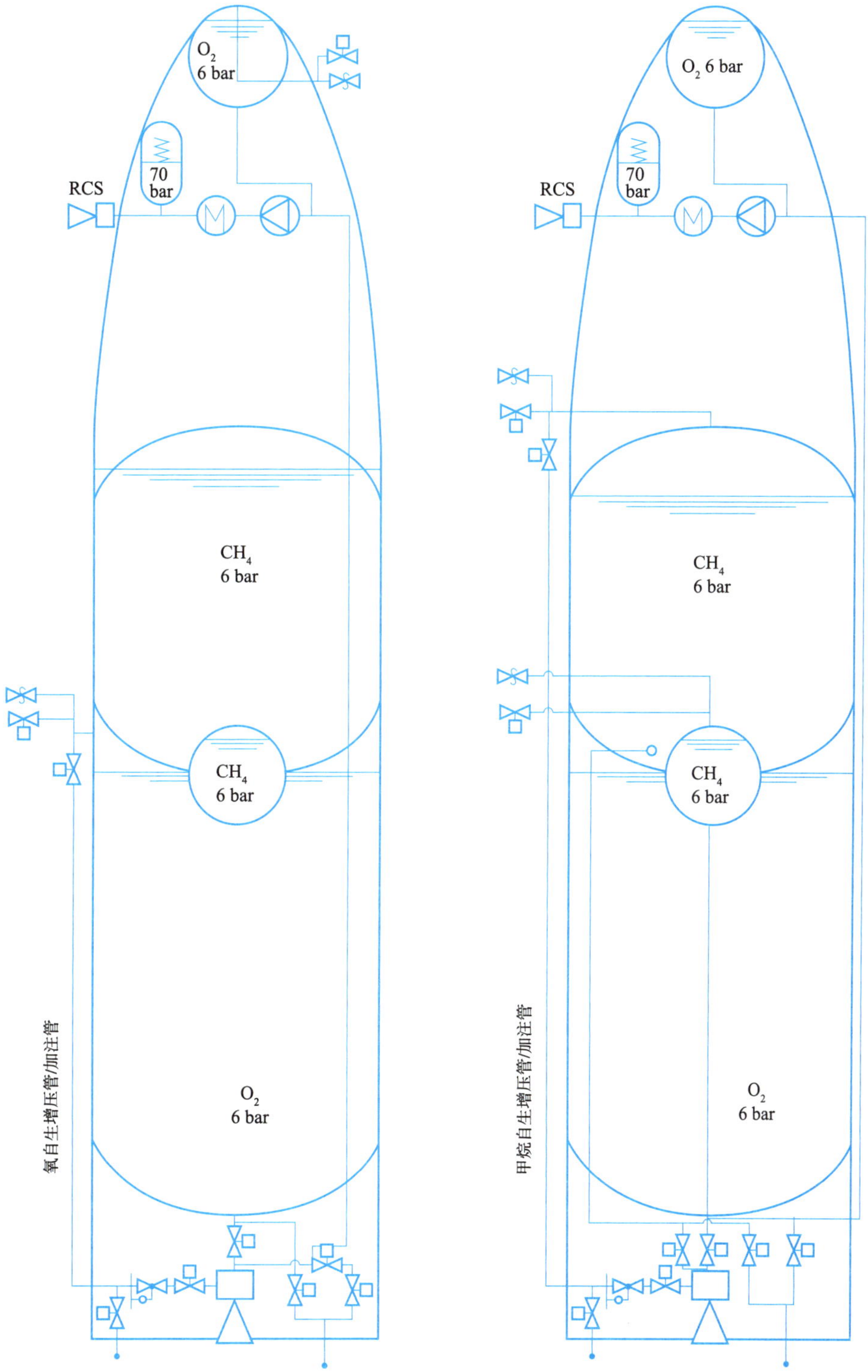

图 5-7　星舰火箭自生增压原理

压和自生增压而言，二者各具特点，各有优点和一些使用限制条件。具体来说，对于贮气式增压而言，一般会配备独立贮存的增压介质，专门用于贮箱增压，增压气体一般为化学性质不活泼的气体，如氦气、氮气等。贮气式增压方式的主要优点是：由于单独配置了增压系统，适应性好，设计灵活，易于实现主要组件的冗余设计。主要缺点是：需要提供高压气瓶等独立的增压气源贮存装置，以及配套的管路和阀门，系统组成相对复杂，成本较高。且对于大型、重型运载火箭，尤其对低温火箭贮箱增压，所需气体量较大，贮气装置数量多。对于自生增压而言，一般不会配备独立贮存的增压介质。综合国内外使用低温发动机的火箭来看，液氢箱使用自生增压的居多，液氧箱增压方案主要有自生增压和贮气式增压两种。自生增压气体可从发动机引出，经蒸发器加热后进入贮箱增压。自主增压系统具有结构简单、重量小、组件少、可靠性高等特点。另外，自生增压系统在发动机启动时，由于贮箱内气枕容积迅速增大，压力下降很快。推进剂经发动机的蒸发器加热汽化至额定温度需要一定的时间，自生增压气体不能及时满足增压需要，这时需要设置气瓶补压系统，补充启动初期自生增压能力的不足。

5.1.3 故障模式

不同的增压系统方式管路的布局不同，但不论哪种管路布局和结构，管路的重要性是不变的，管路是运载火箭动力系统中重要的组成部分，管路结构的合理、可靠对火箭性能的影响至关重要。由于运载火箭管路力学环境非常恶劣，若管路系统的任何一个环节发生故障，都可能产生严重影响，造成发射推迟甚至任务失败，在航天飞行史上也出现了一些由于管路故障导致的飞行问题，管路故障主要体现为管路断裂和输送导管泄漏、阻塞两个方面。

（1）管路断裂

焊接或材料缺陷以及振动是管路断裂发生的主要原因，断裂发生后，因工质丧失从而使发动机立即停机或系统增压失效而引起相关故障。如果系统增压不足，当泵前压力低于临界值时，泵产生气蚀。泵气蚀时，流量、效率、扬程下降，泵出口压力产生低频振荡并伴有机械振动和噪声。产生断裂气蚀时，可造成推进剂供应中断，发动机熄火。

（2）推进剂输送导管泄漏、阻塞

推进剂泄漏和管路局部阻塞，会引起发动机推力等参数下降，有一定的故障发生时间，属缓变故障。燃料管路泄漏会引起大火，对周围的元器件构成威胁，可能酿成灾难性后果。管路完全阻塞，发动机因丧失推进剂供应而立即失效。坚硬的多余物进入涡轮或泵腔，会导致其结构破坏，发动机失效。

管路接头松动导致发动机工作管路接头密封失效而产生泄漏，焊缝缺陷、加工刀痕使导管在发动机振动环境下产生裂纹继而疲劳断裂。除此之外，频率耦合是导管结构破坏的主要原因。导管组件的固有频率与发动机主频耦合可导致该组件破坏断裂。

为了避免管路故障，提高可靠性，一是增强管路结构抗振能力，采用局部加强方法；二是减振，通过改变组件固有频率，避免频率耦合。

火箭增压输送系统管路结构在工作过程中要承受复杂的随机振动载荷，边界条件复杂，极易发生疲劳破坏，在运载火箭增压输送系统管路单机试验及火箭发射中曾多次发生结构随机振动疲劳破坏的现象。为此，开展运载火箭管路结构的随机振动及疲劳损伤分析研究，通过开展管路随机振动仿真和试验验证得到管路结构疲劳寿命与可靠度的关系，可为管路及整体结构的可靠性设计提供支撑。

5.2　管路随机振动分析

5.2.1　概述

管路依据工作介质、温度、压力等功能性能指标开展研制，首先要明确管路功能；依据流量需求确定通流面积及管路通径；根据接触介质选择相容性好的材料；根据工作温度和压力确定导管规格，以满足强度要求；根据边界位置确定管路空间走向；根据通径大小和密封要求确定导管连接方式为管接头或法兰；对于部分管路，提出气液介质的流阻要求。在管路研制中，需要考虑管路工作时所经历的各种条件，包括外部自然环境、内部介质腐蚀、内部工作压力、高低温、边界位移、振动等，需要重点关注管路结构及附件、管路材料的选择、管路补偿的考虑、管路热防护的方案以及强度、疲劳及稳定性分析，最后要通过地面试验进行验证。

火箭管路形状复杂，结构多样，数量庞大，放置在舱段之中的空间内，然而火箭在飞行过程中振动较大，所有管路均在振动条件下工作，造成管路的振动疲劳情况尤为突出，进而导致管路损坏断裂，故需要对管路进行振动疲劳分析及评估。

5.2.2　管路振动疲劳分析及评估

管路在工作过程中要承受内压、高低温、位移、振动等载荷，在研制过程中要进行正弦扫描、定频振动及随机振动力学环境考核考验[2]，边界条件复杂，其可能失效形式包括强度破坏和疲劳破坏。疲劳破坏是工程结构和机械失效的主要原因之一，引起疲劳失效的循环载荷峰值往往远小于根据静态断裂分析计算出来的“安全”载荷。在运载火箭增压输送系统产品组件试验中曾多次发生结构振动疲劳破坏的现象。结构的振动疲劳涉及结构振动、结构动力学、随机振动以及结构疲劳等多个学科，振动疲劳一般属于应力疲劳。振动疲劳寿命分析一般需要先对结构进行应力响应分析，对于复杂结构的应力响应分析一般采用有限元分析方法，然后结合材料疲劳寿命曲线选择合适的疲劳损伤度模型进行振动疲劳寿命评估[4-5]。目前对于结构随机振动疲劳损伤度的计算研究较多[6-7]，随机振动是一种非确定性振动，振动幅值及频率是随机变化的，振动疲劳的响应为随机过程，它的特性只能用统计参数描述。

5.2.2.1　应力疲劳寿命曲线

应力疲劳寿命曲线（$S-N$ 曲线）是材料在交变载荷作用下应力幅值与破坏时循环周期 N 之间的关系，反映了材料的抗疲劳性能。典型的材料应力疲劳寿命曲线如图 5-8 所示，可分为低周疲劳区（LCF）、高周疲劳区（HCF）、亚疲劳区（SF）和超高周疲劳区（VHCF）。

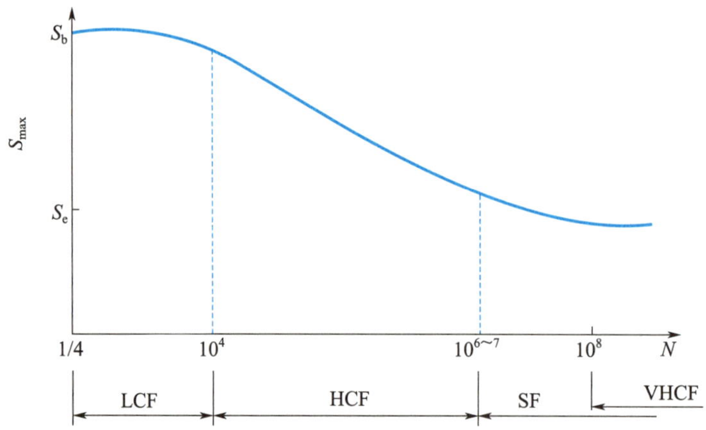

图 5-8　应力疲劳寿命曲线

应力疲劳是指最大循环应力小于屈服应力、寿命循环次数较高（一般大于 10^4 次）的疲劳问题，也称高周疲劳。材料应力疲劳 $S-N$ 曲线一般由应力比 $R=\sigma_{min}/\sigma_{max}=-1$ 时的对称循环疲劳试验给出，可采用双对数线性关系的幂函数形式表达为[8-9]

$$S^m \cdot N = C \tag{5-1}$$

式中，m 和 C 是与材料、应力比、加载方式有关的疲劳参数。在缺乏实验数据时，可依据材料的抗拉强度进行估计，即

$$S^m \cdot N = (0.9\sigma_b)^m \times 10^3 \tag{5-2}$$

疲劳曲线指数 $m=3/\lg(0.9/k)$，弯曲时 k 取 0.5，拉压时 k 取 0.35，扭转时 k 取 0.29。如此估计的 $S-N$ 曲线，只适用于寿命为 $10^3 \sim 10^5$ 之间的疲劳强度估计，不宜外推。

一般材料的 $S-N$ 曲线是小尺寸试件在对称循环载荷作用下试验得到的。实际使用时，考虑零部件尺寸、表面粗糙度、表面处理对疲劳特性的影响，可引入缺口系数 K_f、尺寸系数 α、表面质量系数 β 等系数，对材料的疲劳性能进行修正。

缺口系数 K_f 的定义为

$$K_f = 1 + \frac{K_t - 1}{1 + \dfrac{\lambda}{r}} \tag{5-3}$$

式中，K_t 为缺口处应力集中系数，等于缺口处最大实际应力与该处名义应力之比。K_t 可由弹性理论分析、有限元计算或试验应力测量，也可查阅相关手册获得；r 为缺口半径；λ 为材料常数，对于铝合金，$\lambda=0.635$ mm，对于钢材料，可查阅有关手册或通过式（5-4）估计，即

$$\lambda = 0.0254\left(\frac{2070}{\sigma_b}\right)^{1.8} \tag{5-4}$$

式中，σ_b 为材料强度极限。

尺寸系数 α 是一个小于 1 的数值，通常可由材料设计手册查得，对于常用金属材料，按式（5－5）估计，即

$$\alpha = 1.189 d^{-0.097} \tag{5-5}$$

式中，d 为材料的直径或者特征尺寸，适用于 8 mm $\leqslant d \leqslant$ 250 mm 的情况。当 $d <$ 8 mm 时，$\alpha = 1$。

表面质量系数 β 按式（5－6）计算，即

$$\beta = K_r K_c K_y \tag{5-6}$$

式中，K_r 为表面粗糙度系数；K_c 为表面组织结构系数，与表面处理工艺相关，表面处理工艺一般包括渗碳、渗氮、氰化、淬火、激光处理等；K_y 为表层应力状态系数。

一般通过表面冷作变形改变结构表层的应力状态来提高疲劳强度，表面应力处理方法一般有滚压、喷丸、挤压、激光强化等；K_c 和 K_y 可通过试验或查阅手册获得。

考虑缺口系数 K_t、尺寸系数 α、表面质量系数 β，一般常用金属材料 $S-N$ 曲线可按式（5－7）修正，即

$$S^m \cdot N = \left(\frac{\alpha\beta}{K_f}\right)^m \cdot C \tag{5-7}$$

对于非对称循环载荷的情况，需要考虑平均应力 σ_m 的影响，应对应力寿命曲线进行修正。常用的修正方法包括 Goodman 法、Gerber 法和 Soderberg 法。平均应力修正如图 5－9 所示。

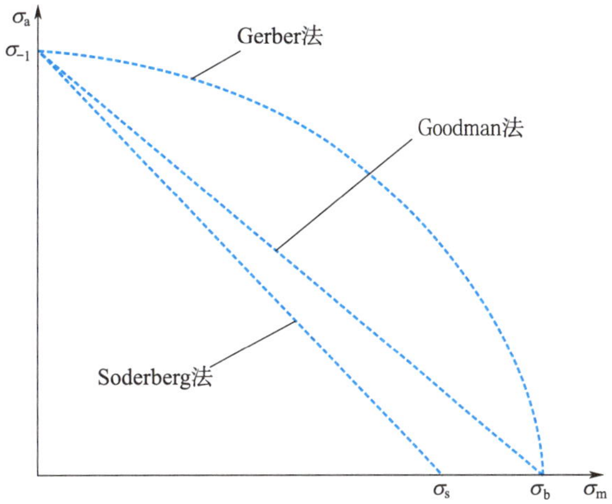

图 5－9　平均应力修正模型示意

Goodman 修正模型为

$$\sigma_a = \sigma_{-1}\left[1 - \left(\frac{\sigma_m}{\sigma_b}\right)\right] \tag{5-8}$$

Gerber 修正模型为

$$\sigma_a = \sigma_{-1}\left[1 - \left(\frac{\sigma_m}{\sigma_b}\right)^2\right] \tag{5-9}$$

Soderberg 修正模型为

$$\sigma_a = \sigma_{-1}\left[1-\left(\frac{\sigma_m}{\sigma_s}\right)\right] \tag{5-10}$$

以上 3 个模型中 Soderberg 模型过于保守，Gerber 模型可能偏危险，一般采用 Goodman 模型修正。

5.2.2.2 疲劳损伤理论和疲劳损伤评估

管路结构的疲劳寿命可通过疲劳损伤度来表征。疲劳损伤度理论认为，结构的疲劳破坏过程在数学上可表示为损伤度的积累过程。根据对损伤积累过程的不同，疲劳损伤度理论可分为线性疲劳累计损伤理论、双线性疲劳累计损伤理论、非线性疲劳累计损伤理论。

（1）线性疲劳累计损伤理论

线性疲劳累计损伤理论是工程上最常用的疲劳损伤理论，其中 Miner 线性疲劳累计损伤理论最为经典。按照 Miner 理论，结构在静载循环作用下的疲劳损伤度 D 可根据静载循环次数 n 和对应应力水平下的疲劳寿命 N 按照式（5－11）计算，即

$$D = \frac{n}{N} \tag{5-11}$$

在多级不同应力幅值作用下，结构的疲劳损伤度 D 为

$$D = \sum_{i=1}^{m}\frac{n_i}{N_i} \tag{5-12}$$

式中，n_i 为第 i 级应力水平下循环次数；N_i 为第 i 级应力水平下的疲劳寿命。Miner 线性疲劳累计损伤理论认为对于每一级应力水平，不论在寿命的前期或后期，每次循环的损伤应该是相同的。

（2）双线性疲劳累计损伤理论

双线性疲劳累计损伤理论认为在全寿命周期内，疲劳损伤度的发展可分为裂纹形成和裂纹扩展两个阶段，且每个阶段都用线性累计损伤来表示。

裂纹形成阶段

$$D = \sum_{i=1}^{m}\frac{n_i}{N_{0i}} \tag{5-13}$$

裂纹扩展阶段

$$D = \sum_{i=1}^{m}\frac{n_i}{N_{pi}} \tag{5-14}$$

式中，N_{0i} 和 N_{pi} 分别为第 i 级载荷对应的裂纹形成寿命和扩展寿命，疲劳寿命 $N_f = N_{0i} + N_{pi}$ 。

（3）非线性疲劳累计损伤理论

线性疲劳累计损伤理论形式简单、使用方便，但线性累计损伤理论没有考虑载荷顺序之间的相互作用，有时预测结果与试验值相差较大或相差甚远，因此发展了非线性疲劳累计损伤理论，其中最典型的是 Carten－Dolan 理论和 Chaboche 理论。

Carten－Dolan 理论认为在试验表面的许多地方可能出现损伤，损伤核的数目 m 由材料所承受的应力水平决定。在给定的应力水平作用下所产生的疲劳损伤度 D 可用式（5－

15）表示为

$$D = nm^c r^d \tag{5-15}$$

式中，m 为损伤核的数目；r 为损伤发展速率；n 为应力平均循环次数；c，d 为材料常数。

基于连续损伤力学方法 Chaboche 理论提出了一个非线性损伤累计模型，即

$$\mathrm{d}D = D^{\alpha(\sigma_{\max},\sigma_{\mathrm{m}})}\left[\frac{\sigma_{\max}-\sigma_{\mathrm{m}}}{M(\sigma_{\mathrm{m}})}\right]^{\beta}\mathrm{d}N \tag{5-16}$$

式中，$\sigma_{\max}$ 是最大应力；σ_{m} 是平均应力；$M(\sigma_{\mathrm{m}})$ 是平均应力 σ_{m} 的函数；β 是材料常数；α 是与应力状态有关的函数。

对式（5－16）进行积分，当损伤等于 1 时，对应的 N 即疲劳寿命。该模型考虑了中值应力和载荷次序的影响，但参数难以获得，计算复杂。

按照上述疲劳损伤度理论，结构在多工况或载荷下的总疲劳损伤度 D 等于结构在所有工况下的损伤 D_i 之和，即

$$D = \sum_{i=1}^{k} D_i \tag{5-17}$$

在计算得到结构疲劳损伤度后可对结构的抗疲劳能力进行评估，评估准则为

$$D = f_{\mathrm{n}} \sum_{i=1}^{k} D_i \leqslant 1 \tag{5-18}$$

式中，f_{n} 为安全系数。不考虑安全余量时，f_{n} 取 1；考虑到结构安全余量，一般取 4～15 倍安全系数。

5.2.2.3　基于频域的随机振动疲劳寿命分析

进行结构振动疲劳寿命分析时，一般需要先对结构在外部激励下的应力响应进行分析，这一过程可通过有限元方法完成。结构的振动响应可在时域或频域内表示，相应地，结构振动疲劳寿命分析方法可分为时域分析方法和频域分析方法。对于有限元分析来说，处理长时间、高频率的时域加载信号相对耗时，而获取一个功率谱密度应力信号比获取一个时域应力信号要容易。因此，基于频域法的结构振动疲劳分析方法具有计算量小、思路简单等特点，在工程问题上更为适用。

（1）分析流程

基于频域的管路疲劳寿命分析基本流程如图 5－10 所示。首先进行管路结构的有限元建模，然后对结构进行模态分析，之后计算结构在单位载荷激励下的频域响应，进而得到系统的传递函数。随后结合不同类型的振动激励，可计算管路结构的应力响应，并对动强度危险点进行识别。管路结构振动激励主要包括正弦扫频振动激励、定频振动激励和随机振动激励。对于正弦扫频振动激励和定频振动激励，通过稳态动力分析可获得危险点的应力谱曲线 $S(f)$；对于随机振动激励，通过随机响应分析可获得危险点的应力谱密度曲线 $G(f)$。最后，根据危险点的应力谱曲线 $S(f)$ 或危险点的应力谱密度曲线 $G(f)$ 对结构的疲劳寿命进行分析。

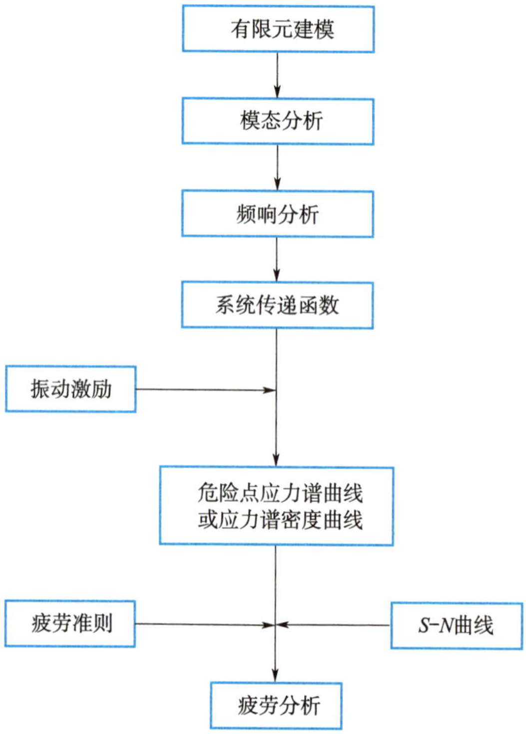

图 5-10　基于频域的管路振动疲劳寿命分析流程

（2）基于模态的稳态动力学响应分析理论

基于模态的稳态动力学响应分析首先对结构进行模态分析，然后计算结构在激励下的振动响应，进而得到系统的频响函数，了解结构在特定激励下的位移、加速度、压力、应变等响应情况。一般结构的动力学方程可表示为

$$\boldsymbol{M}\ddot{x}+\boldsymbol{C}\dot{x}+\boldsymbol{K}x=p(\omega)\mathrm{e}^{\mathrm{i}\omega t} \tag{5-19}$$

式中，$\boldsymbol{M}$ 为结构质量矩阵；$\boldsymbol{C}$ 为结构阻尼矩阵；$\boldsymbol{K}$ 为结构刚度矩阵；$p(\omega)\mathrm{e}^{\mathrm{i}\omega t}$ 为外激励。在模态分析中已得到结构的模态矢量 $\boldsymbol{\varphi}$，令

$$x=\boldsymbol{\varphi}\xi(\omega)\mathrm{e}^{\mathrm{i}\omega t} \tag{5-20}$$

式中，x 为物理坐标；$\xi(\omega)$ 为模态坐标。

将其代入式（5-19）可得到

$$-\omega^2\boldsymbol{M\varphi}\xi(\omega)+\mathrm{i}\omega\boldsymbol{C\varphi}\xi(\omega)+\boldsymbol{K\varphi}\xi(\omega)=p(\omega) \tag{5-21}$$

式（5-21）两边左乘 $\boldsymbol{\varphi}^{\mathrm{T}}$ 可得

$$-\omega^2\boldsymbol{\varphi}^{\mathrm{T}}\boldsymbol{M\varphi}\xi(\omega)+\mathrm{i}\omega\boldsymbol{\varphi}^{\mathrm{T}}\boldsymbol{C\varphi}\xi(\omega)+\boldsymbol{\varphi}^{\mathrm{T}}\boldsymbol{K\varphi}\xi(\omega)=\boldsymbol{\varphi}^{\mathrm{T}}p(\omega) \tag{5-22}$$

式中，$\boldsymbol{\varphi}^{\mathrm{T}}\boldsymbol{M\varphi}$ 为结构的模态质量矩阵，$\boldsymbol{\varphi}^{\mathrm{T}}\boldsymbol{C\varphi}$ 为结构的模态阻尼矩阵，$\boldsymbol{\varphi}^{\mathrm{T}}\boldsymbol{K\varphi}$ 为结构的模态刚度矩阵，$\boldsymbol{\varphi}^{\mathrm{T}}p(\omega)$ 为结构的模力矢量。

将阻尼施加到每阶模态上（如比例阻尼），可使式（5-22）解耦，得到每阶模态下的动力学方程

$$-\omega^2 M_{jj}\xi_j(\omega)+\mathrm{i}\omega C_{jj}\xi_j(\omega)+K_{jj}\xi_j(\omega)=p_j(\omega) \tag{5-23}$$

式中，M_{jj} 为第 j 阶模态质量；C_{jj} 为第 j 阶模态阻尼；K_{jj} 为第 j 阶模态刚度。

由式（5-23）可得每阶模态响应

$$\xi_j(\omega)=\frac{p_j(\omega)}{-\omega^2 M_{jj}+\mathrm{i}\omega C_{jj}+K_{jj}} \tag{5-24}$$

将式（5-24）代回式（5-20）可得

$$x=\sum_{j=1}^{N}\varphi_j\xi_j(\omega)\mathrm{e}^{\mathrm{i}\omega t}=\sum_{j=1}^{N}\varphi_j\frac{p_j(\omega)\mathrm{e}^{\mathrm{i}\omega t}}{-\omega^2 M_{jj}+\mathrm{i}\omega C_{jj}+K_{jj}} \tag{5-25}$$

当外激励为单位载荷时可得到结构的频响特性。

(3) 随机振动疲劳寿命分析方法

随机振动疲劳寿命频域分析常用的方法包括 Dirlik 法、三区间法、窄带法等。Dirlik 法、三区间法适用于宽带随机过程，窄带法适用于窄带随机过程。

①Dirlik 法

Dirlik 法采用 3 个统计参数从随机振动信号中估计振动应力水平及应力的周期数量，这 3 个参数分别为均值 E（0）、峰值 E（P）和不规则因子 γ 。计算获得结构危险点应力谱密度曲线 G（f）后，可计算结构应力谱密度响应的 n 阶谱矩为[10-11]

$$M_n=\int_0^{\infty}G(f)\cdot f^n\mathrm{d}f \tag{5-26}$$

进而有

$$E[0]=\left(\frac{M_2}{M_0}\right)^{\frac{1}{2}} \tag{5-27}$$

$$E[P]=\left(\frac{M_4}{M_2}\right)^{\frac{1}{2}} \tag{5-28}$$

$$\gamma=\left(\frac{M_2^2}{M_0 M_4}\right)^{\frac{1}{2}} \tag{5-29}$$

则每秒内应力水平 S 对应的振动周次为

$$N(S)=E(P)\cdot p(S) \tag{5-30}$$

其中

$$p(S)=\frac{\dfrac{D_1}{q}\mathrm{e}^{-\frac{z}{q}}+\dfrac{D_2 z}{R^2}\mathrm{e}^{-\frac{z^2}{2R^2}}+D_3 z\mathrm{e}^{-\frac{z^2}{2}}}{2\sqrt{M_0}} \tag{5-31}$$

$$z=\frac{S}{2\sqrt{M_0}},\quad x_m=\frac{M_1}{M_0}\left(\frac{M_2}{M_4}\right)^{\frac{1}{2}},\quad D_1=\frac{2(x_m-\gamma^2)}{1+\gamma^2},\quad R=\frac{\gamma-x_m-D_1^2}{1-\gamma-D_1+D_1^2}$$

$$D_2=\frac{1-\gamma-D_1+D_1^2}{1-R},\quad D_3=1-D_1-D_2,\quad q=\frac{1.25(\gamma-D_3-D_2R)}{D_1}$$

基于 Dirlik 的经验估计方法和 Miner 线性累计损伤模型计算管路的随机振动疲劳寿命，采用 Goodman 修正考虑平均应力对疲劳寿命的影响。得到随机振动时结构的疲劳损

伤度为

$$D = \frac{E[P]T}{C}\left(\frac{\sigma_b}{\sigma_b - \sigma_z}\right)^m \int_0^{\infty} S^m p(S) \mathrm{d}S \tag{5-32}$$

②三区间法

Steinberg 提出应力服从高斯分布的三区间法，将 VonMises 应力水平处理成 3 个阶段，以 1σ 应力、2σ 应力、3σ 应力为边界来进行定义，即在应力区间 $-1\sigma \sim 1\sigma$ 发生振动的时间为 68.3%，应力区间 $-2\sigma \sim -1\sigma$ ，$1\sigma \sim 2\sigma$ 发生振动的时间为 27.1%，应力区间 $-3\sigma \sim -2\sigma$ ，$2\sigma \sim 3\sigma$ 发生振动的时间为 4.33%，应力值大于 3σ 的振动发生在 0.27%的时间内，结合线性疲劳累计损伤理论，三区间法计算损伤为

$$D = \sum_{i=1}^{3} \frac{n_i}{N_i} = \frac{n_{1\sigma}}{N_{1\sigma}} + \frac{n_{2\sigma}}{N_{2\sigma}} + \frac{n_{3\sigma}}{N_{3\sigma}} \tag{5-33}$$

式中，n_i 为在应力作用下的实际循环次数；$n_{1\sigma} = 0.683v^+T$ ，$n_{2\sigma} = 0.271v^+T$ ，$n_{3\sigma} = 0.0433v^+T$ ，v^+ 为振动平均频率，T 为载荷作用时间；N_i 为载荷作用下结构破坏的循环次数。$D=1$ 时可得到结构的振动疲劳寿命时间为

$$T = \frac{1}{v^+\left(\frac{0.683}{N_{1\sigma}} + \frac{0.271}{N_{2\sigma}} + \frac{0.0433}{N_{3\sigma}}\right)} \tag{5-34}$$

③窄带法

对于窄带随机过程，假设应力峰值概论密度函数为

$$p(s) = \frac{s}{\sigma^2}\exp\left(-\frac{s^2}{2\sigma^2}\right) \tag{5-35}$$

式中，s 为应力幅值；σ 为标准差。期望为零的随机过程为

$$\sigma = \sqrt{\int_0^{\infty} G(f) \mathrm{d}f} \tag{5-36}$$

式中，$G(f)$ 为应力幅值的功率谱密度函数。

设 N_T 为构件发生破坏时的总循环次数，n_s 为应力峰值为 S 时的实际循环次数，对窄带随机振动有

$$p(s) = \frac{n_s}{N_T}, \quad n_s = N_T \frac{S}{\sigma^2}\exp\left(-\frac{S^2}{2\sigma^2}\right) \tag{5-37}$$

根据 $S^m \cdot N = C$ ，可得到

$$N_s = \frac{C}{S^m} \tag{5-38}$$

对于循环应力为连续变化的情况，Miner 线性累计损伤理论可以表示为

$$D = \int_0^{\infty} \frac{n_s}{N_s} \mathrm{d}s \tag{5-39}$$

式中，N_s表示应力峰值为 S 时的破坏循环数。当 $D=1$ 时，可得构件发生破坏时的总循环次数为

$$N_T = \frac{C\sigma^2}{\int_0^\infty s^{1+m}\exp(-\frac{S^2}{2\sigma^2})\mathrm{d}s} \tag{5-40}$$

对应的发生破坏的循环时间为

$$T = \frac{1}{f_0}\frac{C\sigma^2}{\int_0^\infty s^{1+m}\exp\left(-\frac{S^2}{2\sigma^2}\right)\mathrm{d}s} \tag{5-41}$$

5.3　管路随机振动仿真

5.3.1　概述

管路系统受到外部随机激励后，系统产生的响应即为随机振动。例如，运载火箭分析过程中管路受到箭体随机激励后产生的振动。这会涉及机械系统动力学和随机过程等方面的知识。

火箭增压输送系统管路结构在工作过程中要承受复杂的随机振动载荷，边界条件复杂，极易发生疲劳破坏，在运载火箭增压输送系统管路单机试验及火箭发射中曾多次发生结构随机振动疲劳破坏的现象。为了分析预测增压输送系统管路全域结构随机振动疲劳寿命，需提前通过有限元仿真的方式进行管路随机振动校验。振动疲劳问题在工程实际中广泛存在，结构的振动疲劳涉及结构力学、振动力学以及材料学等，结构的随机振动属于高周疲劳。随机振动是一种非确定性振动，振动幅值及频率是随机变化的，振动疲劳的响应为随机过程，它的特性只能用统计参数描述，结构的随机振动疲劳寿命分析方法主要包括时域分析法和频域分析法，对于有限元分析来说，处理较长的时域加载信号非常困难，而获取一个功率谱密度应力信号易于获取一个时域应力信号，基于频域法的结构随机振动疲劳寿命分析方法具有计算量小、思路简单等特点，目前对随机振动疲劳寿命分析多采用频域分析法[12]。

以一段推进剂输送管为例进行分析。推进剂输送管是连接发动机和贮箱的重要通道，承担着输送推进剂的重要任务，和发动机直接连接，因此其结构强度和振动特性对整箭尤其重要。对推进剂输送管的结构进行模态和随机振动分析。确定结构模态特性和随机振动强度。对结构进行强度校核，基于数值仿真结果对整改后的结构进行优化校核确认，为结构设计提供支撑。

5.3.2　大质量法

采用振动台随机振动试验可以模拟航天器飞行过程中所处的振动环境，试验件通过刚性夹具连接到振动台面上，在刚性夹具上布置加速度反馈传感器与信号发生器形成闭环控制，以保证刚性夹具对试验件的输入满足试验要求[13]。

振动台对结构的输入激励通常是加速度或者速度形式，可以利用大质量法将其转化为力形式的输入载荷。基本原理如图 5-11 所示。在图 5-11 中，假设 M_0 比 m 大许多，$\ddot{x}$ 为大质量运动的加速度，“大质量” M_0 与感兴趣结构之间连接为刚性。为使系统获得加速度 $\ddot{x}$ ，需施加的载荷为

$$P=(M_0+m)\ddot{x} \tag{5-42}$$

在 m 远小于 M_0 的情况下，$P\approx M_0\ddot{x}$ ，用 M_0 代替 M_0+m，载荷输入误差为 $m/(M_0+m)$，这样可以实现加速度到力的转化。系统的运动方程为

$$\boldsymbol{M}\ddot{x}+\boldsymbol{C}\dot{x}+\boldsymbol{K}x=p(\omega)\mathrm{e}^{\mathrm{i}\omega t} \tag{5-43}$$

式中，$\boldsymbol{M}$ 为结构质量矩阵；$\boldsymbol{C}$ 为结构阻尼矩阵；$\boldsymbol{K}$ 为结构刚度矩阵；$p(\omega)\mathrm{e}^{\mathrm{i}\omega t}$ 为外激励。由式（5-43）可计算出系统的响应。

对于随机激励 P ，对其进行傅里叶变换，得到

$$\bar{P}(\omega,T)=\int_0^T P(t)\mathrm{e}^{-\mathrm{i}2\pi\omega t}\mathrm{d}t \tag{5-44}$$

在频域内用自功率谱密度函数（或自谱、功率谱或 PSD）来描述，自功率谱密度函数为

$$G_{\bar{P}\bar{P}}(\omega)=\frac{2}{T}E\left[|\bar{P}(\omega,T)|^2\right] \tag{5-45}$$

由式（5-45）可以得到随机激励的功率谱，同样也可获得随机响应的功率谱，其中 E[] 表示 [] 内的数学期望值。

大质量的选取应为结构质量的 $10^3\sim10^8$ 倍，通常选取为 10^6 倍，这时计算的误差小于 10^{-6} 数量级，满足工程要求。

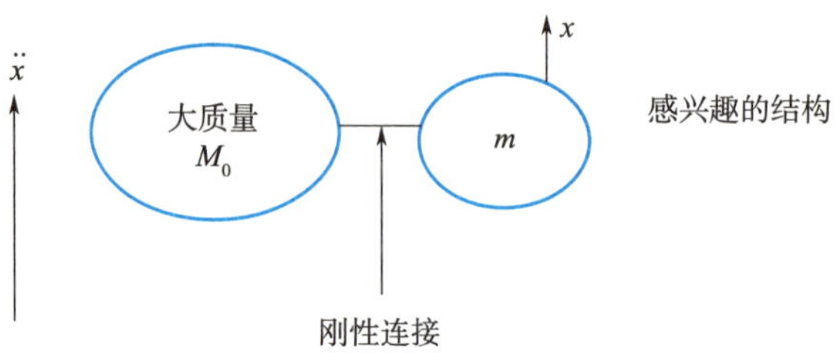

图 5-11　大质量法模型

5.3.3　有限元模型

所分析的管路为液体运载火箭的输送管，其作用为连接推进剂贮箱和火箭发动机，是火箭能源的供给通道，如图 5-12 所示，输送管路一端连接火箭贮箱，另一端连接发动机。运载火箭推进剂输送管一般由薄壁不锈钢管（包括直管和弯管，厚度一般为 3 mm）、波纹管等组成。波纹管组成由波纹管和金属网套组成，其中波纹管为 3 层结构，每层厚度 0.4 mm。

由于输送管与发动机直接连接，力学环境非常恶劣，且针对输送管的随机振动激励主要来自发动机的振动，连接贮箱端可视为固定约束。因此在输送管研制过程中，随机振动

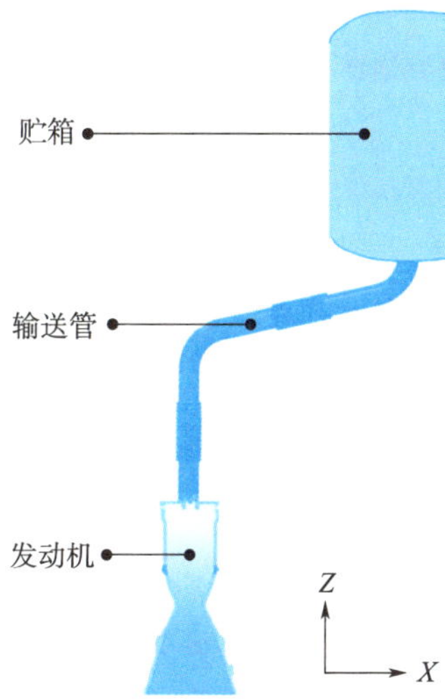

图 5-12　输送管安装示意

及疲劳适应性是需要着重考虑的问题，尤其是针对薄壁导管上有应力集中的部位。针对推进剂输送管，为了验证管路对随机振动及疲劳的适应性，需进行管路振动试验进行考核，试验模拟管路真实工作工况，一端约束，一端激励，如图 5-13 所示。针对管路振动试验，进行随机振动和疲劳仿真分析。

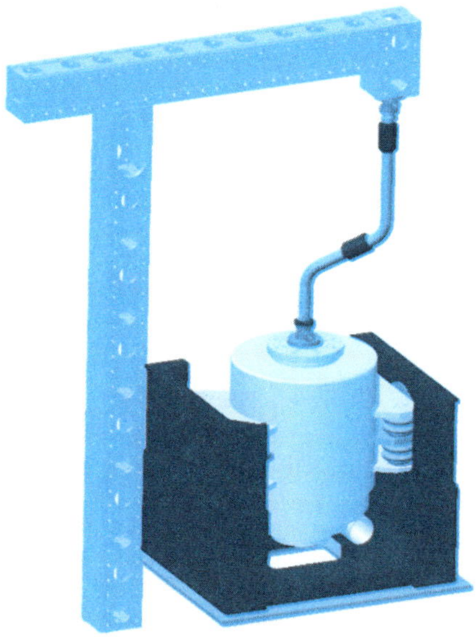

图 5-13　管路振动试验模型

推进剂输送管仿真的有限元模型主要包括不锈钢管和补偿波纹管 2 部分，模型采用 4 节点四边形减缩积分壳单元模拟，管路有限元模型如图 5-14 所示。

管路材料为不锈钢 06Cr18Ni9，其性能参数如表 5-1 所示。

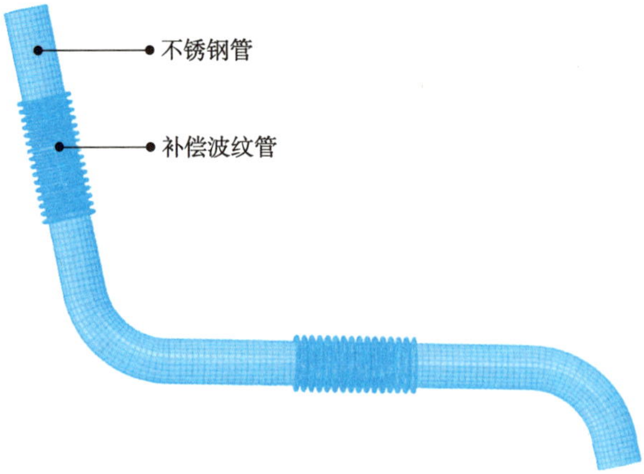

图 5-14　推进剂输送管模型

表 5-1　管路材料性能参数

材料	06Cr18Ni9
温度/K	293
密度/(kg/m^3)	7.9×10^3
弹性模量/GPa	200
泊松比	0.3
屈服应力/MPa	205
抗拉强度/MPa	728
延伸率	35%

5.3.4　分析工况

在飞行过程中发动机对输送管路的强迫振动激励参数如表 5-2 所示，仿真分析在此激励下管路的振动响应和疲劳寿命。

表 5-2　试验载荷数据

频率/Hz	(g^2/Hz)
10	0.01
150	0.05
1 000	0.05

5.3.5　分析步设置

分析管路在强迫振动激励作用下的振动响应，设置两个分析步（Step）。第一个分析步（Step-1）设置为频率分析（Step→Create→Name=Step—1→Procedure type=Linear perturbation→Frequency），提取 2000 Hz 以内的模态；第二个分析步（Step—2）设置为随机响应分析（Step→Create→Name＝Step－1→Procedure type＝Linear perturbation→Random response），分析频率带宽为 10 Hz～2 000 Hz，在此范围内，临界阻尼比 Critical Damping Fraction＝0.03。

在场输出中应输出加速度功率谱密度、均方根加速度、应力功率谱密度、均方根应力、位移和均方根位移等（Step→Output→Field Output Requests Manager→RS，RTA，RTU，S，TA，TU，U）。

5.3.6　相互作用关系设置

在发动机入口段的输送管中心点处建立参考点 RP－1，并以参考点 RP－1 为控制点，以管路端部节点为从动节点建立 MPC 约束（Interaction→Create→MPC Constraint→MPC Type＝Beam），将该点作为大质量法加载激励的作用点（见图 5－15）。参考点 RP－1 选入到 Set－1（Tools→Set→Create→Type＝Geometry→点解参考点 RP－1）。

按大质量法，附加的质量大小应为产品质量的 1e6 倍左右，该管路的质量约为0.010 7 t，故在参考点 RP－1 处赋点质量的大小为 1e4 t（Interaction→Special→Inertia→Create→Point mass/inertia→Isotropic）。

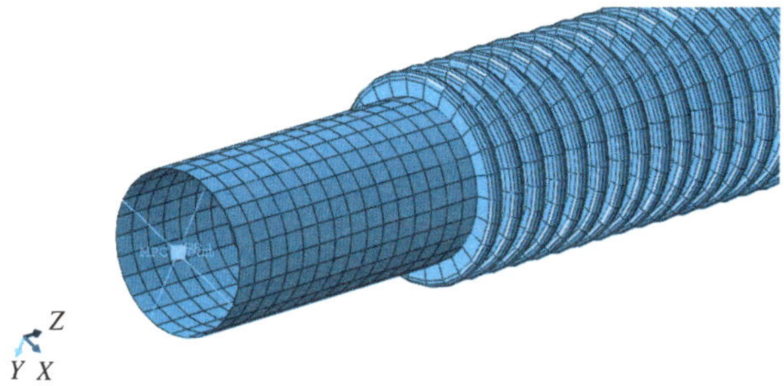

图 5－15　相互作用关系

5.3.7　载荷与边界设置

根据要求对连接贮箱段的管路上端位置进行固支约束（Load→BC→Create→Mechanical→Symmetry/Antisymmetry/Encastre→Encastre）（见图 5－16）。

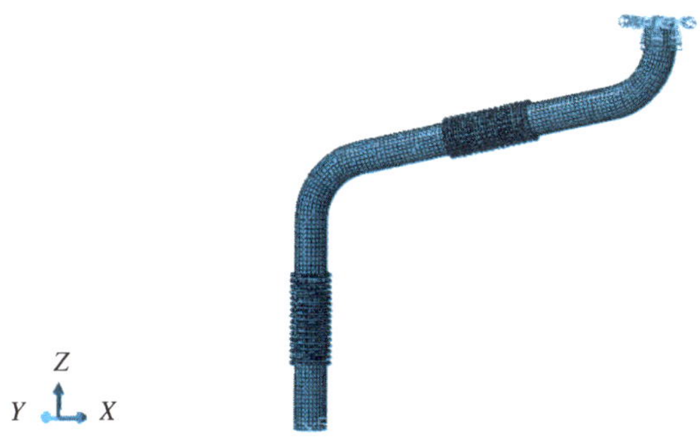

图 5－16　载荷与边界

5.3.8 力载荷加载与作业提交

本次加载采用大质量法，力 PSD 谱由加速度 PSD 谱转化而来，由大质量法可知 $P \approx m\ddot{x}$ ，由此可得到力 PSD 谱如表 5－3 所示。

表 5－3 力 PSD 谱

频率/Hz	(N^2/Hz)
10	9.604e+13
150	4.802e+14
1 000	4.802e+14

进入 Job 模块并创建名为 Job－1 的作业（Job→Create→Name＝Job－1，Source＝Model，Model－1→Continue→OK），进行数据检查（Data Check），此时在工作目录下生成作业文件 Job－1.inp，采用记事本打开该文件并在 * End Assembly 输入图 5－17 所示的力 PSD 谱。

```
*End Assembly
*Psd-definition,name=Amp-1,type=FORCE
9.604e+13, 0., 10.
4.802e+14, 0., 150.
4.802e+14, 0., 1000.
**
** MATERIALS
```

图 5－17 定义力 PSD 谱

进一步，在 * * STEP：Step－2 下设置调用力 PSD 谱作用于 Set－1 节点（即 RP－1）（见图 5－18）。

```
** STEP: Step-2
**
*Step, name=Step-2, nlgeom=NO, perturbation
*Random Response
10., 2000., 20, 3.,
*Modal Damping
1, 2000, 0.03
**
*CORRELATION,PSD=Amp-1,TYPE=UNCORRELATED
1,1
*CLOAD,LOAD CASE=1
Set-1,3,1
```

图 5－18 调用力 PSD 谱

最后提交分析作业（Job→Create→Name＝Job－2，Source＝Input file→选择 Job－1→Continue→OK）。

5.3.9　仿真结果

5.3.9.1　管路模态

管路结构前三阶频率主要为大质量点引起的模态频率，其频率接近零频，管路结构上前六阶的共振模态如图 5－19 所示。

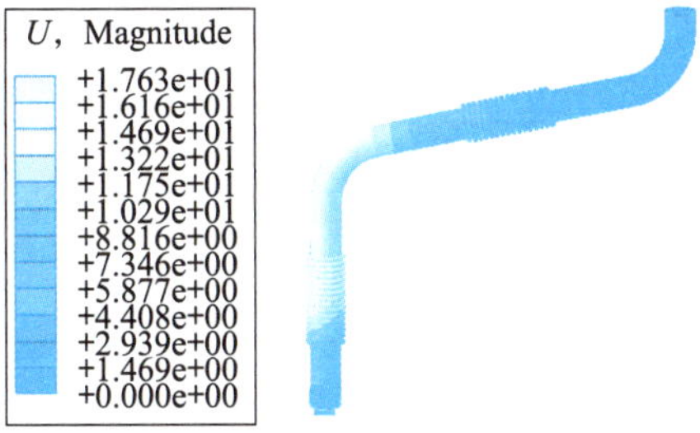

(a) 四阶模态 f_4=27.36 Hz

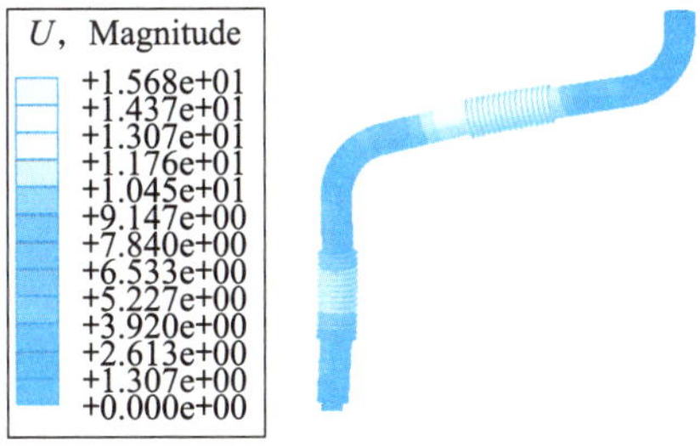

(b) 五阶模态 f_5=69.92 Hz

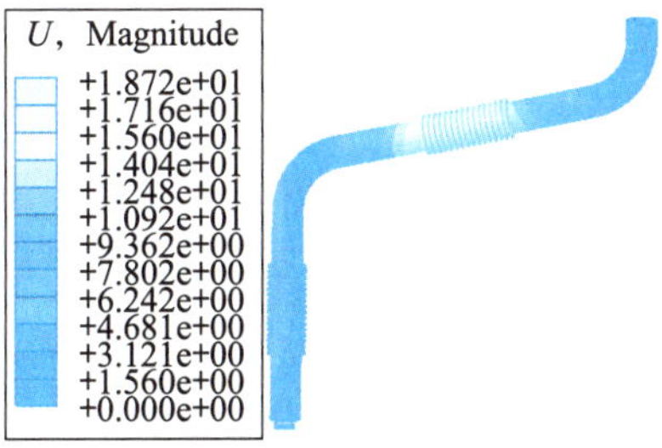

(c) 六阶模态 f_6=77.76 Hz

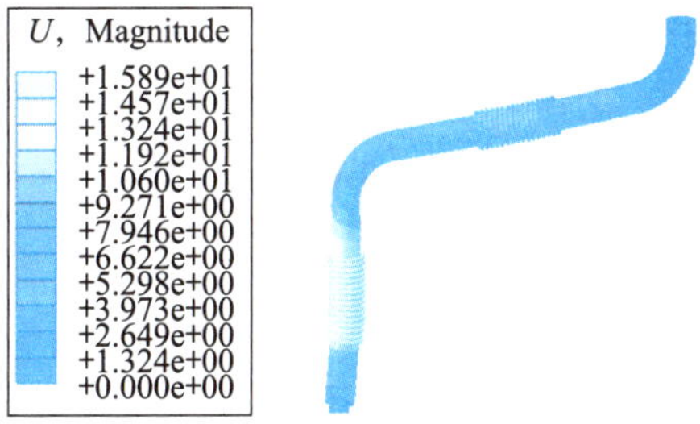

(d) 七阶模态 f_7=103.14 Hz

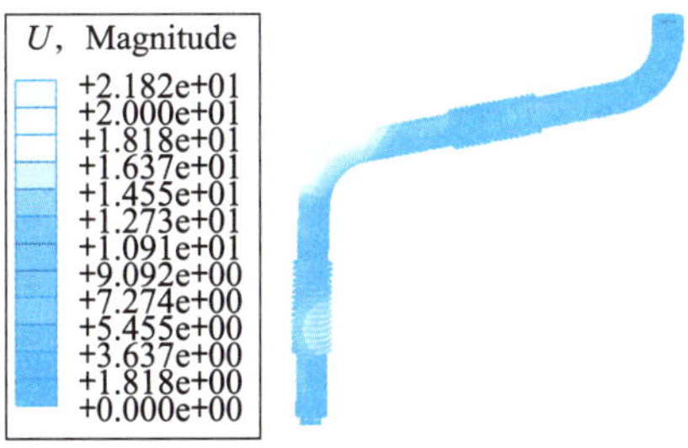

(e) 八阶模态 f_8=145.92 Hz

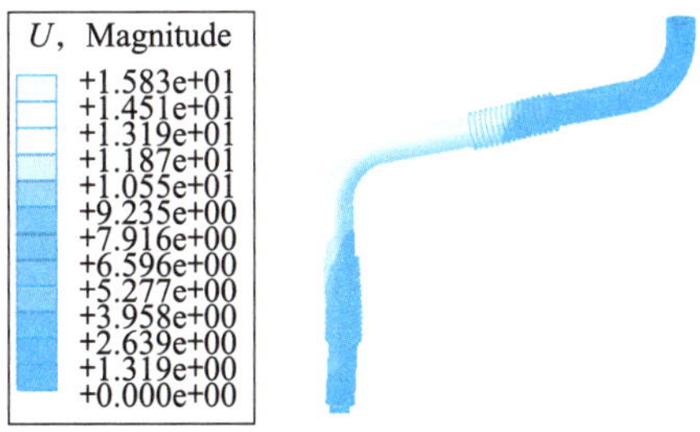

(f) 九阶模态 f_9=234.18 Hz

图 5－19　主体管路共振模态（见彩页）

5.3.9.2　大质量点加速度

由于本次仿真采用大质量法模拟激励，提取了大质量点（Set－1）处的加速度数值，转化为加速度谱密度后如图 5－20 所示，与表 5－2 所给的载荷数据完全一致。

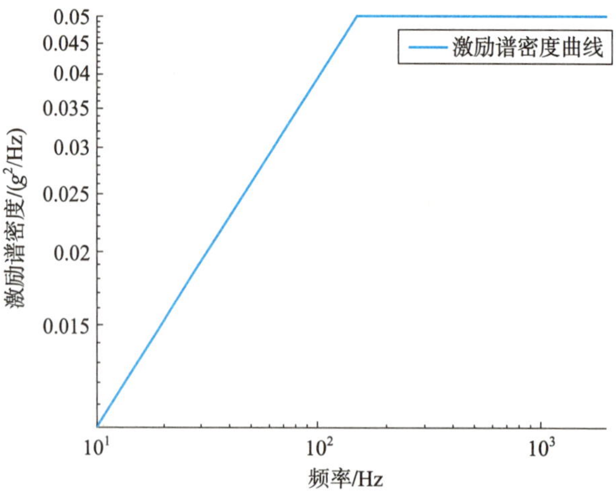

图 5-20　大质量点处加速度谱密度

5.3.9.3　管路应力响应

管路结构振动应力响应基于模态动力学分析方法，在求得结构传递函数的基础上，进而求得结构在振动条件下的应力响应，管路响应云图和危险点应力谱密度曲线如图 5-21，图中（a）为危险点均方根应力云图，（b）为危险点均方根应力曲线，（c）为危险点应力响应曲线，即应力功率谱密度曲线。

在随机振动载荷作用下，结构的应力响应无法用确定的时域函数来描述，只能通过统计方法进行描述。在频域内，可利用功率谱密度函数对随机振动进行描述，而功率谱密度函数是描述稳态各态历经过程的重要参数，它直接描述了在各频率分量上能量的分布。结构失效在危险部位的应力功率谱密度为

$$G(f)=A(f)\cdot H^2(f) \tag{5-46}$$

式中，$A(f)$ 为输入的加速度功率谱密度；$H(f)$ 为应力频率响应函数；f 为频率。

而应力的均方根值为

$$\sigma_{\mathrm{RMS}}=\sqrt{\int_{-\infty}^{+\infty}G(f)\mathrm{d}f} \tag{5-47}$$

由分析结果可见在随机振动载荷下，管路的最大均方根应力位于上补偿波纹管，最大均方根应力为 19.06 MPa，对图 5-21 中（c）的曲线按式（5-47）计算得到的均方根应力数值也为 19 MPa。提取均方根应力最大位置的应力谱密度曲线，可以看出上管路的振动响应主要来自第 7 阶模态（103.14 Hz）和第 9 阶模态（234.18 Hz）。一般的随机载荷，其应力幅和平均应力都是随机变化的，并服从高斯分布。Abaqus 软件仿真得到的计算结果为 1σ 应力，为了提高可靠性若按 3σ 应力考虑，则本案例中的均方根应力应为 57.18 MPa。

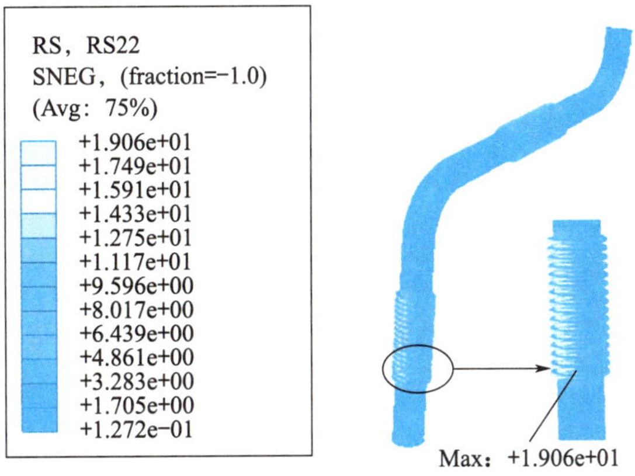

(a) 危险点均方根应力云图

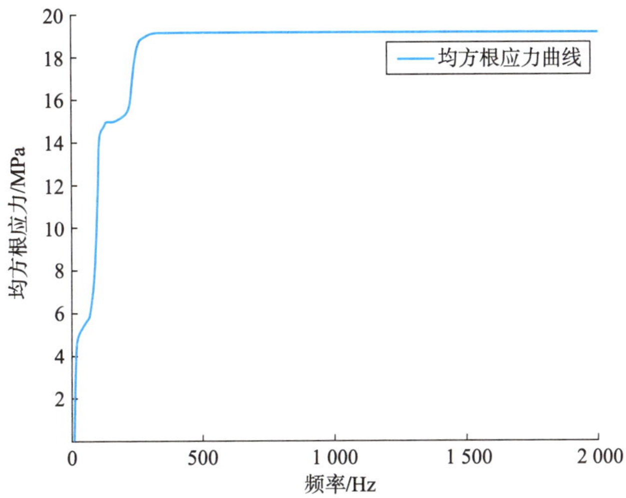

(b) 危险点均方根应力曲线

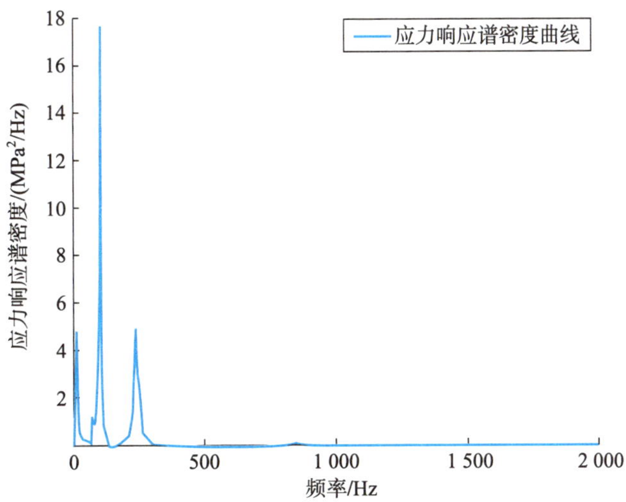

(c) 危险点应力响应曲线

图 5-21　随机振动条件下管路应力响应云图（见彩页）

5.3.10 疲劳寿命分析

基于 Dirlik 的经验估计方法和 Miner 线性累计损伤模型计算管路的随机振动疲劳寿命，结合仿真分析中得到管路结构的频响结果，采用 Goodman 修正考虑平均应力对疲劳寿命的影响。Dirlik 方法采用均值 $E(0)$，峰值 $E(p)$ 和不规则因子 γ 3 个统计参数，从随机振动信号中估计振动应力水平及应力的周期数量。经过计算，在给定振动条件下，管路损伤最大的位置为波纹管上端，最低寿命为 4.132×10^{8}，表明结构不会发生疲劳破坏。

5.3.11 小结

本节采用有限元方法，采用 Abaqus 软件建立了典型输送管路的有限元分析模型，采用基于模态的稳态动力学分析方法计算得到了管路结构的频响特性。在此基础上基于频域随机振动疲劳寿命分析方法，采用 Miner 线性累计损伤模型和 Dirlik 疲劳寿命方法计算输送管路在随机振动条件下的疲劳寿命，形成了基于 Abaqus 软件的火箭增压输送管路随机振动及疲劳寿命仿真分析方法及流程，该分析方法可用于火箭管路的疲劳耐久性设计和分析。

5.4 管路设计评述

5.4.1 概述

管路系统在全箭承担的功能较多，贯穿火箭发射、飞行和回收的整个过程，推进剂的输送、增压气体的输送都离不开管路，可以说管路输送的是运载火箭的“血液”和“气息”，一刻也不能停，一秒也不能断，是火箭的“心脏血管”和“生命通道”。若管路系统的任何一个环节发生故障，都可能产生严重影响，造成发射推迟甚至任务失败。在航天飞行史上，由于推进系统的故障而导致的重大失败次数占总失败次数的 50%以上。1990—2015 年，全球 127 次发射失败中，动力系统故障原因占了 51%，控制系统故障占 19%，分离系统故障占 7%。2015—2017 年，国外火箭发射失利共 7 起，推进系统故障引起 5 起。其中，美国对各种运载火箭故障统计，推进系统发生的故障占运载火箭总故障 60%以上，欧洲阿里安火箭到 1990 年 2 月为止，发射 36 次中失败 5 次，全都是由液体火箭发动机管路的事故引起的。

5.4.2 典型失利案例

(1) 俄罗斯质子号火箭上面级气体管路破裂

2008 年 3 月 15 日，俄罗斯质子-M/微风-M 运载火箭发射美国通信-14（AMC-14）卫星时失败。微风-M 上面级主发动机燃气发生器与推进剂涡轮泵之间的气体管路破裂，引起主发动机涡轮泵关机，最终导致发射失败。发射失败后，俄罗斯对运载火箭进行了改进，增加了气体管路壁的厚度。改进后的质子-M/微风-M 运载火箭于 2008 年 8 月 19 日把第 3 颗国际移动卫星-4（Inmar-sat-4）成功送入轨道。

（2）美国大力神 34D-3 火箭任务失利

1986 年 4 月 18 日，携带着军事侦察卫星的美国大力神 34D 运载火箭从美国加州范登堡空军基地起飞 8.5 s 后发生爆炸。失败原因是在发射前的检修过程中，或是在 289 s 整流罩抛罩过程中，碎片冲击，使级间段燃箱及增压管路受损。

（3）其他国外失利案例

2014 年 5 月 16 日，俄罗斯质子-M/和风-M 火箭发射起飞后，因连接三子级游机涡轮泵与主发动机结构框架的螺栓接口安装不当，振动环境超出了游机可承受的范围，氧气气体发生器的进气管道被损坏，燃料泄漏，发动机提前关闭。

5.4.3　小结

运载火箭管路系统是火箭的“心血管”，管路的失效问题对于火箭正常飞行及可靠性均会产生重大影响。管路工作在强振动、流体高压和强烈脉动、高低温、多振源激励等恶劣环境中，管路结构、空间走向、连接与约束形式非常复杂，轻量化导致疲劳强度储备不高，复杂燃烧、流动与机械振动等诱发的管路振动问题突出，因此存在故障率高、失效模式多、可靠性差等现象。

据统计，在发动机热试车与火箭飞行任务中，多次出现了振动问题直接导致管路、管支撑出现裂纹、断裂等现象，约占发动机总故障的 30%以上，且 90%属于疲劳损伤或谐振失稳，管路是运载火箭故障率最高的组件之一。

本章详细阐述了运载火箭增压输送系统管路的功能作用，以美国 Space X 公司的两款典型火箭猎鹰 9 号和星舰为例详细说明了不同的增压系统原理及对应的管路不同布局，充分体现了管路在运载火箭中的重要作用。根据以往故障统计，管路的失效主要体现为振动导致的管路失效，本章详细说明了随机振动及疲劳分析的理论，并以一段推进剂输送管为例，采用 Abaqus 软件，基于模态的稳态动力学分析方法计算得到了管路结构的频响特性和随机振动应力响应，采用 Miner 线性累计损伤模型和 Dirlik 疲劳寿命方法计算了输送管路在随机振动条件下的疲劳寿命，为火箭增压输送管路随机振动及疲劳寿命仿真分析提供了详细可靠的方法和流程，有利于运载火箭管路的疲劳耐久性设计和分析。

参考文献

［1］王亚军，等．运载火箭增压输送系统［M］．北京：中国宇航出版社，2020.

［2］马兴瑞，于登云，韩增尧，等．星箭力学环境分析与试验条件研究进展［J］．宇航学报，2006，(3)：323-331.

［3］娄路亮，方红荣，欧阳芙．带有预应力的空间管路随机振动分析［J］．导弹与航天运载技术，2011，(2)：46-51.

[4] 姚卫星. 结构疲劳寿命分析 [M]. 北京：国防工业出版社，2003.

[5] 倪振华. 振动力学 [M]. 西安：西安交通大学出版社，1989.

[6] 方红荣，薛立鹏，李朝晖. 基于有限元法的运载火箭管路随机振动疲劳寿命分析 [J]. 导弹与航天运载技术，2017，(4)：107-110.

[7] 周畅. 基于结构内载荷的管路焊缝疲劳分析方法 [D]. 北京：中国运载火箭技术研究院，2020.

[8] 王道连，许光，周浩洋，等. 复合材料气瓶随机振动环境下疲劳寿命分析 [J]. 强度与环境，2015，42 (1)：18-22.

[9] 曹文利，张萌，薛立鹏. 火箭发动机舱内管路安装改进分析与试验验证 [J]. 导弹与航天运载技术，2021，(2)：17-20.

[10] 陈志英，张兴森，周平. 基于多点随机激励的发动机管路振动疲劳寿命分析 [J]. 推进技术，2019，40 (7)：1620-1627.

[11] 权凌霄，赵文俊，于辉，等. 随机振动载荷作用下航空液压管路疲劳寿命数值预估 [J]. 液压与气动，2017，(6)：43-48.

[12] 刘春生，杨磊，薛立鹏，等. 基于 ABAQUS 有限元分析的输送管疲劳寿命优化设计 [J]. 导弹与航天运载技术，2015，(3)：42-47.

[13] 秦朝红，任方，王英诚，等. 复杂结构全频段声振综合响应分析 [J]. 强度与环境，2017，44 (6)：8-14.

本章作者：王　鹏，明爱珍

第 6 章
飞行器防热系统设计与仿真

6.1 防热设计

6.1.1 概述

可靠的热防护系统是确保高性能飞行器安全飞行的关键系统之一。航天飞行器在进入/再次进入大气层中高速飞行时，周围气体会被头部强激波压缩，同时动能转化为热能，使气温上升几千甚至上万摄氏度，故飞行器受到持续的气动加热作用。运载火箭飞行期间典型的热环境有：上升段气动加热环境、主发动机工作辐射热环境、过渡流区热环境、箭上热源（如末修姿控发动机等）所引起的局部热环境以及各种分离动作引起的热环境。热环境问题会对飞行器结构产生一系列不良影响，包括高温引起的结构强度和刚度降低，局部热应力引起的结构热变形，且箭体表面的热可通过热传导传入箭体内部，影响动力装置推进剂的储存，影响舱内制导系统、仪器、电子设备及其元器件的正常工作，进而引发事故。2003 年，美国哥伦比亚号航天飞机（见图 6 - 1）在返航途中爆炸解体，该起事故正是由于左侧翼前端机身上部分隔热瓦脱落，飞行器在剧烈的气动加热下解体。因此，航天飞行器的防热设计显得尤为重要。

SpaceX 公司在热防护系统的设计和研制方面拥有诸多成就。龙飞船的隔热罩由隔热瓦与后壳两部分组成。其中酚醛浸渍碳烧蚀（PICA - X）瓦片的隔热瓦放置在航天器底部，用于重返大气层。后壳使用 SpaceX 公司专有的烧蚀材料（SPAM）进行热防护。星舰火箭热防护系统（见图 6 - 2）经历了 3 个阶段：1）碳纤维结构＋发汗冷却；2）不锈钢结构＋发汗冷却；3）不锈钢结构＋发汗冷却＋隔热瓦。其中对隔热瓦的重大改进是将隔热瓦的最高耐受温度提高到接近1 400 ℃（见图 6 - 3）。

图 6-1　哥伦比亚号航天飞机

图 6-2　SpaceX 公司星舰火箭热防护系统示意图

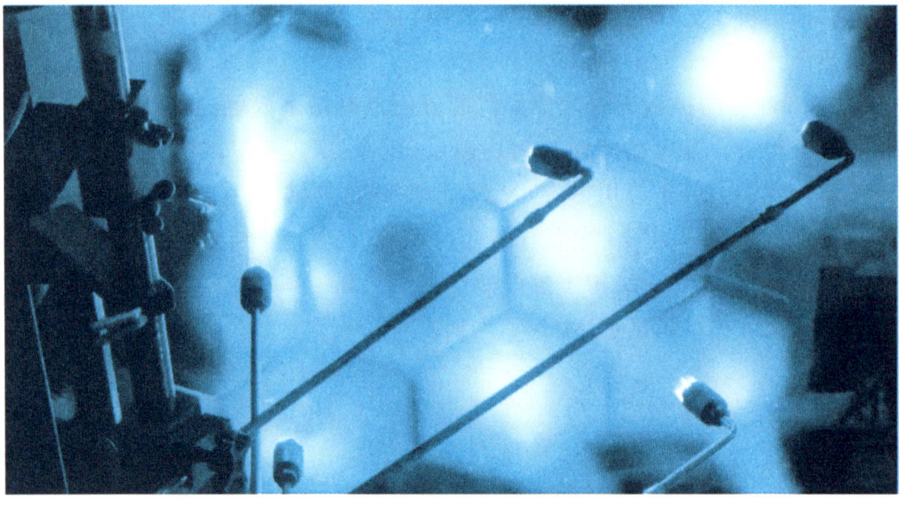

图 6-3　SpaceX 公司隔热瓦 1 377 ℃高温性能试验

6.1.2　防热体系介绍

飞行器防热设计研究的主要内容就是气体与材料的相互作用，因此，防热结构的设计和防热材料的选择是热防护系统设计研制的关键。

6.1.2.1　常用的防热形式

热防护系统可分为被动防热系统、主动防热系统以及半被动防热系统。被动防热系统主要依靠防热结构和材料本身吸收热量或辐射热量。该系统可保持被防护装置的气动外形不变，不需要工质，可靠性强，应用广泛，主要有柔性毡、陶瓷瓦、高导热碳基防热、盖板式防热等多种方案。除一小部分被反射的热量，大部分热量依靠冷却介质将热量带走的防热系统称为主动防热系统。主动防热系统有良好的传热性能，是高超声速航天器高温区，以及发动机结构理想的防热方式，主要有发汗冷却、薄膜冷却和对流冷却等方案。介于主动和被动热防护之间的方案为半被动热防护系统，该系统靠气流带走大部分热量，主要采用热管结构和烧蚀结构两种结构形式[1]。

在飞行器热防护系统研制过程中，曾提出过 4 种热防护形式，即热沉式、辐射式、发汗冷却式和烧蚀式。但在工程实际使用上，大都采用烧蚀热防护或烧蚀与其他方式的组合形式。

热沉式防热：选用热容大的材料制成防热层，能吸收大部分气动加热，使传入结构内部的热量小到使结构及内部仪器设备与舱内气体的温升低于允许值。但仅在加热时间短、热流密度不太高的情况下才可使用，否则防热层太笨重。而且受防热层材料熔点或受氧化破坏的限制，使用温度不高，约 600～700 ℃。

辐射式防热：隔热材料与外蒙皮之间留有间隙，两者之间仅有辐射传热。

发汗冷却式防热：利用气体或液体发汗剂，在压力作用下，从冷却部件表面多孔结构中排出，表面形成隔热的完全连续的气膜或液膜，将发动机中的高温气体与发动机部件表面隔开，且通过其分解和汽化作用吸收大量的热，达到降低构件的表面温度的目的。

烧蚀式防热：当烧蚀防热层表面加热后，烧蚀材料表面温度升高，在温升过程中依靠材料自身的热容吸收一部分热量，同时通过固体热传导方式向内部结构导入一部分热量。烧蚀热防护机理是牺牲材料的质量来吸收气流作用在材料上的气动热和外界的辐射热，以达到热防护的目的。

6.1.2.2　常用的防热材料

防热材料是一种为避免航天飞行器在大气中飞行时气动热环境对飞行器造成不利影响的功能材料，在保证结构的气动特性的前提下，它不仅要使飞行器在气动热环境中免遭破坏，还要保证被防护结构温度在设计的范围内，是防热系统的基础。常用防热材料有金属基复合材料、硅基复合材料、碳基复合材料、低密度碳化材料、树脂基复合材料、陶瓷基材料、气凝胶材料以及软木等[2-10]。

金属基复合材料：由于其高导热率、高强度的特性，主要用于主动热防护系统。金属防热系统结构主要包括上下高温合金盖板、蜂窝板结构或多层壁结构，以及内部隔热材料

(见图 6-4)[5]。按照温度范围可将金属基材料的选择大致分为以下几种。500 ℃以上选择钛合金；500～900 ℃选用铁钴镍基底的高温合金；1 000～1 650 ℃选用经抗氧化处理的难熔金属[1]。采用高温金属合金的热防护系统，可实现结构/防热一体化，并可重复使用，但仅用于高超声速飞行器高温区以外其他部件的热防护。

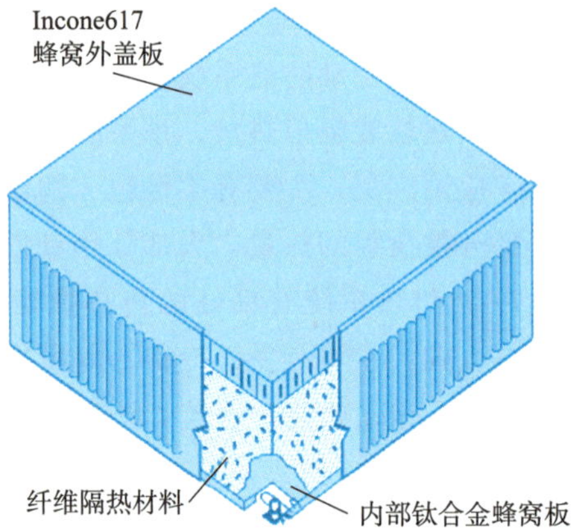

图 6-4　X-33 金属热防护系统示意图

硅基复合材料（熔化型烧蚀材料）：是以 SiO_2 为主要成分的复合材料，具有工艺简单、加工周期短、材料导热系数低的特点，具有良好的抗烧蚀性能和隔热性能，目前仍广泛应用于各类飞行器和固体发动机喷管的热防护系统中。它的主要缺点是 SiO_2 蒸发潜热仅为碳的平均升华热的 1/3。因此，在第二代热防护设计中，硅基复合材料逐渐被碳基复合材料所取代[2]。

碳基复合材料（升华型烧蚀材料）：指以碳纤维或碳化硅等为增强体，以碳为基体的复合材料。该种材料化学潜热高，在高温条件下可保持较高的强度以及较高的化学稳定性。

低密度碳化复合材料（裂解型烧蚀材料）：用于再入卫星和飞船的热防护材料，其主要成分为高热解率的高分子复合材料。

树脂基复合材料：是短切纤维或连续纤维及其编织体复合树脂基体而成，具有比强度高、耐高温、耐疲劳等优异性能，是目前较为先进成熟的复合材料。根据其隔热机理与密度，可分为低密度烧蚀隔热型树脂基复合材料和烧蚀防热型树脂基复合材料。**低密度树脂基烧蚀防热材料**高温隔热能力强、耐热稳定性好、密度低，此外还有良好的机械性能，是优良的防热材料。如图 6-5 所示的 H88 与 H96 材料是以苯基硅橡胶为树脂基体，以物理共混方式掺杂石英短纤维、玻璃微球等轻质功能填料成型的防热材料[6]。**酚醛树脂基复合材料**在酚醛树脂基体中添加大量的酚醛微球、玻璃微球、陶瓷粉体等轻质功能填料是酚醛树脂基复合材料的主要特性。空心小球和微孔的引入可显著降低材料导热率，降低材料密度。常用作国内外战略战术导弹弹头的主要热防护材料[8]。基于斜缠模压工艺改进而来的 SPQ 系列材料是典型的酚醛树脂基复合材料，如图 6-6 所示的 SPQ9 材料已用于月球轨道返回器拐角环产品。**环氧树脂基材料**虽然耐热性较差，涂层的隔热效果不如硅基复合材料，但环氧树脂具有良好的结合力，制成的涂层黏附力强，结合紧密，在防护强热流气流冲刷上具有较好的性能[2,7]。

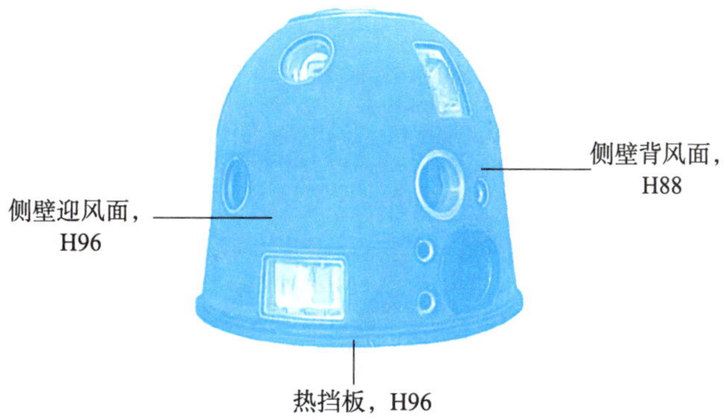

图 6-5　神舟飞船及其低密度烧蚀材料

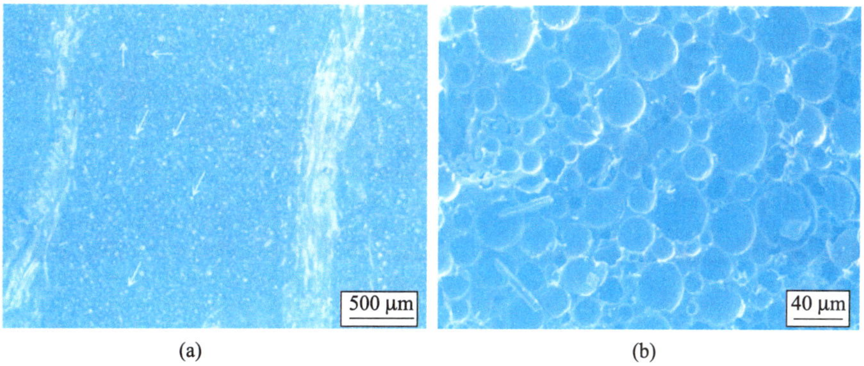

(a)　　(b)

图 6-6　SPQ9 材料光学显微镜照片（a）及烧蚀后的电子显微镜照片（b）

陶瓷基防热材料：使用温度高、时间长、烧蚀量极小，耐烧蚀能力较有机烧蚀涂层优异，是具有优异力学性能、热力学稳定性、耐高温性能和高断裂韧性的结构材料。其典型结构形式如图 6-7 所示。但涂层本身的处理过程受难熔元素或烧结过程的限制，往往涉及高温、高能技术措施[8,11]。

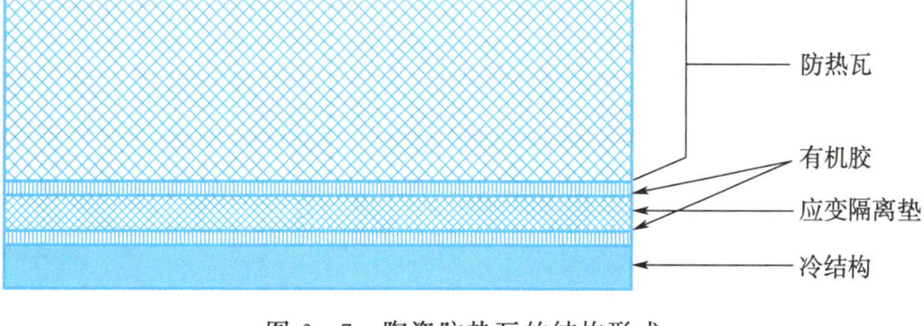

图 6-7　陶瓷防热瓦的结构形式

气凝胶材料：是一种纳米粒子或高聚物分子相互聚集形成的纳米多孔材料，中间以气体为分散介质[1]，具有极低的密度和极好的隔热性能，兼具阻燃、隔音、憎水等优秀的材料特性。二氧化硅气凝胶在固体材料中是导热系数很低的物质，在工程上有气凝胶板、气凝胶毡等工业产品。

软木：有较好的防隔热性能，具有导热系数低、比重小、工艺性好、价格低廉等优点，在航天产品中得到了广泛应用。如图 6-8 所示为某型运载火箭整流罩，外壁面采用软木防热。

图 6-8 整流罩外壁面防热结构

6.1.3 传热仿真基本原理

运载火箭壁面由于热流引起的传热环节包括两部分：一是外部热流向壁面的对流换热；二是热量在壳体内部的传递过程。一般情况下，可以通过飞行轨迹利用参考焓法计算出冷壁热流密度以及恢复焓，以此作为结构外防热设计参数。但在实际仿真中，直接施加冷壁热流，由于忽略了壁面温度的改变，会导致由壁面传递热流相比真实情况偏高的情况。为了解决这一问题，需要找到合理的热流边界模拟方法，作为有限元仿真中热流载荷边界条件。

6.1.3.1 冷壁热流与热壁热流的关系

箭体在大气层中高速飞行时所产生的气动加热属于强迫对流换热，换热量的大小用单位时间单位面积上进入物体表面的热量即热流密度（q）表示。冷壁热流是假设结构表面在受气动加热时，壁面温度恒定不变，而单纯依靠气动计算得出的热流，冷壁热流与结构的热响应无关，可以直接根据飞行轨迹计算得到较为准确的结果。在箭体壳段防热计算中，由气动专业给出冷壁热流及对应的壁面参考温度。若考虑结构的热响应，壁面温度 T_w 发生变化，可以得到结构的净吸收热流，即热壁热流[13]。热壁热流与冷壁热流的关系式为

$$q_r = q_l\left(1 - \frac{h_w}{h_r}\right) - \sigma\varepsilon T_w^4 \tag{6-1}$$

其中，q_r 为热壁热流密度，W/m²；q_l 为冷壁热流密度，W/m²；h_w 为在表面壁温下的气体焓值，J/kg；h_r 为在气体恢复温度下的气体焓值，J/kg；ε 为防热层表面辐射系数；$\sigma = 5.67 \times 10^{-8}$ 为斯忒藩—玻尔兹曼常数，W/（$m^2 \cdot K^4$）。

根据《航天空气动力学》，选取随壁温及静压变化的壁焓公式为

$$h_w = \begin{cases} 0.796\,329T_w, & \text{当 } 170K < T_w < 1\,748K \\ 78.418\,7\exp[3.178(T_w/1\,748)^a], & \text{当 } T_w \geqslant 1\,748K \end{cases}$$

$$a = \frac{1}{2.41 + 7.096\,37 \times 10^{-2}\ln\left(\dfrac{p_e}{101\,325}\right)} \tag{6-2}$$

其中，p_e 为表面大气温度。

从式中看出，热壁热流是通过冷壁热流、壁面温度和气体焓值几个变量计算出来的。且在飞行弹道确定的情况下，冷壁热流和气体焓值可以看做飞行时间的函数，可以通过计算得出较为准确的结果。

6.1.3.2　热壁热流模拟方法

实际情况中，每个时刻的热载荷取决于上一时刻的壁面温度以及热输入，所以在考虑实际热输入时需要考虑上一时刻的热输出，分析流程见图 6－9。

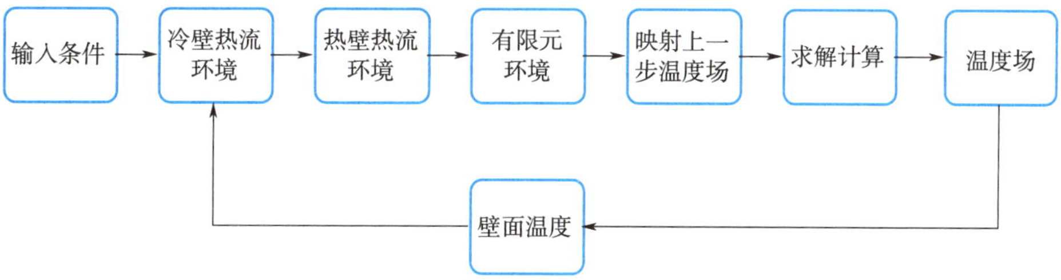

图 6－9　热壁热流模拟方法

6.1.3.3　壁面结构传热分析

本书基于有限元分析软件 Abaqus 和 Fortran 程序实现热环境下运载火箭壁面结构的传热分析。通过给定的初始温度场、冷壁热流条件以及气体恢复温度，经过 Fortran 程序编程，得到热壁热流密度作为冷壁热流密度的修正；再将热壁热流密度作为载荷边界条件，通过 Abaqus 软件输出得到下一时刻温度场，进而进行传热分析。Abaqus 软件和 Fortran 程序联合使用如图 6－10 所示，迭代方法如图 6－11 所示。

6.1.3.4　壁面温度分布计算

在实际情况中，为研究壁面的热防护、耐热和强度等特性，必须知道沿壁厚的温度分布。根据厚壁分层原则，我们可以简化防热模型，把防热涂层分为 j 层，壳段蒙皮分为 $N-j$ 层，其中第 j 层为跨界面层，每层厚度为 $\Delta\delta$，以其中心点的温度代表该层温度。

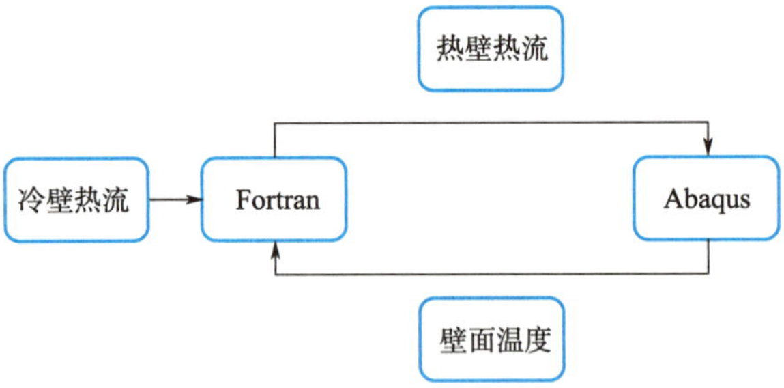

图 6-10　Abaqus/Fortran 联合使用示意图

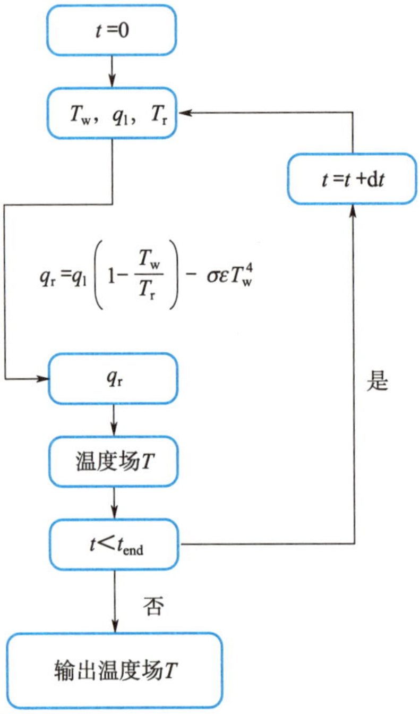

图 6-11　迭代过程示意图

在第 j 层，n 时刻与下一时刻 $n+1$ 的温度关系为

$$T_{j,n+1}=2\frac{\lambda}{c\rho}\frac{\Delta t}{\Delta\delta^{2}}\frac{T_{j+1,n}+T_{j-1,n}}{2}\left(2\frac{\lambda}{c\rho}\frac{\Delta t}{\Delta\delta^{2}}-1\right)T_{j,n} \tag{6-3}$$

由此条件可以得知沿壁厚的温度分布情况。

6.1.4　防热设计准则

1）防热设计应依据运载火箭飞行期间的热环境条件，并在设计时考虑 1.2 的安全裕度进行计算，确保运载火箭在整个飞行过程中内部温度控制在允许范围内。

2）防热系统需要保证被防护结构的气动状态符合设计要求。

3）在设计允许范围内，防热材料的质量要尽可能轻。

6.2　结构热试验

结构热试验是为解决飞行器跨声速后出现热障问题而发展起来的一种地面模拟方法，该方法通过地面等效模拟飞行热环境和气动载荷，对防热材料或飞行器结构件模型进行加热试验，考察材料及模型热响应特性以及隔热性能。利用电弧风洞和高功率辐射加热设备可开展热防护设计与校核。

6.2.1　电弧风洞

电弧风洞是目前开展防热材料烧蚀考核试验的重要设备之一。其工作原理是利用电弧加热器对气体加热产生高温高压气流，经过喷管膨胀加速，在喷管出口获得几千甚至上万摄氏度的高速气流，用于模拟超高速飞行器前方的压缩气体对飞行器的加热过程，从而为飞行器防热设计提供试验数据支撑[17]。

国外大型电弧加热装置主要设在美国、俄罗斯、法国等几个国家，电弧加热器主要有片状电弧加热器、管状电弧加热器和磁旋式电弧加热器 3 种。美国国家航空航天局 Ames 研究中心的 60 MW 航天飞机干扰加热装置与阿德诺工程发展中心（AEDC）的 50MW H2 与 68MW H3 电弧风洞如图 6－12、图 6－13 所示[17]。

图 6－12　美国 Ames 研究中心 60 MW 航天飞机干扰加热设备

国内电弧风洞主要集中在中国空气动力研究与发展中心和中国天空气动力技术研究院。中国空气动力研究与发展中心电弧风洞设备如图 6－14 所示，采用电弧等离子体加热，主要用于高超声速飞行器材料及局部热结构考核试验与研究。

图 6－13　美国阿德诺工程发展中心 H3 电弧加热器

图 6－14　中国空气动力研究与发展中心 20MW 级电弧风洞（FD－15）

6.2.2　辐射加热法

结构热试验辐射加热模拟手段主要依靠高加热率辐射加热设备，大体分 3 类：太阳炉、电弧炉、石英灯与石墨加热元件的电加热器[15]（见图 6－15）。美国某些设备的热试验能力如表 6－1 所示[15]。

表 6－1　美国某些设备的热试验能力

序号	设备	加热元件	最大加热率/(W·cm^{-2})	其他
1	波音热模拟设备 KENT W A98031	XENON 电弧灯	4393.2，每灯 7 kW～35 kW，共 4 灯	在 500 mm^2 内均匀度为 15%
2	DANDIA 太阳炉 KIRTIAND AFB N M87185	太阳炉	418.4	试验面积 1.52×0.6 m^2
3	SANDIA 辐射加热设备 KENT WA98031	石英灯	238.5	—
4	SANDIA 辐射加热设备 KENT WA98031	石墨加热元件	468.6，重复使用时 397.5	工作温度 3 300～3 800 K 吸收率 0.94
5	TRI SERVICE 热冲击试验 WRIGHT PATTERSON AFB OH 45433	石英灯	230.1	—

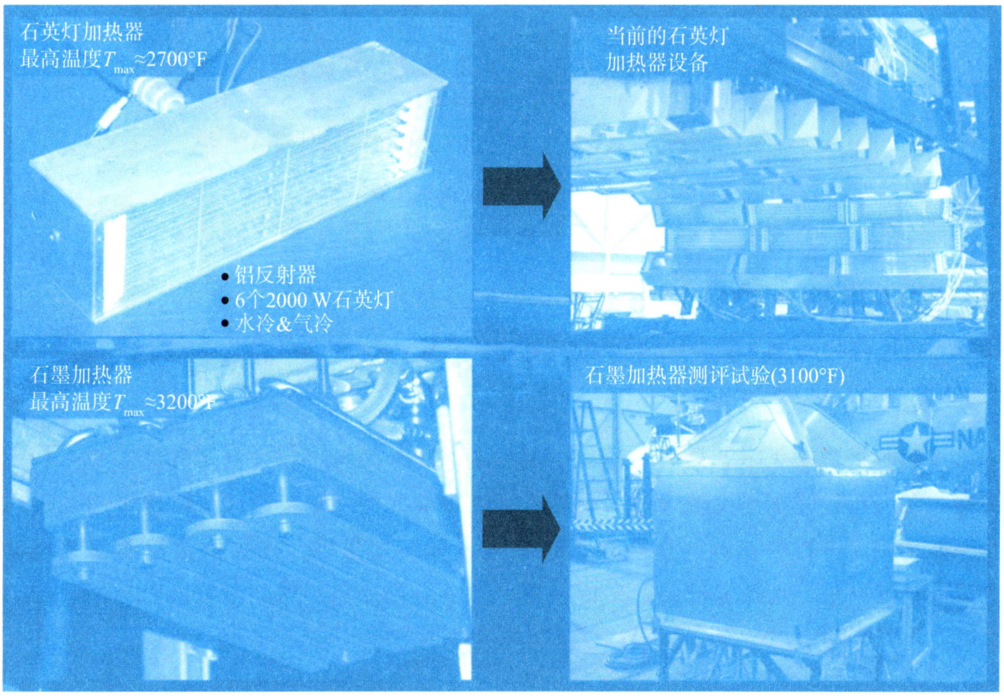

图 6－15　石英灯

高功率石英灯加热装置（见图 6－16）作为基础加热元件，具有热惯性小、加热能力强、加热时间长、便于控制和组装、可按要求定制、价格低廉等诸多优点，成为热试验广泛应用的辐射加热方法。当前，美国国家航空航天局德赖登飞行研究中心（NASA Dryden）、美国国家航空航天局兰利研究中心（NASA Langley）、美国空军研究实验室（AFRL）以及德国工业设备管理公司（IABG）均将石英灯辐射加热作为气动加热环境模拟的主要手段。

图 6-16　石英灯加热装置

6.3　防热设计与校核经典案例

6.3.1　概述

以某运载火箭端头帽（见图 6-17）防热设计为例，火箭端头帽是气动驻点，位于火箭头部，在飞行过程中受到较大的气动热的影响，本案例中端头帽球缺结构采用 10mm 层压酚醛玻璃钢复合材料结构，主要包括端头帽本体、加强框、加强横梁以及对接框 4 部分，可满足大外压、大热流载荷的环境要求。

图 6-17　某运载火箭端头帽示意图

6.3.2　设计要求

端头帽防热结构应能够适应运载火箭飞行过程中的热环境条件，且质量要轻，同时要保证被防护结构的气动状态符合设计要求。

6.3.3　材料性能

本案例中的端头帽材质为酚醛玻璃钢复合材料，热物性参数如表 6－2 所示。

防热材料选用一种硅橡胶基防热涂层，主要以耐烧蚀、耐高温硅橡胶为骨架成膜物，以低密度隔热材料为主要填料加工而成。本产品形成涂层后，主要特点是导热率低，热稳定性好，较高温度条件下界面强度高，主要利用低热传导特性阻隔和减缓外界热量向内部传入。与其他类型的防热涂层相比具有热导率低、密度低、介电性能好等优点。防热涂层热物性参数如表 6－2 所示。

表 6－2　所用材料的热物性参数

序号	材料名称	密度/(kg/m^3)	热导率/[W/(m·K)]	比热/[J/(kg·K)]
1	酚醛玻璃钢	1 700	0.59	1 130
2	硅橡胶基防热涂层	500	0.15	1 500

6.3.4　输入条件

热环境是热防护研究的出发点，本案例依据气动专业提供的端头帽表面气动加热数据及局部热环境条件进行防热设计，热环境条件如图 6－18、图 6－19 所示。

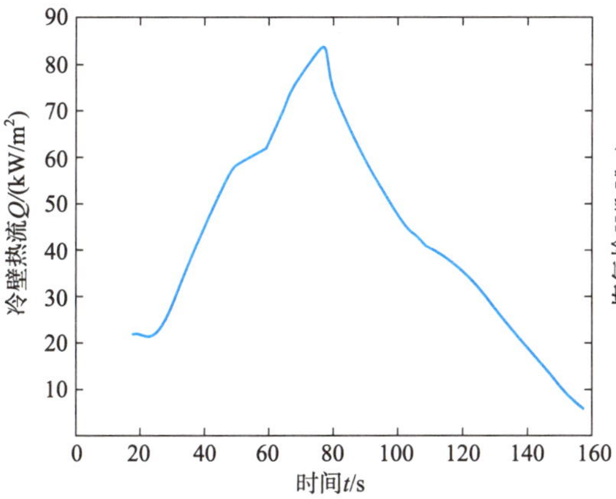

图 6－18　热流密度曲线

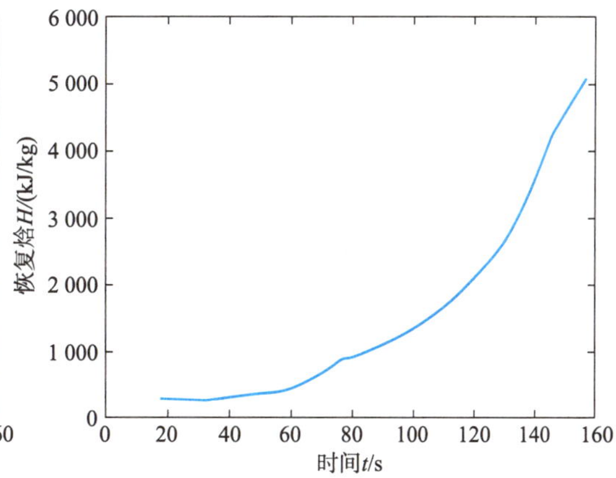

图 6－19　随飞行弹道的恢复焓

6.3.5　有限元仿真

有限元方法是计算气动热力学的主体，因其在固体力学、流体力学领域中表现出来的广泛适应性，以及计算网格划分的灵活性，特别适合于计算界面随时间变化的复杂外形的气体热结构耦合问题。后文将基于具体案例介绍 Abaqus 软件处理防热问题的具体思路。

6.3.5.1 有限元模型组成

运载火箭飞行期间整流罩的工作环境十分恶劣，温度高、热流密度大、冲刷严重，端头帽位于整流罩头部，工作环境极为严酷，因此端头帽的防热特性研究是运载火箭结构设计的重要部分。端头帽防热仿真的有限元模型主要包括端头帽本体结构、端头帽纵向加强框、端头帽横向加强梁、端头帽-整流罩对接框 4 部分组成，如图 6－20 所示。网格类型采用 DC3D20 单元，并选择二次几何级数，能减少计算量。新建端头帽有限元模型时，须设置壁面绝对零度以及斯忒藩-玻尔兹曼常数；在瞬态热分析中，材料属性设置材料的密度、热导率、比热 3 项；再将 Fortran 程序中迭代的热壁热流密度作为载荷边界条件，通过 Abaqus 软件输出得到下一时刻温度场进行传热分析。

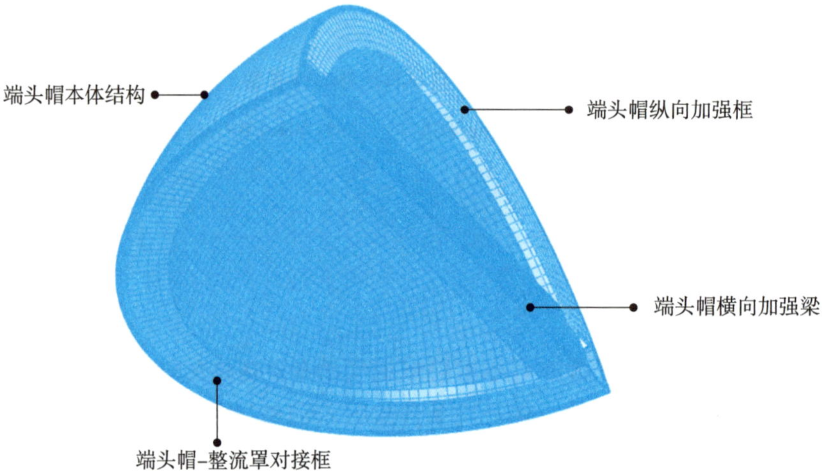

图 6－20 端头帽有限元模型

6.3.5.2 相互作用关系

本模型的约束关系为绑定约束（Tie），主要用于端头帽本体与加强框、对接框的连接。

6.3.5.3 载荷边界建立

本模型的边界条件为给外壁面加载热流条件，通过 Load→Create→Thermal→Surface heat flux 加载用户定义的热壁热流条件。通过 Predefined Field→Create→Other→Temperature 设定初始温度场 25 ℃。

6.3.5.4 仿真设置

仿真采用瞬态热分析（Step→Create→Heat transfer），时间周期（Time period）为 153s 。设置 Incrementation 类型为 Automatic，Increment size Maximum 为 153，Max. allowable temperature change per increment 可设置为 40。

6.3.5.5 仿真结果

端头帽防热仿真结果如图 6－21 所示。

图 6－21　端头帽温度分布（见彩页）

在后续处理中可以得到端头帽在热环境下的温度分布，并提取最外层和最内层壁面温度，得到温度随时间变化的曲线（Visualization→Tools→Create XY Data→ ODB field output，Unique Nodal，TEMP）如图 6－22 所示。从图中可以看出，端头帽内壁面温度满足设计要求。

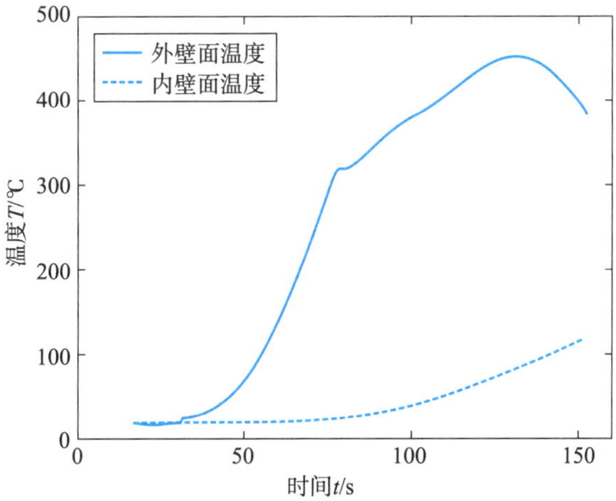

图 6－22　温度-时间曲线

6.3.6　Fortran 子程序

```
    SUBROUTINE
DFLUX (FLUX, SOL, KSTEP, KINC, TIME, NOEL, NPT, COORDS, 1 JLTYP,
TEMP, PRESS, SNAME)
C
        INCLUDE'ABA_PARAM.INC'
C
        DIMENSION FLUX (2), TIME (2), COORDS (3), AA (296, 4)
        CHARACTER * 80 SNAME
```

```
        REAL
TOTAL _ TIME，NINCS，hw，a，r，e，rQR，rHQ，rPe，TIME1，TIME2，
BMtemp，hv !
        NINCS=296
        r=5.67*10**-11
        e=0.8
        TOTAL_TIME=145.5
        AA (1，1:4) = (/0.1，21.9，295.9，79895.6/)
  ……（略，详见光盘）
        AA (296，1:4) = (/147.5，2.8，5329.7，0.0/)
C
        IF (TIME (2) .LE. TOTAL_TIME) THEN
          DO I=1，NINCS-1
            TIME1=AA (I，1)
            TIME2=AA (I+1，1)
            IF (TIME (2) .GE. TIME1 .AND. TIME (2) .LE. TIME2) THEN
            rQR=AA (I，2)
            rHQ=AA (I，3)
            rPe=AA (I，4)
            BMtemp=SOL+273.15
            a=1/ (2.41+7.09637* (10**-2) *alog (rPe/101325) )
            IF (BMtemp. GE. 170 .AND. BMtemp .LE. 1748) THEN
            hw=0.796329*BMtemp**1.041 ! kJ/Kg
            ELSEIF (BMtemp .GT. 1748) THEN
            hw= (73.178*exp (3.178* (BMtemp/1748) **a) ) ! kJ/Kg
              ENDIF
            JLTYP=0
            FLUX (1) =rQR* (1-hw/rHQ) -r*e*BMtemp**4
            RETURN
            END IF
          END DO
        ELSEIF (TIME (2) .GT. TOTAL_TIME) THEN
          FLUX (1) =0
          RETURN
        ENDIF
```

6.3.7　小结

本节基于实例介绍了防热有限元分析建模过程，基于该模型可完成不同热环境条件的瞬态热仿真，并优化箭体不同部位的防热设计情况。

6.4　防热设计评述

气动热力学和热防护的诞生和发展是飞行器和航天器研制工作直接推动的。高速空气绕过飞行器表面，由于气体黏性的阻滞作用，会使飞行器表面的温度有明显的提高，气动加热问题成为飞行器气动和结构设计必须考虑的一个问题。

现有主流火箭的防热方式多采用烧蚀式热防护涂层。国外可重复使用火箭的二级在完成有效载荷分离后将再入大气层，结构要经历严重的气动加热，为了顺利完成回收任务，保证结构的温度控制在可允许的范围内，需要采用可靠的热防护系统。可重复使用航天器的热防护系统多采用被动防热结构，这种结构能够保证在热烧蚀环境下不发生相变和质量损失，有的甚至还可以起到承载的作用，但这类热防护系统的最大缺点是最高可承受温度有限。研究表明，目前金属可重复使用热防护系统的最高使用温度仅 1 093 ℃。因此，各国致力于研究抗烧蚀能力强、密度低的非金属热防护系统。

随着运载火箭高效轻质化要求的不断提高，以及防热理念、防热材料技术与工艺的发展，越来越多的新型防隔热材料进入工程应用阶段。高效轻质新型防热材料得到更多应用，但需特别注意其工艺适应性。防热设计与先进轻质材料、先进制造技术的紧密结合，共同推动着结构轻质、高效目标实现。

目前，我国运载火箭防热设计对高性能复合材料的研发和应用水平与工程要求还存在一定差距，防热涂层的性能还不能满足未来高速飞行器热防护需求。防热材料的综合性能提升、研究疏导式防热技术、突破现有防热材料研究的短板、开发新型的高性能防热涂层材料显得尤为重要。

参考文献

[1] 邢亚娟，孙波，高坤，等．航天飞行器热防护系统及防热材料研究现状［J］．宇航材料工艺，2018，48（4）：9－15.

[2] 姜贵庆，刘连元．高速气流传热与烧蚀热防护［M］．北京：国防工业出版社，2003.

[3] 杨昌昊，董彦芝．我国深空探测领域防热材料的进展与需求［J］．宇航材料工艺，2021，51（5）：26－33.

[4] 杨强，解维华，彭祖军，等．热防护设计分析技术发展中的新概念与新趋势［J］．航空学报，2015，36（9）：2981－2991.

[5] 闫长海，孟松鹤，陈贵清，等．金属热防护系统隔热材料的发展与现状［J］．导弹与航天运载技术，2006（4）：48－52.

[6] 冯志海，师建军，孔磊，等．航天飞行器热防护系统低密度烧蚀防热材料研究进展［J］．材料工程，2020，48（8）：14－24.

[7] 朱召贤，朱小飞，黄洪勇，等．低密度树脂基防热材料研究进展［J］．中国材料进展，2019，38（11）：1086－1092.

[8] 黄竑翔，王峰，贺智勇，等．飞行器用防热材料的研究进展［J］．硅酸盐通报，2021，40（2）：638－644.

[9] 方洲，梁馨，邓火英，等．蜂窝增强低密度硅基烧蚀防热材料性能［J］．宇航材料工艺，2021（5）：79－83.

[10] 梁馨，方洲，邓火英，等．空间探测烧蚀防热材料应用及趋势［J］．宇航材料工艺，2021，51（5）：34－40.

[11] 尹凯军，王志瑾．可重复使用飞行器陶瓷瓦热防护系统尺寸优化分析［J］．飞机设计，2011，31（3）：24－27.

[12] 马忠辉．可重复使用运载器热防护系统性能分析研究［D］．西安：西北工业大学，2004.

[13] 王智勇，巨亚堂，黄世勇．结构热试验中冷壁热流边界模拟方法研究［J］．航天器环境工程，2008（1）：33－35，2.

[14] 钟媛，张伟，尹兰，等．结构瞬态热流及喷射热流热辐射仿真技术研究［J］．强度与环境，2021，48（5）：58－64.

[15] 王乐善，王庆盛．结构热试验技术的新发展［J］．导弹与航天运载技术，2000（2）：7－13.

[16] 李翔，傅波．高超声速飞行器复杂结构热试验技术［J］．航空学报，2016（S1）：73－79.

[17] 张志刚．高超声速飞行器热防护系统设计方法［D］．哈尔滨：哈尔滨工业大学，2014.

[18] 张伟，张正平，李海波，等．高超声速飞行器结构热试验技术进展［J］．强度与环境，2011，38（1）：1－8.

[19] 张友华，陈连忠．电弧风洞上的翼前缘烧蚀试验（英文）［J］．宇航材料工艺，2011，41（2）：124－127.

本章作者：闫家琪，马　静

第 7 章 堆叠卫星低频振动分析

7.1 概述

2021 年 1 月，美国 SpaceX 公司利用猎鹰 9 号运载火箭完成“一箭 143 星”的发射，成为世界上发射“一箭多星”数量最多卫星的发射任务[1]。将 10 颗隶属于星链（Starlink）计划的卫星和 133 颗微小卫星送入极地轨道。Starlink 计划是美国 SpaceX 公司正在构建的非对地静止轨道（NGSO）卫星系统（见图 7 - 1），由 2 个子星座以及相关的地面控制设施、网关地球站和用户地球站组成，未来将由近 12 000 颗卫星构成的巨型星座提供覆盖全球的高速互联网接入服务[2]。

图 7 - 1　Starlink 系统

与传统卫星不同，Starlink 卫星（见图 7－2）是 SpaceX 公司基于星箭一体化设计实现的一种标准化的堆叠式卫星。单星质量约为 260 kg，Starlink 卫星携带一块太阳能电池板，该太阳能电池板在发射时可折叠起来，形成一块平板结构，多个平板结构卫星通过紧凑的堆叠即可实现整流罩空间的高效利用。卫星在轨释放后，将通过以氪为工质的霍尔推进器进行推进、轨道维持、离轨等操作，内置的导航系统可实现自动避撞。当 Starlink 卫星在轨寿命到期时，可自动离轨，坠入大气层并燃尽。

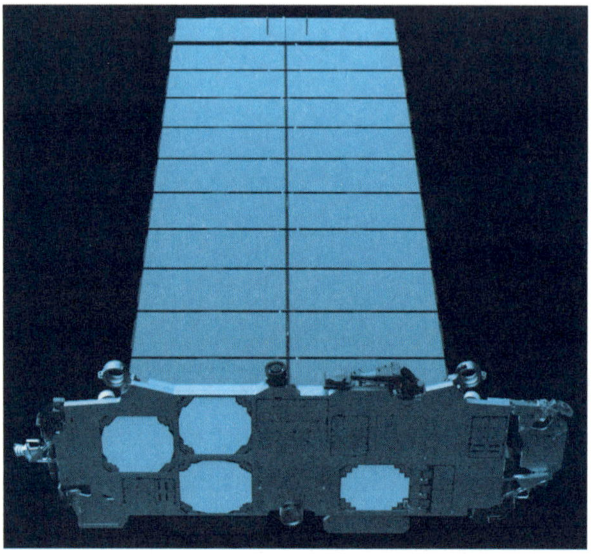

图 7－2　Starlink 卫星

7.2　堆叠卫星结构设计方案

7.2.1　Starlink 卫星堆叠方式

Starlink 堆叠卫星技术原理是[3]：将平板结构卫星分为左右两堆，每堆各 30 颗卫星。单颗卫星的平面如图 7－3 所示。其中，A、B、C 分别为 3 个圆环垂直承力支柱，用于卫星的堆叠并作为卫星的承力结构。其中，A 支柱高度最高，B、C 的高度为 A 的一半。两堆卫星通过承力支柱交错堆叠在一起，完成堆叠后，单个卫星的承力支柱可组成一个长的承力支柱。

Starlink 卫星框架仅需承载卫星自身的质量，因此可以由成本相对较低且强度稍弱的材料支撑。而承力支柱则需要支撑安装在其上的卫星以及位于其上方的所有卫星的质量，因此需要由高强度材料制成。堆叠卫星之间的连接主要通过承力支柱实现，承力支柱基本上承受了其本身和所有上方卫星的垂直载荷。

每一个长的承力支柱都配备有一个锁紧拉杆，它由两根长杆和长杆间的连接结构组成。锁紧拉杆末端插入解锁机构。通过锁紧拉杆前端的锁紧螺母可对整个堆栈进行张紧，以保证整体刚度（见图 7－4）。

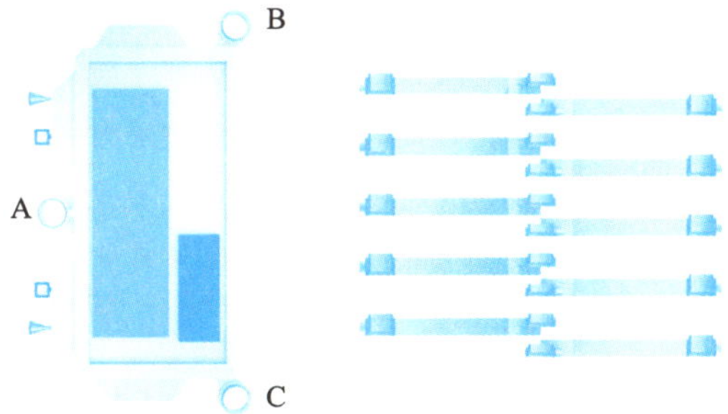

图 7 - 3　Starlink 卫星堆叠方式

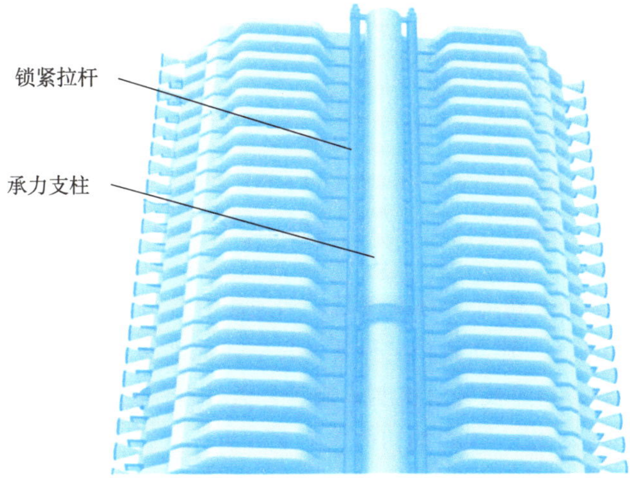

图 7 - 4　Starlink 卫星压紧方式

星箭分离时，4 根锁紧拉杆顶端解锁，通过分离装置驱动根部 4 根锁紧拉杆向侧后方旋抛分离。

7.2.2　星箭分离运动分析

在 Starlink 卫星与火箭分离前，如图 7 - 5 所示，末级箭体已经到达（或即将接近）用于部署卫星的位置。该部署位置可以在卫星的预定轨道平面或轨道路径附近处。末级箭体开始绕其质心旋转。

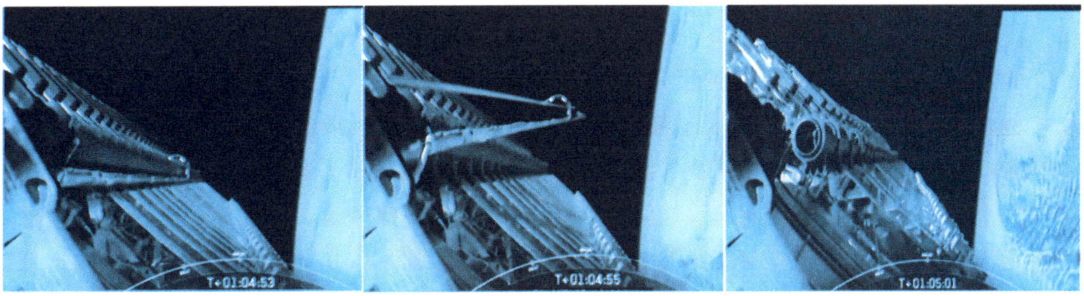

图 7 - 5　卫星分离过程

堆叠平板卫星在与火箭分离时，如图 7－6 所示，在 T_0 时刻，箭体通过末修控制系统控制箭体在俯仰或者偏航方向上的稳态旋转。在 T_1 时刻，箭体通过解锁堆叠卫星锁紧装置释放卫星。在稳态旋转角速度作用下堆叠的卫星会逐渐离开箭体，卫星在分离过程中利用转动惯性差形成远端卫星与近端卫星线速度不同，使得卫星自然彼此分离[5-6]。

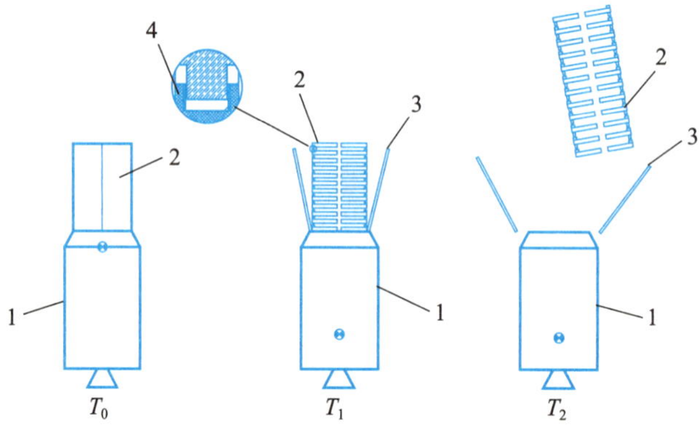

图 7－6　堆叠卫星释放过程

1—箭体；2—堆叠卫星；3—锁紧拉杆；4—承力柱嵌套关系

堆叠平板卫星旋抛分离动力学的原理是：加速组合体在任意空间平面内作俯仰（偏航）转动，如图 7－7 所示，建立旋转坐标系，其中转动轴 Z 过组合体质心并垂直纸面向外。在释放过程，箭体以稳态旋转角速度 ω 旋转，假设在任意时刻 t，任意第 n 层卫星距离箭体质心的转动半径为 R_n。卫星的切向速度 V_{Tn} 为

$$V_{Tn}(t)=\omega R_n(t) \tag{7-1}$$

在旋转分离过程中，由于星间的承力柱相互嵌套，任意时刻均存在绕转动轴的切向圆周运动，第 n 层卫星和第 $n-1$ 层卫星之间的相对转轴的径向加速度 $A_{Rn}(t)$ 为

$$A_{Rn}(t)=R_n(t)\omega^2-R_{n-1}(t)\omega^2 \tag{7-2}$$

进一步，在堆叠卫星彼此分离的时刻 T 的径向分离速度 V_{Rn} 和星间的承力柱嵌套行程 L 为

$$V_{Rn}(T)=\int_0^T A_{Rn}(t)\mathrm{d}t \tag{7-3}$$

$$L(T)=\int_0^T V_{Rn}(t)\mathrm{d}t \tag{7-4}$$

此外，卫星还存在转动角速度 ω_n。

这种方式改变了以往每颗卫星都需要分离适配器的方式，节省了质量和空间。卫星在 440 km 高度处分离，然后通过霍尔推进器提升到 550 km 轨道，耗时需要几天时间。分离释放过程中，在干扰外力作用下，卫星之间存在潜在的碰撞风险，但在设计卫星时已考虑这种轻微的碰撞。实际上，Starlink 卫星的释放速度很缓慢，卫星间相互碰撞的影响远低于火箭飞行过程中的力学环境影响。在卫星发射的过程中，要经历复杂的力学环境，包括

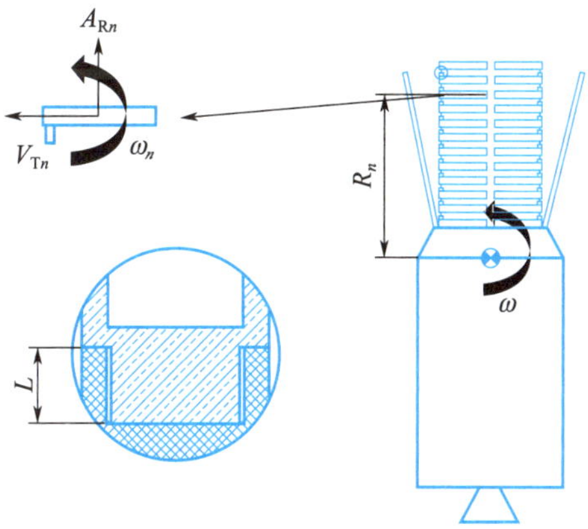

组合体质心(旋转轴Z在该点垂直纸面向外)

图 7-7　堆叠平板卫星分离运动示意图

振动、噪声和冲击，其中由发动机启动关机、级间分离和推力脉动引起的低频振动环境对卫星会产生恶劣的影响。因此，卫星在地面试验中往往要开展低频振动试验对卫星进行考核。

本章节详细介绍了堆叠卫星在发射过程中所经历的振动环境，激励和响应激励，及试验方法，并以 60 星堆叠卫星为实例介绍基于 Abaqus 软件开展模态分析和振动响应分析的方法。

7.3　卫星低频振动环境载荷分析

7.3.1　概述

火箭发射过程中，卫星受到的低频振动环境主要来源是起飞以及各级发动机点火、关机等动作引起的振动，此外液体运载火箭所特有的飞行器结构与液体推进剂、贮箱及供应系统在燃烧室压力和推动力脉动变化下相互作用而产生的纵向自激 POGO 振动[5]。主要集中在低频阶段，范围大致为 5～100 Hz。根据这些飞行数据来确定环境振级。

7.3.2　星箭耦合分析

通过考虑火箭本身的结构特性对卫星低频振动环境的影响，进而正确预测发射飞行过程中卫星承受的振动载荷是火箭和卫星在研制阶段的重要工作[6]。首先建立火箭和卫星的总体动力学方程

$$\boldsymbol{M}\ddot{\boldsymbol{X}}(t)+\boldsymbol{C}\dot{\boldsymbol{X}}(t)+\boldsymbol{K}\boldsymbol{X}(t)=\boldsymbol{F}(t) \tag{7-5}$$

式中，$\boldsymbol{M}$ 为星箭整体动力学模型质量阵；$\ddot{\boldsymbol{X}}$ 为星箭整体动力学模型加速度矢量；$\boldsymbol{C}$ 为星箭整体动力学模型阻尼阵；$\dot{\boldsymbol{X}}$ 为星箭整体动力学模型速度矢量；$\boldsymbol{X}$ 为星箭整体动力学模型位移矢量；$\boldsymbol{K}$ 为星箭整体动力学模型刚度阵；$\boldsymbol{F}$ 为星箭整体动力学模型外力矢量（火箭起飞、

关机和分离等时刻的发动机推力曲线数据等）。

对式（7－5）进行坐标变换得到模态空间解耦的方程

$$\ddot{\boldsymbol{\eta}}(t)+\boldsymbol{\Phi}^{\mathrm{T}}\boldsymbol{C}\boldsymbol{\Phi}\dot{\boldsymbol{\eta}}(t)+\boldsymbol{\Lambda}\boldsymbol{\eta}(t)=\tilde{\boldsymbol{f}}(t) \tag{7-6}$$

$$\ddot{\eta}_i(t)+2\xi_i\omega_i\dot{\eta}_i(t)+\omega_i^2\eta_i(t)=\tilde{f}_i(t) \tag{7-7}$$

式中，$\ddot{\boldsymbol{\eta}}(t)$ 为模态坐标加速度自由度；

$\boldsymbol{\Phi}$ 为坐标变换矩阵，$\boldsymbol{\Phi}=[\phi^{(1)},\ \phi^{(2)},\ \cdots,\ \phi^{(n)}]$，$\boldsymbol{\Phi}^{\mathrm{T}}\boldsymbol{M}\boldsymbol{\Phi}=\boldsymbol{I}$，$\boldsymbol{\Phi}^{\mathrm{T}}\boldsymbol{K}\boldsymbol{\Phi}=\boldsymbol{\Lambda}$；

$\boldsymbol{\Phi}^{\mathrm{T}}\boldsymbol{C}\boldsymbol{\Phi}$ 为对角化后阻尼阵，$\boldsymbol{\Phi}^{\mathrm{T}}\boldsymbol{C}\boldsymbol{\Phi}=\begin{bmatrix}2\xi_1\omega_1 & & & \\ & 2\xi_2\omega_2 & & \\ & & \ddots & \\ & & & 2\xi_n\omega_n\end{bmatrix}$；

$\boldsymbol{\Lambda}$ 为对角化后刚度阵，$\boldsymbol{\Lambda}=\begin{bmatrix}\omega_1^2 & & & \\ & \omega_2^2 & & \\ & & \ddots & \\ & & & \omega_n^2\end{bmatrix}$；

$\tilde{\boldsymbol{f}}(t)$ 为模态力 $\tilde{\boldsymbol{f}}(t)=\boldsymbol{\Phi}F(x)$，$\tilde{\boldsymbol{f}}(t)=[\tilde{f}_1(t),\ \tilde{f}_2(t),\ \cdots,\ \tilde{f}_n(t)]$；

ξ_i 为第 i 阶模态的模态阻尼比，一般选取为 0.01；

ω_i 为第 i 阶模态的圆频率；

$\dot{\boldsymbol{\eta}}(t)$ 为模态坐标速度自由度；

$\boldsymbol{\eta}(t)$ 为模态坐标位移自由度，$\boldsymbol{X}(t)=\boldsymbol{\Phi}\boldsymbol{\eta}(t)$，$\boldsymbol{\eta}=[\eta_1,\ \eta_2,\ \cdots,\ \eta_n]^{\mathrm{T}}$；

i 为模态阶数，$i=1,\ 2,\ \cdots,\ n$；

n 为选取的模态总阶数，一般选取星箭整体模型 150 Hz 以内的所有模态计算；

$\tilde{f}_i(t)$ 为第 i 阶模态的模态力。

采用 Duhamel 积分逐步求解解耦后的运动方程

$$\begin{aligned}\eta_i^j=&\mathrm{e}^{-\xi_i\omega_i\Delta t_j}\left[\eta_i^{j-1}\cos\omega_{\mathrm{d}i}\Delta t_j+\frac{\dot{\eta}_i^{j-1}+\xi_i\omega_i\eta_i^{j-1}}{\omega_{\mathrm{d}i}}\sin\omega_{\mathrm{d}i}\Delta t_j\right]+\\&\frac{\tilde{f}_i^j}{\omega_i^2}\left\{1-\mathrm{e}^{-\xi_i\omega_i\Delta t_j}\left[\cos\omega_{\mathrm{d}i}\Delta t_j+\frac{\xi_i\omega_i}{\omega_{\mathrm{d}i}}\sin\omega_{\mathrm{d}i}\Delta t_j\right]\right\}\end{aligned} \tag{7-8}$$

$$\begin{aligned}\dot{\eta}_i^j=&\omega_{\mathrm{d}i}\mathrm{e}^{-\xi_i\omega_i\Delta t_j}\left[-\eta_{0i}^{j-1}\sin\omega_{\mathrm{d}i}\Delta t_j+\frac{\dot{\eta}_i^{j-1}+\xi_i\omega_i\eta_i^{j-1}}{\omega_{\mathrm{d}i}}\cos\omega_{\mathrm{d}i}\Delta t_j-\right.\\&\left.\frac{\xi_i\omega_i}{\omega_{\mathrm{d}i}}\left(\eta_{0i}^{j-1}\cos\omega_{\mathrm{d}i}\Delta t_j+\frac{\dot{\eta}_i^{j-1}+\xi_i\omega_i\eta_i^{j-1}}{\omega_{\mathrm{d}i}}\sin\omega_{\mathrm{d}i}\Delta t_j\right)\right]+\\&\frac{\tilde{f}_i^j\omega_{\mathrm{d}i}}{\omega_i^2}\mathrm{e}^{-\xi_i\omega_i\Delta t_j}\left(1+\frac{\xi_i^2\omega_i^2}{\omega_{\mathrm{d}i}^2}\right)\sin\omega_{\mathrm{d}i}\Delta t_j\end{aligned} \tag{7-9}$$

$$\ddot{\eta}_i^j=\tilde{f}_i^j-2\xi_i\omega_i\dot{\eta}_i^j-\omega_i^2\eta_i^j \tag{7-10}$$

式中，η_i^j 为第 j 时间步的广义位移；η_i^{j-1} 为第 $j-1$ 时间步的广义位移；$\Delta t_j=t_j-t_{j-1}$ 为第 j

时间步的积分步长，一般为 0.001 s；ω_{di} 为有阻尼系统固有频率，$\omega_{di}=\omega_i\sqrt{1-\xi_i^2}$；$\tilde{f}_i^j$ 为 Δt_j 中点所对应的广义力值。

分析计算的总时长应涵盖模型在某一工况下响应最大值的时间段。实施反变换即可得到所求的原物理坐标下的位移、速度、加速度响应

$$\boldsymbol{X}(t)=\boldsymbol{\Phi\eta}(t)=\phi^{(1)}\eta_1(t)+\phi^{(2)}\eta_2(t)+\cdots+\phi^{(n)}\eta_n(t) \tag{7-11}$$

$$\dot{\boldsymbol{X}}(t)=\boldsymbol{\Phi}\dot{\boldsymbol{\eta}}(t) \tag{7-12}$$

$$\ddot{\boldsymbol{X}}(t)=\boldsymbol{\Phi}\ddot{\boldsymbol{\eta}}(t) \tag{7-13}$$

进一步，由分离体结构动力学方程可求解截面内力

$$\bar{\boldsymbol{F}}(t)=\bar{\boldsymbol{M}}\ddot{\bar{\boldsymbol{X}}}(t)+\bar{\boldsymbol{C}}\dot{\bar{\boldsymbol{X}}}(t)+\bar{\boldsymbol{K}}\bar{\boldsymbol{X}}(t) \tag{7-14}$$

$$\boldsymbol{F}_{\text{in}}(t)=\bar{\boldsymbol{F}}(t)-\boldsymbol{F}_{\text{out}}(t) \tag{7-15}$$

式中，$\bar{\boldsymbol{F}}$ 为分离体外力矢量，包括截面内力矢量与原星箭整体外力矢量；$\bar{\boldsymbol{M}}$ 为分离体模型质量阵；$\ddot{\bar{\boldsymbol{X}}}$ 为分离体响应自由度加速度矢量；$\dot{\bar{\boldsymbol{X}}}$ 为分离体响应自由度速度矢量；$\bar{\boldsymbol{X}}$ 为分离体响应自由度位移矢量；$\bar{\boldsymbol{C}}$ 为分离体模型阻尼阵；$\bar{\boldsymbol{K}}$ 为分离体模型刚度阵；$\boldsymbol{F}_{\text{in}}$ 为截面内力矢量；$\boldsymbol{F}_{\text{out}}$ 为原星箭整体模型中作用于分离体的外力矢量。

通过上述步骤，得出卫星在火箭发射飞行过程中的典型动作时刻受到的载荷、位移、加速度的时域信息，为进行地面正弦振动试验需转换为频域试验条件。

7.3.3　星箭耦合分析瞬态响应工程处理方法

运载火箭在发动机点火、关机、级间分离、星箭分离过程中受阻尼作用，系统响应迅速衰减，是典型的瞬态响应系统。直接通过传统的傅里叶变换无法得到合理的幅值特性。工程上主要利用冲击响应谱变换方法得到正弦振动等效频谱，即首先计算加速度的冲击响应谱，再除以稳态放大系数 Q[7-8]。基本原理如下所述。

对于单自由度系统，在激励作用下的振动方程为

$$m\ddot{y}(t)+c[\dot{y}(t)-\dot{x}(t)]+k[y(t)-x(t)]=0 \tag{7-16}$$

式中，m 为弹簧振子的质量；c 为弹簧振子的阻尼；k 为弹簧振子的刚度；$y(t)$ 为弹簧振子的绝对位移；$x(t)$ 为基础绝对位移。

设系统固有圆频率 $\omega=\sqrt{\dfrac{k}{m}}$，阻尼比 $\xi=\dfrac{c}{2\sqrt{km}}$，相对位移 $z(t)=y(t)-x(t)$，则有

$$\ddot{z}(t)+2\xi\omega_n\dot{z}(t)+\omega_n^2 z(t)=-\ddot{x}(t) \tag{7-17}$$

若给定加速度基础激励 $\ddot{x}(t)$，则求解式（7-17）的微分方程可以得到 $z(t)$ 和 $\dot{z}(t)$，其中

$$z(t)=\mathrm{e}^{-\xi\omega_n t}\left\{z_0\left[\cos(\omega_d t)+\frac{\xi}{\sqrt{1-\xi^2}}\sin(\omega_d t)\right]+\frac{\dot{z}_0}{\omega_d}\cdot\sin(\omega_d t)\right\}$$

$$-\frac{1}{\omega_{\mathrm{d}}}\int_{0}^{t}x(\tau)\mathrm{e}^{-\xi\omega_{n}(t-\tau)}\sin[\omega_{\mathrm{d}}(t-\tau)]\mathrm{d}\tau \tag{7-18}$$

式中，z_0 和 $\dot{z}_0$ 分别为初始相对位移和初始相对速度；阻尼圆频率 $\omega_{\mathrm{d}}=\omega_n\sqrt{1-\xi^2}$ 。

进而可求得弹簧振子的绝对加速度

$$\ddot{y}(t)=\ddot{x}(t)+\ddot{z}(t)=-2\xi\omega_n\dot{z}(t)-\omega_n^2 z(t) \tag{7-19}$$

式（7-19）表征的是固有圆频率 ω_n 下的加速度响应时间历程曲线。不同的 ω_n 下均可作出一条对应的加速度响应时间历程曲线。在此基础上，求出不同时刻加速度的绝对值最大值，作为对应 ω_n 的冲击响应谱值。即，定义加速度基础激励 $\ddot{x}(t)$ 对应的冲击响应谱为

$$S_{\ddot{y},\ddot{x}}(\omega_n)=\max_{t}|\ddot{y}(t;\omega_n)| \tag{7-20}$$

由此可知，冲击响应谱是单自由度系统在给定载荷作用下最大响应随固有频率变化的曲线。对于任意的冲击载荷函数，均可按照上述方法得到不同激励下的响应谱[9]。

进一步，方程（7-17）在稳态基础激励下的频域传递函数为

$$H(\omega)=\frac{\ddot{Y}(\omega)}{\ddot{X}(\omega)}=\frac{1+2j\xi\gamma}{1-\gamma^2+2j\xi\gamma} \tag{7-21}$$

式中，ω 为激励频率；$\gamma=\dfrac{\omega}{\omega_n}$；$\ddot{y}(t)=\mathrm{Re}(\ddot{Y}(\omega)\mathrm{e}^{\mathrm{j}\omega t})$；$\ddot{x}(t)=\mathrm{Re}(\ddot{X}(\omega)\mathrm{e}^{\mathrm{j}\omega t})$ 。

于是

$$|H(\omega)|^2=\frac{1+4\xi^2\kappa}{(1-\kappa)^2+4\xi^2\kappa} \tag{7-22}$$

其中 $\kappa=\gamma^2$ 。

为了求极大值，对式（7-22）右端项关于 κ 求一阶导数，令其为 0，则有

$$\kappa=\frac{1-\sqrt{1+8\xi^2}}{-4\xi^2} \tag{7-23}$$

对式（7-23）的平方根项用泰勒级数展开，略去 ξ^2 的高阶项，则有

$$\kappa=\frac{1-\left[1+\frac{1}{2}(8\xi^2)-\frac{1}{8}(8\xi^2)^2\right]}{-4\xi^2}\approx 1-2\xi^2 \tag{7-24}$$

将式（7-24）代入式（7-22），略去 ξ^2 的高阶项，可求得

$$|H(\omega)|_{\max}^2\approx 1+\frac{1}{4\xi^2}=1+Q^2 \tag{7-25}$$

因 $Q\left(Q=\dfrac{1}{2\xi}\right)$ 通常取值≥10，且当 $|H(\omega)|$ 取最大值时，$\kappa\approx 1$，$\omega\approx\omega_n$ ，故近似得到稳态放大系数的计算式

$$\frac{|\ddot{Y}(\omega)|_{\max}}{|\ddot{X}(\omega)|}\approx|H(\omega_n)|\approx Q \tag{7-26}$$

依据式（7-26），工程上定义 $\ddot{x}(t)$ 的等效频谱为

$$S_{\ddot{x},\ddot{x}}(\omega_n)=\frac{S_{\ddot{y},\ddot{x}}(\omega_n)}{Q} \tag{7-27}$$

7.4　卫星低频振动考核方法

7.4.1　概述

卫星在火箭发射升空过程中将面临复杂的低频振动环境问题。工程上将其转化为正弦扫频的试验条件，并在地面试验中对卫星进行考核，以此评估卫星能否承受住飞行过程中各种外力引起的振动环境。主要的考核方法是通过振动台对卫星开展低频正弦扫频振动试验。

正弦扫频振动试验的频率随时间变化且振动量级是频率的函数，根据频率变化的类型分为线性扫频和对数扫频[10]。线性扫频频率变化是线性的，常用单位是 Hz/min，线性扫频主要用于寻找共振频率的试验；对数扫频频率变化按对数变化，扫描率常用的是 oct/min，oct 是倍频程，倍频程是指若上限频率 f_2 与下限频率 f_1 之比等于 2 的 n 次方，则称 f_2 是 f_1 的 n 次倍频程。对数扫频一般应用于产品振动频响的检查或在找不到危险频率时考核其耐振能力。

试验激振频率 f 、试验时间 t 和扫描速率 β 的关系在线性扫频中表示为 $\frac{\mathrm{d}f}{\mathrm{d}t}=\beta$（常数），在对数扫频中表示为 $\frac{\mathrm{d}(\ln f)}{\mathrm{d}t}=\beta$（常数）。

设扫频信号的初始频率为 f_0 ，起始时间记为 t_0 ，可得线性扫频试验的实时频率和时间的关系为

$$f(t)=f_0+\beta(t-t_0) \tag{7-28}$$

对数扫频试验的实时频率和时间的关系为

$$f(t)=f_0\times \mathrm{e}^{\beta(t-t_0)} \tag{7-29}$$

若取 $\beta=k\times\ln 2$，则可得到工程中常用的倍频程表示形式

$$f(t)=f_0\times 2^{k(t-t_0)} \tag{7-30}$$

式中，k 为倍频程扫描速率。

7.4.2　卫星低频振动试验“带谷”技术

在地面试验中，因卫星边界条件与实际飞行存在差异，会导致地面试验时卫星固有频率处存在过试验现象。为了解决天地差异性导致的过试验，一般在试验过程中采用“带谷”技术。常用“带谷”技术方法有：程序“带谷”法、限幅法。

程序“带谷”法是对激振输入振级预先降低振动输入条件，避免过试验。限幅法是基于卫星振动特性的位置传感器的反馈的响应信号限制振动激励信号，避免过试验。在实际工程中，通常采用两种方法联合开展[11]试验。

7.4.3 正弦振动试验频谱分析方法

正弦振动试验地面数据采集系统通过 COLA 信号得到振动台的实时激振频率。振动响应幅值谱的计算方法主要有绝对峰值法、平均值峰值法、有效值峰值法和滤波方式峰值法。除绝对峰值法外，其他 3 种方法都有一定的滤波效果；滤波方式峰值法的分析速度快，处理结果曲线平滑，并且可以获得相位信息，是工程中常用的分析方法[12]。

滤波方式峰值法将正弦振动信号表示为

$$a(t)=a_c\cos(\omega_1 t)+a_s\sin(\omega_1 t) \tag{7-31}$$

式中，a_c 和 a_s 分别为振动信号余弦和正弦三角函数分量的幅值；$\omega_1=2\pi f_1$，信号基频 f_1 对应振动台的激振频率，信号的振幅为

$$A(\omega_1)=\sqrt{a_c^2+a_s^2} \tag{7-32}$$

将式（7-32）进行离散化

$$\begin{bmatrix} a(T_s) \\ \vdots \\ a(iT_s) \\ \vdots \\ a(nT_s) \end{bmatrix}=\begin{bmatrix} \cos(\omega_1 T_s) & \sin(\omega_1 T_s) \\ \vdots & \vdots \\ \cos(i\omega_1 T_s) & \sin(i\omega_1 T_s) \\ \vdots & \vdots \\ \cos(n\omega_1 T_s) & \sin(n\omega_1 T_s) \end{bmatrix}\cdot\begin{bmatrix} a_c \\ a_s \end{bmatrix} \tag{7-33}$$

式中，n 为数据块中的数据个数；T_s 为采样周期。

试验时一般设置设备的采样频率远高于振动试验频率上限。设备在 1 个激励信号周期内可采集到足够多的数据，然后通过最小二乘法和式（7-33）得到 a_c 和 a_s 的精确估计值，从而计算出信号幅值 $A(\omega_1)$。

7.5 堆叠卫星低频振动分析案例

7.5.1 概述

以 60 星堆叠卫星（见图 7-8）为对象进行分析，单片卫星总质量 260 kg，堆叠式卫星为片状，分为左右两堆，每堆各 30 颗卫星。单颗卫星的平面示意图如图 7-3 所示。其中，A、B、C 分别为 3 个圆环垂直承力支柱，用于卫星的堆叠并作为卫星的承力结构。其中，A 支柱高度最高，B、C 的高度为 A 的一半。两堆卫星通过承力支柱交错堆叠在一起，堆叠后单个卫星的承力支柱组成一个长的承力支柱。每个承力支柱由两根锁紧拉杆压紧，螺栓预紧力为 20 000 N。卫星的主体结构采用铝合金，锁紧拉杆采用钛合金结构，材料属性见表 7-1。

针对堆叠卫星模型开展低频振动分析，获取整星在 5～100 Hz 正弦振动激励作用下的响应。其中，正弦振动输入激励如表 7-2 所示。

表 7－1　堆叠卫星材料属性

序号	部件名称	材料	密度/(kg/m³)	弹性模量/GPa	泊松比
1	主体结构	2A12	2 700	70	0.3
2	承力支柱	2A12	2 700	70	0.3
3	拉紧拉杆	钛合金	4 510	118	0.33
4	压紧螺栓	30CrMnSiA	7 890	210	0.3

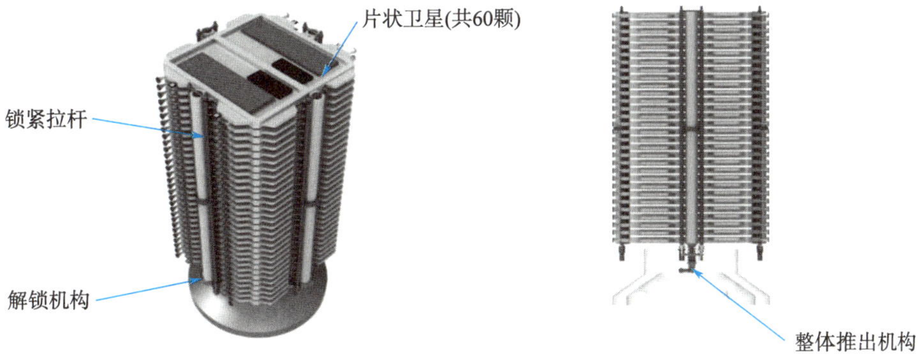

图 7－8　堆叠卫星模型

表 7－2　正弦振动

频率/Hz	正弦扫描振动加速度
5～10	2 mm
10～100	1g

7.5.2　分析难点

动力学有限元建模的主要难点在于连接刚度的正确描述，堆叠卫星动力学分析的难度在于卫星间的连接建模。如图 7－9 所示，堆叠卫星通过卫星上承力柱堆叠嵌套在一起，由锁紧拉杆配合压紧螺栓将卫星连接在一起。原理上，压紧螺栓的预紧力对连接刚度是有影响的，在设计初期，应考虑不同预紧力对卫星之间的连接刚度的影响，可基于瞬态动力学分析方法开展有限元分析，分析时考虑卫星承力柱之间的接触和预紧力等因素，通过瞬态动力学的方式获取响应。但在工程上开展非线性的瞬态动力学分析的应用难度较大，存在计算时间长、验证困难等缺点。更合理的方式是在传统动力学方法的基础之上，根据卫星和压紧组件装置的结构设计方案，建立卫星动力学模型并开展模态试验，并基于不同预紧力下的堆叠多星组合体模态试验结果，验证并修正堆叠多星组合体动力学模型，最终突破堆叠式卫星动力学建模技术。在此本文给出传统卫星动力学建模方法，该方法主要基于线性动力学分析，获取主模态特征和响应，其中卫星承力柱之间的连接简化为等位移。实际工程中，可基于模态试验结果修正卫星承力柱之间的连接刚度，获得更准确的动力学模型。

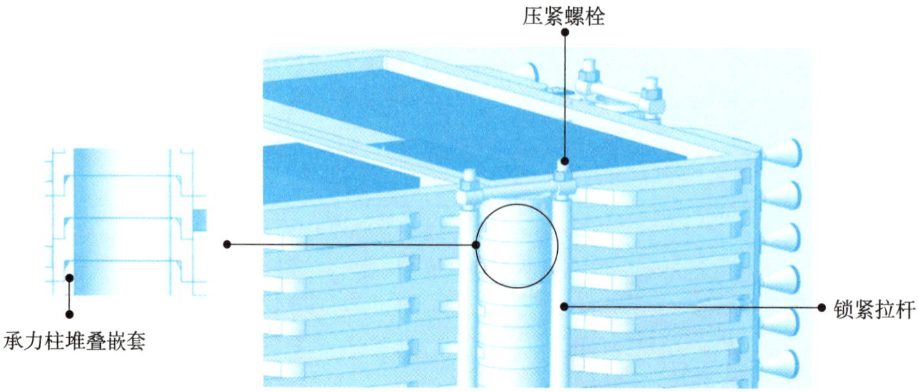

图 7-9　堆叠卫星的连接建模

7.5.3　仿真建模

将堆叠卫星结构进行简化（见图 7-10），其中卫星简化为壳单元（S4R），厚度为等效壁厚。锁紧拉杆为梁单元（B31），通过截面属性赋予截面特性。如前所述，卫星承力柱在锁紧拉杆的作用下认为是彼此锁紧的，可将承力柱简化为一个壳单元（S4R），卫星和承力柱之间通过绑定约束实现连接，锁紧拉杆通过 MPC 和连接单元实现与承力柱的连接，在进行模态分析前，可以给锁紧拉杆施加预紧力，用于锁紧拉杆在预紧力作用下的模态。全模型的网格总数为 41 695。

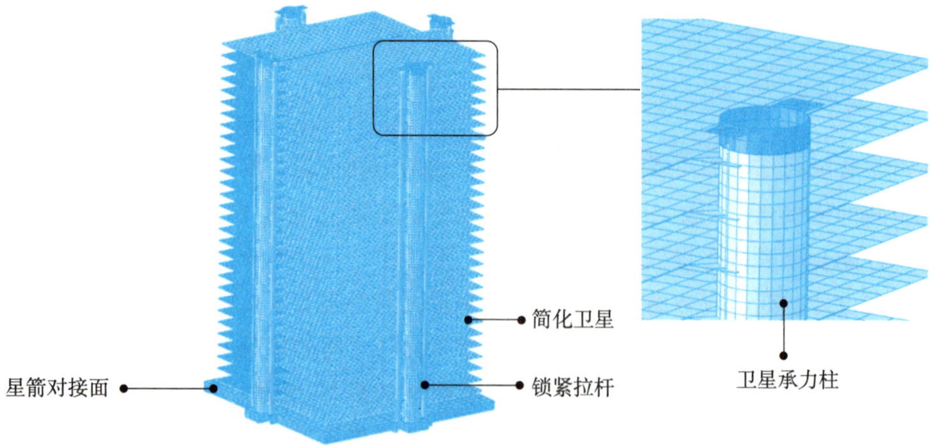

图 7-10　简化卫星模型

7.5.4　分析步设置

开展带预应力的正弦振动分析需要设置 3 个分析步：

第一个分析步（Step - 1）设置静力分析（Static，General），实现预应力加载；

第二个分析步（Step - 2）开展模态分析（Frequency），正弦振动条件加载上限为 100 Hz，为准确获取振动响应，模态提取应该提高至分析频率上限的 $\sqrt{2}$ 倍以上，为此提取 150 Hz 以内的模态参数；

第三个分析步（Step - 3）开展稳态动力学分析（Steady - state dynamics，Modal），设置模型的临界阻尼为 0.03 并在场输出中定义输出节点的总加速度（TA，Total acceleration），在该分析步下，应在卫星适配器位置测出加载正弦加速度激励，并获取卫星的振动加速度响应。

7.5.5　相互作用关系设置

堆叠卫星模型相互作用关系比较简单，主要包括 3 种类型，第一种是绑定约束（Tie），第二种是耦合约束（Coupling），第三种连接单元（Connector）。如图 7 - 11 所示，绑定约束主要包括卫星和承力柱之间的连接；耦合约束主要包括卫星适配器底部参考点和适配器底部之间的耦合连接、锁紧拉杆与承力柱之间的耦合连接；连接单元主要用来模拟压紧螺栓。

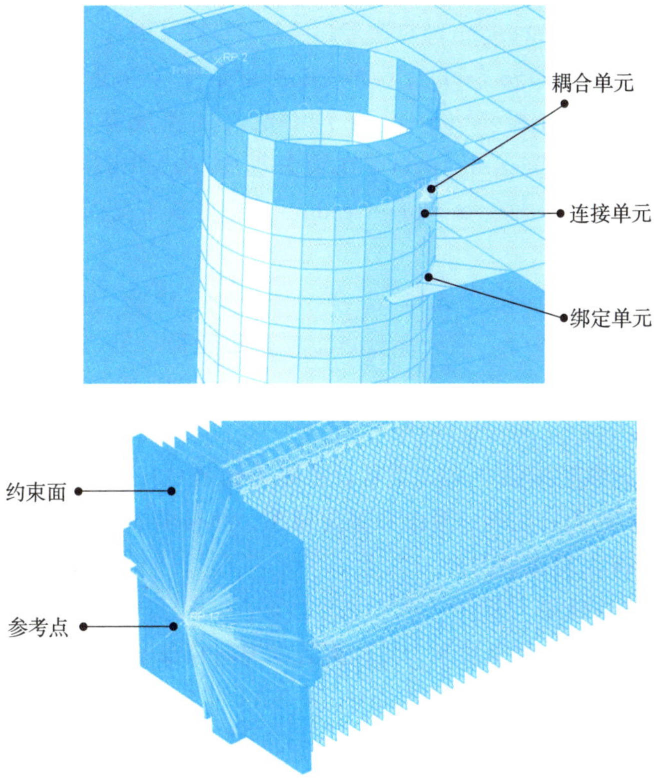

图 7 - 11　堆叠卫星主要相互作用关系

7.5.6 载荷与边界设置

(1) 载荷设置

在第一个分析步（Step－1）设置静力分析（Static，General）。对锁紧拉杆和承力柱下之间的连接单元施加连接单元力－20 000 N（Load→Mechanical→Connector force）（见图 7－12）。并继承（Propagated）至 Step－2 和 Step－3。

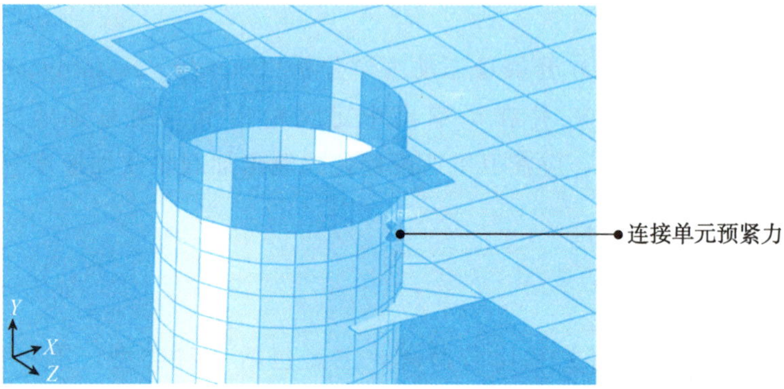

图 7－12 连接单元预紧力

(2) 边界设置

如图 7－12 所示在卫星适配器底部的参考点上定义初始位移边界条件（Load→BC→Create→Mechanical→Displacement，勾选 U1，U2，U3，UR1，UR2，UR3），并继承至 Step－3。在此基础上定义如表 7－2 所示的正弦振动条件（Tools→Amplitude→Tabular，Amp－1），并在第三个分析步（Step－3）中定义加速度基础运动（BC→Create→Mechanical→Acceleration base motion），在设置框中 Amplitude 选择设置为 Amp－1，Amplitude scale factor＝1。Degree－of－freedom 根据分析工况依次选 U1，U2，U3。

7.5.7 仿真结果

分析结果主要关注 2 部分，第一部分是主要模态特征，第二部分是正弦振动的响应情况。

(1) 模态分析

堆叠卫星前两阶模态如图 7－13 所示，主要为锁紧拉杆的局部模态。在 100 Hz 内，其中，整体的主要模态包括扭转、弯曲和纵向模态。扭转模态见图 7－14，弯曲模态见图 7－15 和图 7－16，纵向模态见图 7－17。

(2) 正弦振动响应结果

提取图 7－18 所示最上层卫星承力支柱附近的卫星顶部响应输出点和卫星底部输出点（Tools→XY Data→Create→ODB field output→TA，TA1/TA2/TA3），得到 3 个方向响应结果如图 7－19～图 7－21 所示。

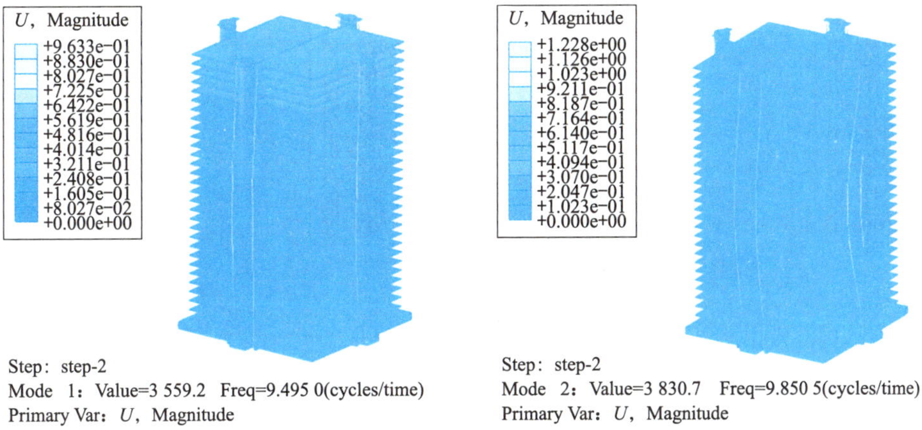

(a) 一阶模态9.495 Hz　　(b) 二阶模态9.850 5 Hz

图 7－13　第一、第二阶模态（见彩页）

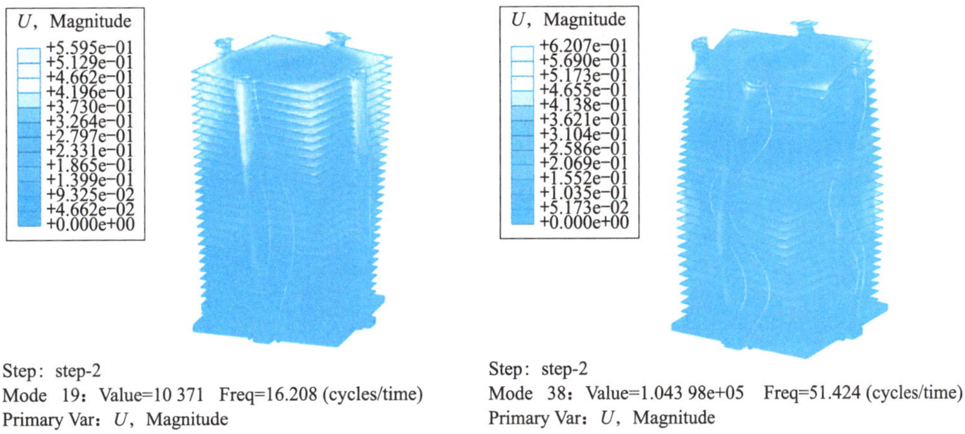

(a) 一阶扭转模态16.208 Hz　　(b) 二阶扭转模态51.424 Hz

图 7－14　整体扭转模态（见彩页）

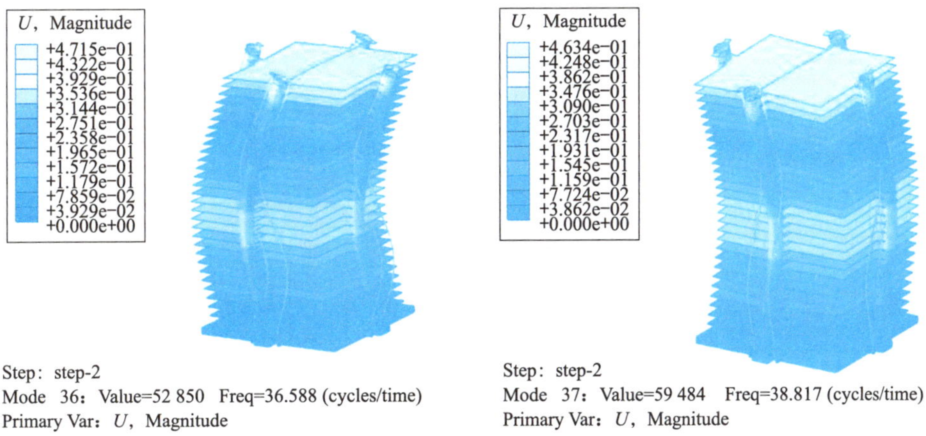

(a) 整体Z向一阶弯曲模态36.588 Hz　　(b) 整体X向一阶弯曲模态38.817 Hz

图 7－15　整体一阶弯曲模态（见彩页）

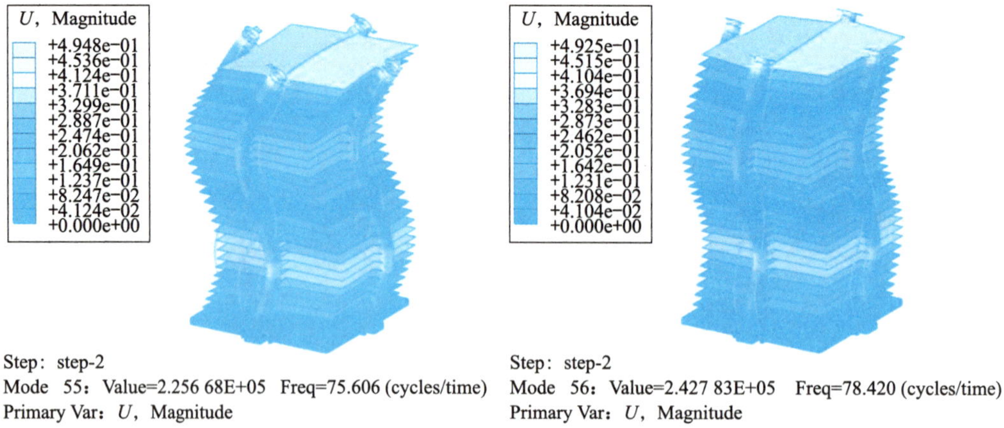

(a) 整体X向二阶弯曲模态75.606 Hz　　(b) 整体Z向二阶弯曲模态78.420 Hz

图 7-16　整体二阶弯曲模态（见彩页）

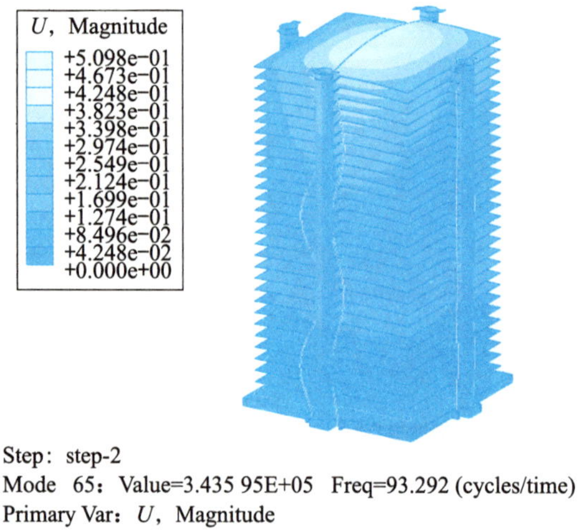

图 7-17　整体一阶纵向模态 93.292 Hz（见彩页）

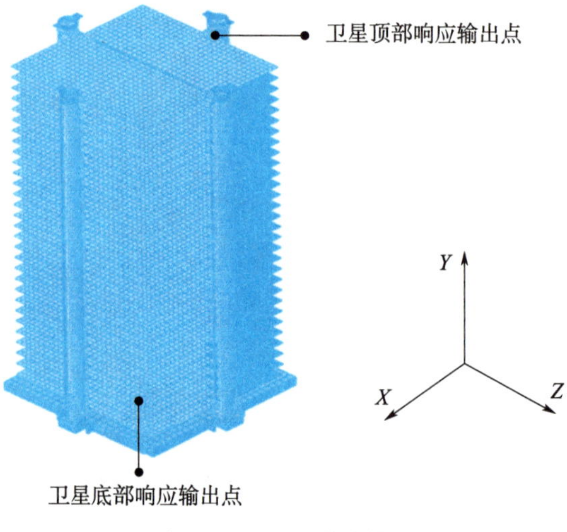

图 7-18　正弦响应结果

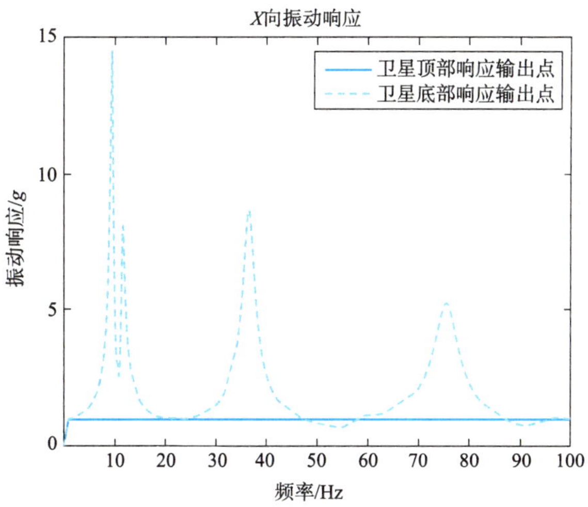

图 7 - 19　X 向振动响应

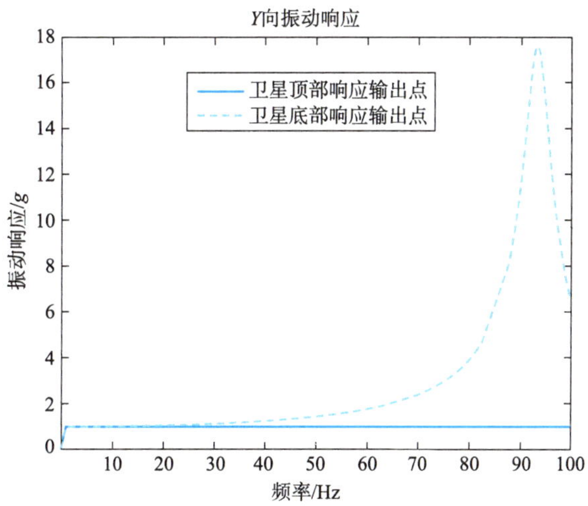

图 7 - 20　Y 向振动响应

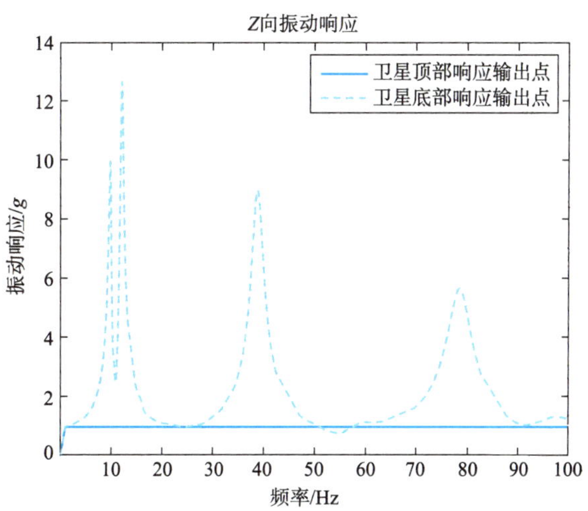

图 7 - 21　Z 向振动响应

7.6 堆叠卫星设计评述

平板堆叠卫星分离是一种模式上的创新，在应用上，各卫星族的轨道倾角、回归周期、交错关系可按需灵活设计和组合，使用较少数量的卫星可实现相同或更好的地面覆盖性能。在轨道任务上，满足 LEO、SSO 不同轨道面发射任务，卫星族设计易于统一。轨道高度相近的卫星空间运行环境较为一致，卫星设计易于统一，批产成本易于降低。在发射应用方面，箭内空间利用率高。采用一体化分离机构，分层堆叠排列卫星，相比于传统筒形卫星适配器壁挂卫星的方式，充分利用了整流罩内的空间。该模式星箭电气接口充分简化。取消星箭间的供电包带，利用低成本真空检测装置实现卫星供配电系统的自主激活，降低了射前卫星测试组装的成本和复杂性，也降低了多星分离相互干扰的风险，多星分离碰撞风险小，不使用分离机构，靠微小速度差动式分离卫星，降低了多星分离碰撞的风险。在设计理念和思想上，是一种哲学的理念的提升，将地面高速通信网络映射至空间，不是基于传统低轨通信星座方案进行量的累加，而是更多考虑星座覆盖性能的确定性、轨道申请的可行性、设计成本的最小化、网络运行的简单化、服务对象的多样性等因素，放弃传统星座构型技术理论，面向解决巨型低轨通信星座的服务效果、经济成本、轨道资源、运行管理等实际问题进行新型星座构型设计。顶层设计抛弃传统轨道设计技术、面向实效进行技术创新的理念值得推广。

堆叠式卫星的发射离不开运载火箭出色的运载能力和低廉的成本，运载火箭的技术水平和商业化运用处于加速发展中，但尚未激发服务于一箭 18 星、36 星、72 星、108 星发射的技术革新。卫星堆叠放置、星箭电气接口简化、多星被动式分离的设计理念也注定会引领我国低轨星座发射的模式。

参考文献

[1] 李侃. SpaceX 公司“一箭 143 星”任务分析 [J]. 国际太空，2021 (2)：14-17.

[2] 李博.“星链”星座近期动向分析 [J]. 国际太空，2019 (12)：4-7.

[3] 陈牧野，牟宇，周宁，等. “星链”堆叠式卫星连接与分离技术及应用 [J]. 国际太空，2022 (4)：24-28.

[4] 菲尔德 D W，阿斯基吉安 A，格罗斯曼 J，等. 可堆叠卫星和其堆叠方法：CN107889482B [P]. 2021.

[5] 马兴瑞，韩增尧，等. 卫星与运载火箭力学环境分析方法及试验技术 [M]. 北京：科学出版社，2014：190-192.

[6] 马兴瑞，韩增尧，邹元杰，等. 航天器力学环境分析与条件设计研究进展 [J]. 宇航学报，2012，33 (1)：1-12.

[7] 邹元杰，朱卫红，刘绍奎，等. 基于冲击响应谱变换的星箭力学环境等效频谱影响因素分析 [J]. 航天器环境工程，2021，38 (6)：609 - 614.

[8] WIJKER J. Mechanical vibrations in spacecraft design [M] . Berlin：Springer Verlag，2004：33 - 34.

[9] Mechanical vibration and shock：signal processing：Part Shock response spectrum analysis：ISO 18431 - 4 [S]. 2007：7 - 8.

[10] 高强，吴艳红，栾金择，等. 正弦扫频速率对结构响应的影响分析 [J] . 航天器环境工程，2020，37 (3)：250 - 257.

[11] 三津间秀彦，李春茹 . 大型卫星的振动试验 [J] . 国外导弹技术，1985 (10)：67 - 72.

[12] 王营营，白杨，徐晓辉，等. 正弦扫频振动试验结构响应的高精度频谱分析方法 [J] . 航天器环境工程，2020，37 (6)：552 - 560.

本章作者：王英诚，张志博

第 8 章 栅格舵展开力学特性分析

8.1 概述

长久以来，运载工具一次性使用的特点是航天发射成本居高不下的一个重要原因，发展可重复使用的运载器是人类建立低成本、高敏捷天地往返系统的必经之路，准确可靠的栅格舵是实现火箭子级稳定控制飞行和垂直定点回收的基础和前提。舱段返回进入大气层时，每个栅格舵可独立完成俯仰和偏摆动作，并根据指令调整角度，调整姿态，气流通过作用在舵面上产生不同大小、不同方向的推力，改变返回舱段的气动特性，以控制并稳定舱段的姿态与轨迹，从而实现“落区范围缩小至原来的 85%以上”的目的。

猎鹰 9 号采用垂直起降方案，在箭身安装 4 个折叠的可展开式栅格舵。在火箭上升段，栅格舵折叠并紧贴箭体外壁以减小附加的气动阻力，降低对火箭飞行的影响；在火箭回收段，栅格舵展开并通过传动机构控制栅格舵转动进行气动控制，以此提高箭体的稳定性，实现对箭体轨迹和姿态的有效控制[1]。这种方案结构简单、易操控，可以通过动力重分配确保回收成功着陆，如图 8-1 所示。

图 8-1　猎鹰 9 号运载火箭的栅格舵

8.1.1　栅格舵系统组成

典型的栅格舵系统主要由栅格舵、分离解锁机构、展开锁紧机构、传动机构等部分组成（见图 8－2）。栅格舵的工作原理为在火箭上升段栅格舵紧贴于箭体表面并与箭体紧固连接，在火箭回收再入段分离解锁机构解锁释放栅格舵，在气动力的作用下展开，栅格舵展开到位后与栅格舵转轴锁定固连，并与传动机构连接。最后，通过飞行控制系统驱动伺服系统控制栅格舵绕其转轴转动产生的气动力对箭体姿态进行控制，栅格舵能否根据控制指令准确地偏转关系着火箭的飞行稳定性和机动性等性能[3]。

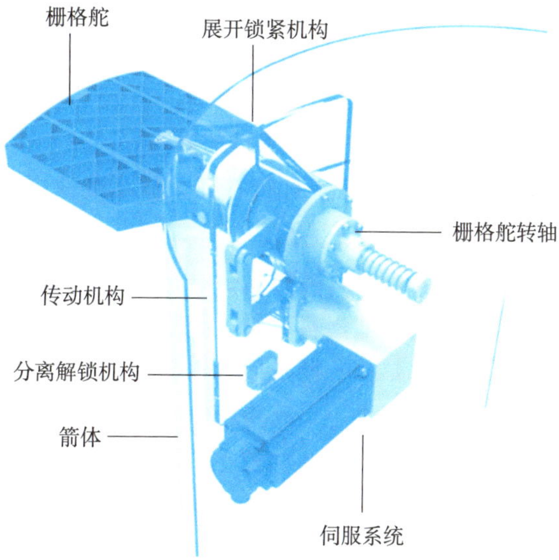

图 8－2　栅格舵组成部分

栅格舵是由多个薄的栅格壁板组成的升力系统[2]，结构是由外部框架和内部栅格布置组成，其基本构型可分为框架式与蜂窝式，蜂窝式又分为正置、斜置和后掠式（如图 8－3 所示），为了降低零升阻力和提高升阻比，运载火箭上多使用斜置式蜂窝网格栅格舵和后掠式蜂窝网格栅格舵。

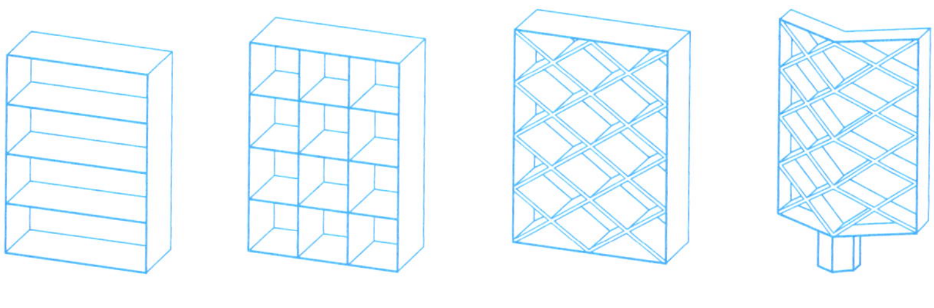

(a) 框架式　(b) 正置蜂窝式　(c) 斜置蜂窝式　(d) 后掠蜂窝式

图 8－3　栅格舵布局形式

传动机构分为机械传动、流体传动、电气传动和复合传动。机械传动是靠机件间的摩擦力传递动力，或者靠主动件与从动件啮合或借助中间件啮合传递动力的啮合传动；流体传动是指利用流体作为工质的一种传动；电气传动指的是用电能转换为机械能的一种传动机构；复合传动指的是上述两种或者两种以上的传动方式组成的传动机构。

8.1.2 栅格舵的气动特性

栅格舵作为一种新型气动控制系统，可折叠安装于箭体上，不增大箭体外形尺寸，在工作前尽量减少引入额外的气动干扰，工作时可以在气动力作用下自动打开，也可以强制打开，在亚声速和高超声速阶段有很好的气动的特性，具体如下：

1）升力特性比较好，不容易失速，在较高的马赫数的超声速气流中以及相同的外形尺寸下，栅格舵的升力面积比传统平板翼面积大很多；

2）压心漂移小，铰链力矩减小，降低对舵机的要求；

3）折叠式可在自身空气动力矩作用下自行打开，栅格舵弦向尺寸小，可以紧贴箭体顶端安装，减小上升段气流的影响，利于存储。

作为一个空间分布的多升力面系统，结构复杂，栅格壁之间存在严重的波系干扰，特别是在跨声速阶段，栅格内部存在流动壅塞现象，导致栅格舵气动特性受来流条件和外形参数影响较大。因此栅格壁厚度、弦长、栅格形状、栅格间距等几何参数对栅格舵的气动效率起主要影响作用。在各种几何参数中，栅格相对间距对栅格舵空气动力学特性的影响最大。栅格相对间距的变化对阻力特性的影响较小，对侧向力的影响较大，减小栅格相对间距可以提高升阻比，同时还需考虑栅格舵外形影响。目前，广泛应用的是如图 8－4 所示的栅格壁与边框呈 45°角的斜置蜂窝栅格舵。

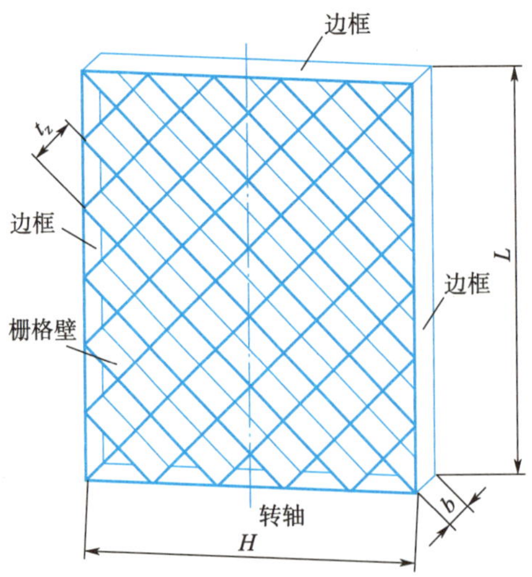

图 8－4　栅格舵几何特征

除了上述主要由气动设计决定的设计要点外，还需重点关注结构设计要素，包括强度设计、刚度设计、局部稳定性设计、整体稳定性设计以及连接结构设计，同时还需要考虑栅格舵在上升的过程中尽量贴合火箭表面，栅格舵与展开机构锁定，舵轴的连接需求以及栅格舵展开过程中避免干涉的要求等。栅格舵舵面的曲率对气动特性基本没有影响，采用弧面设计是为了更好地贴合火箭箭体表面，减小舵轴凸出箭体的距离。本章重点考虑栅格舵气动控制系统展开到位时根部结构能否承受根部的冲击以及舵系统的模态特性，因此在研制过程中，需要通过有限元分析方法分析栅格舵展开过程中结构强度，和增大铰链力矩对展开时间及栅格舵强度的影响，以及舵系统的模态特性。在真实飞行验证之前，需对栅格舵展开过程中的结构强度、刚度等性能指标进行地面等效试验验证。

8.1.3　栅格舵工艺方法

栅格舵具有壁薄、外形复杂、承受高温热流冲刷等特点，宜采用耐高温材料，如钛合金或耐高温树脂基复合材料。考虑到钛合金机械加工难度较大，宜采用增材制造形式的工艺方案，如 3D 打印、粉末冶金、熔模精密铸造及激光焊接等。针对各类工艺方案，从技术难度、工艺难度、产品合格率、成本以及周期各方面进行对比，如表 8-1 所示[4]。

表 8-1　栅格舵制造工艺方案对比

名称	设计难度	工艺难度	合格率	成本	周期
3D 打印	较低，需考虑增材	较高，需考虑成形过程中支撑架的设计与布置	中等，在根部支耳以及支耳与薄壁栅格连接处可能出现因应力释放不足导致的局部结构断裂	适中，需具备大型增材制造加工设备的一次性投入	适中
粉末冶金	低，需考虑适应磨具	适中，需专用模具	较高，后续机加修形	较高，粉末须等热静压，模具复杂	适中
精密铸造	低，需考虑适应磨具	适中，需专用模具	高，需后续机加	低，原材料浪费较少	较短
整体机加	低，可较少考虑工艺	高，机加工序多，容错率低	低，机加过程中应力释放易导致开裂，对操作者技术要求高	高，对高精度工装夹具和高精度数控加工中心的需求高	长
拼焊成形	中等，设计需考虑插接拼焊过程	高，需专用工装夹具，需高精度激光焊设备	中等，需进行工艺摸索和仿真分析，制定适宜的工艺流程和参数	高，需专用的工装夹具和大型激光焊接设备	中等
复合材料	高，需考虑纤维铺设方向、顺序等因素	高，网格交叉处纤维过渡和集中力扩散，连接处设计难度高	高，工艺稳定后成型率较高	高，需专用模具和大型复材成型设备	中等

8.2　栅格舵力学特性分析

8.2.1　栅格舵展开动力学分析

栅格舵在整个飞行过程中需要完成两个动作：栅格舵水平展开和水平旋转。下面对两个动作的动力学分析进行介绍。

（1）栅格舵水平展开动力学

栅格舵由初始紧贴箭壁逐渐转动至水平状态，这部分动作由展开锁定结构带传动机构和伺服机构共同完成，在收到展开指令后在要求时间内可靠展开并锁定到指定角度。由图8－5可知，在展开过程中，栅格舵主要受到气动力、铰链阻尼力、分离弹簧力、轴向过载[5]作用。

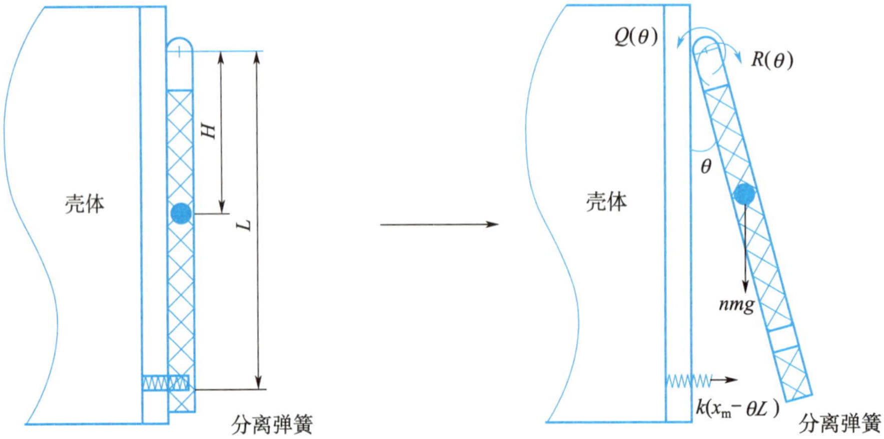

图8－5　栅格舵展开传动原理图

展开过程中，铰链阻尼力矩为设计值，并通过地面试验获取。记为 $R(\theta)$，θ 为栅格舵的展开角度。

分离弹簧力矩由弹簧参数计算得到

$$T(\theta) \approx k(x_m - \theta \cdot L) \cdot L \tag{8-1}$$

式中，k 为弹簧刚度；x_m 为初始压缩量；L 为力臂。

气动力矩由风洞得到，记为 $Q(\theta)$，θ 为栅格舵的展开角度。

飞行过程中，轴向过载产生力矩为 $G(\theta)$，若轴向过载为 n，则有

$$G(\theta) = nmgH\sin\theta \tag{8-2}$$

式中，m 为栅格舵质量；H 为栅格舵质心到转轴的距离[6-7]。

假设栅格舵为刚体，由能量守恒定量可得到栅格舵展开动力学方程组

$$\begin{cases} J\dfrac{\mathrm{d}\omega}{\mathrm{d}t} = Q(\theta) - R(\theta) + T(\theta) + G(\theta) \\ \omega = \dfrac{\mathrm{d}\theta}{\mathrm{d}t} \end{cases} \tag{8-3}$$

于是

$$J\ddot{\theta} - Q(\theta) + R(\theta) - k \cdot (x_m - \theta \cdot L) \cdot L - nmgH\sin\theta = 0 \tag{8-4}$$

式中，J 为栅格舵转动惯量。对式（8－4）进行求解，可求得栅格舵打开角度及角速度随时间的变化情况[8]。

（2）栅格舵水平旋转动力学

栅格舵的另外的动作是对子级姿态进行稳定控制和对落区范围实施控制，由舵轴、平行四边形传动机构和伺服系统共同完成栅格舵俯仰、偏航以及滚控动作，图 8－6 为栅格舵旋转示意图，旋转过程中主要承受气动力和伺服系统的控制力。

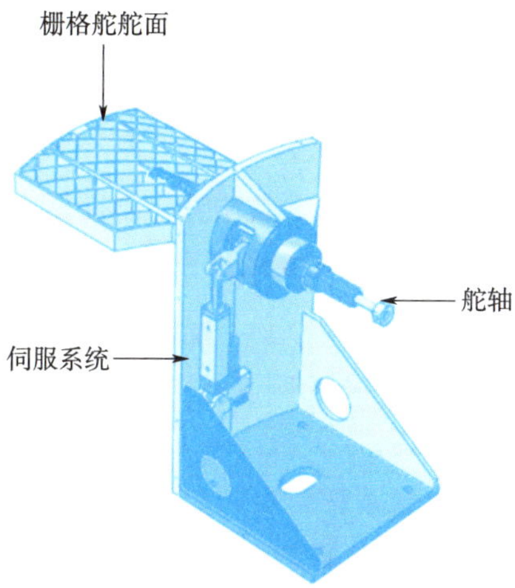

图 8－6　栅格舵水平旋转示意图

根据动力学分析，栅格舵在展开过程受力复杂多变，因此对展开过程进行详细的力学分析。其结构强度、稳定性，及展开过程对结构的冲击等问题需要进一步分析。但是在这过程中不能够实时监控和测试，因此利用有限元分析栅格舵展开过程中支架结构强度、铰链力矩对展开时间及栅格舵强度的影响。利用有限元分析进行强度和动力学曲线校核，能够更好地分析和记录栅格舵在展开过程中的力学特性。

8.2.2　栅格舵根部强度分析

栅格舵的强度校核需要分析栅格舵舵面、栅格舵根部的强度。图 8－7 为栅格舵展开示意图。为了验证栅格舵结构承载能力是否满足设计要求并验证有限元强度分析计算的正确性，只需分析单个栅格舵的强度即可。

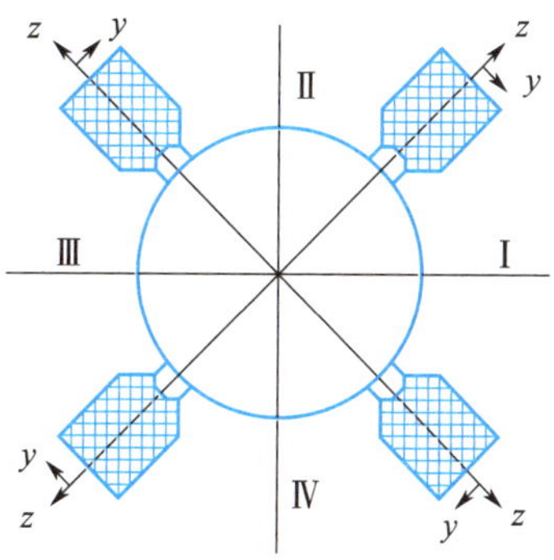

图 8－7　栅格舵展开示意图

单个栅格舵最大应力出现在与箭体连接面的位置处，故根部的最大弯矩和弯曲应力如下

$$M_r = J\frac{\mathrm{d}w}{\mathrm{d}t} \tag{8-5}$$

$$\sigma_y = \frac{M_r z}{I_y} \tag{8-6}$$

8.2.3 栅格舵系统的模态分析

工程实际中栅格舵系统为连续弹性体，其质量与刚度具有分布性质，理论上属于无限个自由度系统，需用连续模型描述[12]，多自由度系统自由振动方程为

$$\boldsymbol{M}\ddot{\boldsymbol{X}} + \boldsymbol{C}\dot{\boldsymbol{X}} + \boldsymbol{K}\boldsymbol{X} = 0 \tag{8-7}$$

式中，$\boldsymbol{M}$ 为质量矩阵；$\boldsymbol{C}$ 为阻尼矩阵；$\boldsymbol{K}$ 为刚度矩阵。单自由度系统自由振动方程简化为

$$m\ddot{x}(t) + c\dot{x}(t) + kx(t) = 0 \tag{8-8}$$

式中，m 为单自由度系统质量；c 为系统阻尼；k 为系统刚度。栅格舵系统各阶模态频率参数与该自由度的结构刚度有关。对于复杂连接结构系统，系统刚度可以计算为

$$\frac{1}{k} = \frac{1}{k_1} + \frac{1}{k_2} + \frac{1}{k_3} + \cdots + \frac{1}{k_n} \tag{8-9}$$

式中，$k_1 \sim k_n$ 表示各零件刚度及零件间接触刚度。

8.2.3.1 栅格舵系统弯曲振动模态

栅格舵系统弯曲振动模态涉及的结构零件较少，主要与栅格舵面本身结构及舵机、舵面连接程度有关，与舵机关系较小。由于舵机安装接口及舵机—舵面接口由总体设计指定，因此，对于栅格舵设计来说，栅格舵系统弯曲振动模态设计较难控。

8.2.3.2 栅格舵系统扭转振动模态

由于电动舵机扭转输出特性，电动舵机结构设计与栅格舵系统扭转模态关系密切。对于旋转输出式电动舵系统，存在舵面扭转自由度，自由扭转振动方程为

$$J\ddot{\theta} + c_\theta\dot{\theta} + k_s\theta = 0 \tag{8-10}$$

式中，J 为系统的惯量，包含电机转子、栅格舵面、舵轴、齿轮相对于舵轴的惯量；$c_\theta\dot{\theta}$ 为阻尼力，c_θ 为阻尼系数，近似和转速成正比；$k_s\theta$ 为结构变形恢复力，k_s 表示栅格舵系统伺服刚度，表征整个伺服系统抵抗外部扰动力矩产生位移偏差能力。因此，舵系统扭转固有频率为

$$\omega_n = \sqrt{\frac{k_s}{J}} \tag{8-11}$$

在电动舵机中

$$\frac{1}{k_s} = \frac{1}{k_1} + \frac{1}{k_2} + \frac{1}{k_3} + \frac{1}{k_4} \tag{8-12}$$

式中，$k_1 \sim k_4$ 分别表示电机、齿轮、舵轴及栅格舵面刚度。

伺服系统在承载负载力矩输出时有时会有较大偏差，通常伺服系统希望伺服刚度较大以获得精确控制效果。若外加负载力矩为 T_s，由负载力矩引起的输出轴转角位置偏差为 $\Delta\theta$，则伺服刚度

$$k_s = \frac{T_s}{\Delta\theta} \tag{8-13}$$

当负载力矩 T_s 较大，伺服系统的稳态跟踪误差 $\Delta\theta$ 较小时，系统伺服刚度较大，反之则认为伺服系统伺服刚度较小。

8.3　栅格舵展开等效试验方法

8.3.1　栅格舵等效试验原理图

栅格舵展开等效试验方法，其原理如图 8-8 所示，栅格舵放置于试验台，栅格舵通过铰链安装在壳体上，并可以绕铰链的转轴进行旋转，其转动可以认为发生在 xz 平面内。为了将栅格舵在展开到位时加速到一定的角速度，利用橡皮绳伸长时产生的拉力对栅格舵进行加速。并且通过令橡皮绳在栅格舵展开到位时仍处于张紧状态，可以等效模拟栅格舵展开到位后作用于栅格舵上的气动载荷。由于橡皮绳直径较粗无法通过定滑轮，且为了将栅格舵加速到规定角速度可能需要多根橡皮绳共同拉伸提供拉力，故先通过钢丝绳与栅格舵连接，再将钢丝绳绕过定滑轮与橡皮绳连接。

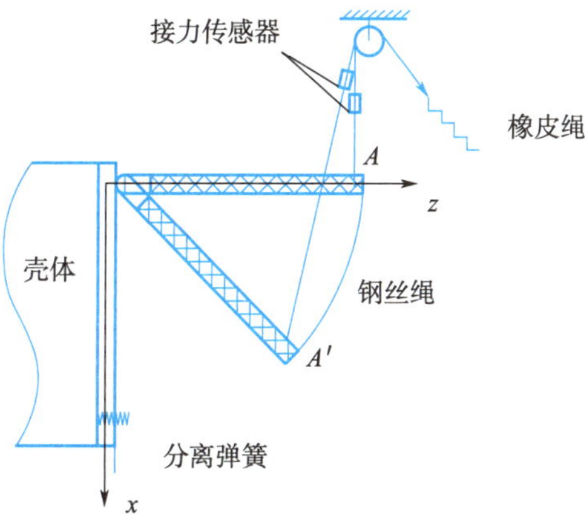

图 8-8　栅格舵分离装置原理示意图

试验步骤[13]为：

1）完成壳体、铰链和栅格舵的安装，并将壳体通过工装固定在地面。将栅格舵展开到其最终到位位置，一般为与壳体呈 90° 位置，即图 8-8 所示水平方向。将钢丝绳与栅格舵在 A 点连接，并将钢丝绳绕过位于 A 点正上方的定滑轮；

2）在钢丝绳上安装拉力传感器，在转轴位置安装角度传感器，在壳体、铰链和栅格舵危险部位粘贴应变片；

3）将合适数量的橡皮绳与钢丝绳相连并拉伸至一定长度，使其拉力对铰链转轴的力

矩值等于栅格舵展开到位时作用于栅格舵上的气动力对铰链转轴处的力矩值；

4）通过分离弹簧将栅格舵抬起一定角度，即转动至 A'点；

5）A'点到 A 点过程中，栅格舵在橡皮绳拉力作用下展开。

该栅格舵展开等效试验方法不仅能够模拟栅格舵在飞行中以一定的角速度展开到位时对壳体和铰链的冲击，还能够等效模拟栅格舵在展开到位时所受气动载荷对结构的影响。在真实飞行开展前对系统的强度、刚度等力学性能进行考核具有很好的可行性和有效性[14-15]。

8.3.2 角速度测量方法

在试验中需要在铰链转轴位置安装角度传感器，通过对测得的栅格舵展开过程角度变化进行平滑和微分处理可以得到展开过程角速度变化。这种方法具有直接、简单的优点，但是每次对铰链和栅格舵进行更换时必须先拆除角度传感器，待新铰链安装完成再重新安装，过程烦琐、效率低。运用激光测振仪设计一种非接触式测量方法可以避免每次重复拆装的流程，且具有采样频率高和原始数据多的优点，有利于后期试验数据积分或微分等二次处理。

将两台激光测振仪竖直放置在不同高度，其高度分别为 h_0 和 h_1 。测得两个点的水平速度分量分别为 v_0 和 v_1 ，则栅格舵的角速度 $\dot{\theta}$ 为

$$\dot{\theta}=\frac{v_0-v_1}{h_0-h_1} \tag{8-14}$$

8.3.3 橡皮绳等效加载方法

确定好等效加载试验后，需要对橡皮绳的伸长量进行定量分析。在等效试验方法中，橡皮绳有两个主要作用，一个作用是在栅格舵展开到位后提供拉力来模拟真实飞行时作用在栅格舵上的气动力，另一个作用是在栅格舵从初始位置转动 90°过程中提供令栅格舵展开的拉力，并使栅格舵的角速度达到规定值以模拟其对壳体和铰链的冲击。

栅格舵与水平线夹角为 θ' 状态下橡皮绳拉力对转轴处的力矩 M_r 为

$$M_r=n\cdot K\cdot \Delta l\cdot L\cdot \cos\beta \tag{8-15}$$

式中，β 为某旋转状态拉力作用线向垂直于栅格舵方向分解产生的夹角；n 为橡皮绳根数；K 为单根橡皮绳的刚度；Δl 为橡皮绳伸长量。得到每个转角 θ' 所对应的主动力矩后，则栅格舵绕转轴的动力学方程为

$$J\frac{\mathrm{d}w}{\mathrm{d}t}=M_r \tag{8-16}$$

8.4 案例分析

8.4.1 仿真背景

可重复使用运载火箭一子级在回收过程中需要展开栅格舵，用于减速和进行姿态

控制。

如图 8－9 所示，在子级回收飞行过程中箭体呈现自由落体运动，受加速度为 1g 的重力场作用。栅格舵展开始时，驱动锁紧装置解锁，在弹簧装置的弹簧力和铰链力矩的共同作用下驱动栅格舵展开，栅格舵在气动法向力作用下加速展开，栅格舵展开过程中，气动法向力大小和压心随着展开角度变化而变化，气动法向力引起的气动力力矩呈逐渐增大趋势。同时，设计铰链时要考虑铰链力矩也随着展开角度的增大而增大，避免栅格舵展开到位时，因角速度过大引起结构破坏或产生过大冲击。

本章节针基于 Abaqus 软件分析回收子级栅格舵展开过程的一般方法，在实际工程中可在此分析过程的基础上对模型进行细化，获取展开过程中结构特性[16-17]。

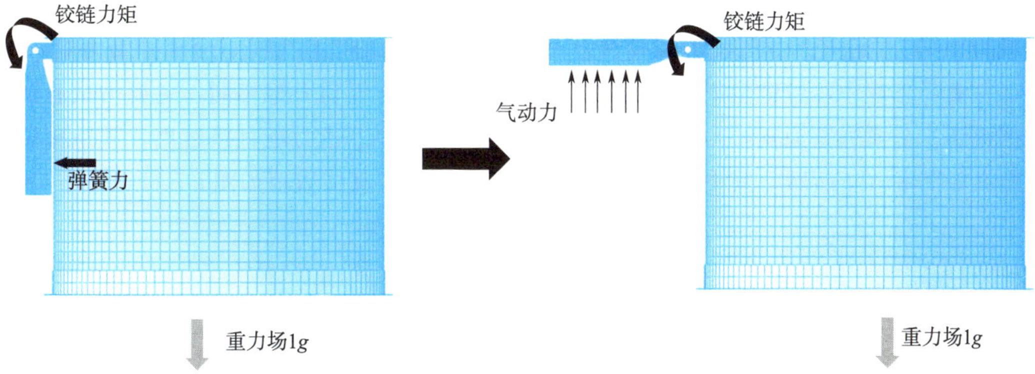

图 8－9　栅格舵展开过程

8.4.2　模型简介

本案例的仿真模型由上、下段框，蒙皮壳段，栅格舵基座，栅格舵等结构组成。舱段、栅格舵简化为壳单元，采用类型为 S4R；栅格舵支架采用六面体，单元类型为 C3D8I；单元个数为 5 686 个，采用 Tie 绑定关系模拟蒙皮与端框，端框与基座之间连接。铰链采用 Hingle 模拟。单位采用 N－mm－s 国际标准制，有限元模型如图 8－10 所示。

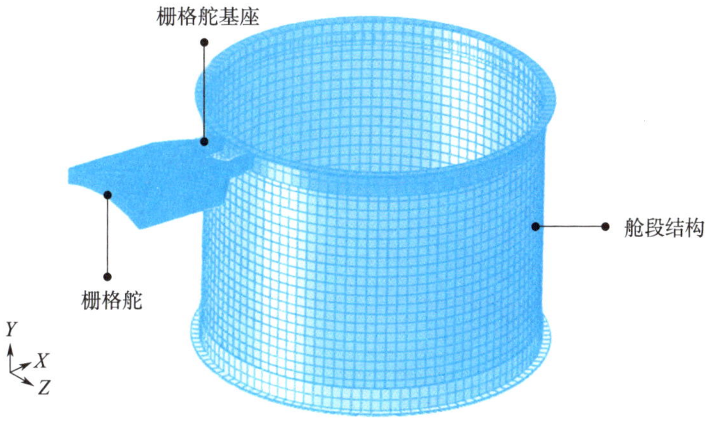

图 8－10　栅格舵有限元模型

不同部件的材料性能参数如表 8－2 所示。

表 8－2 栅格舵结构材料

序号	部件名称	材料牌号	密度/($kg \cdot m^{-3}$)	弹性模量/GPa	泊松比
1	壳体	2A12	2 700	70	0.3
2	栅格舵	钛合金	4 510	118	0.33
3	转轴	30CrMnSiA	7 890	210	0.3

8.4.3 典型工况分析

回收子级的栅格舵在展开过程中，受气动力、分离弹簧力、铰链力矩和重力场（轴向过载为 1g ）作用[15,18]。气动力和弹簧力可转化为对转轴的气动力矩、分离弹簧力矩。

在实际工程中，铰链阻尼力矩是重要的设计指标，与气动力矩相同，主要由试验测试数据得到，分离弹簧力矩可由理论或试验获取，本案例中上述力矩直接给出，其中转轴方向定义如图 8－11 所示，其中定义展开为负，收拢为正。具体数值如图 8－12 所示。

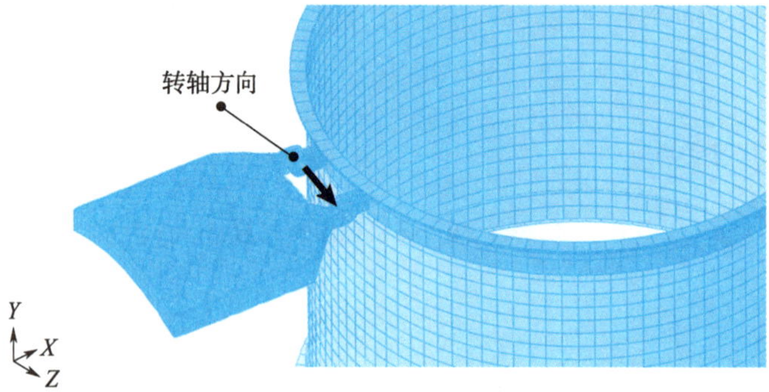

图 8－11 栅格舵转轴方向

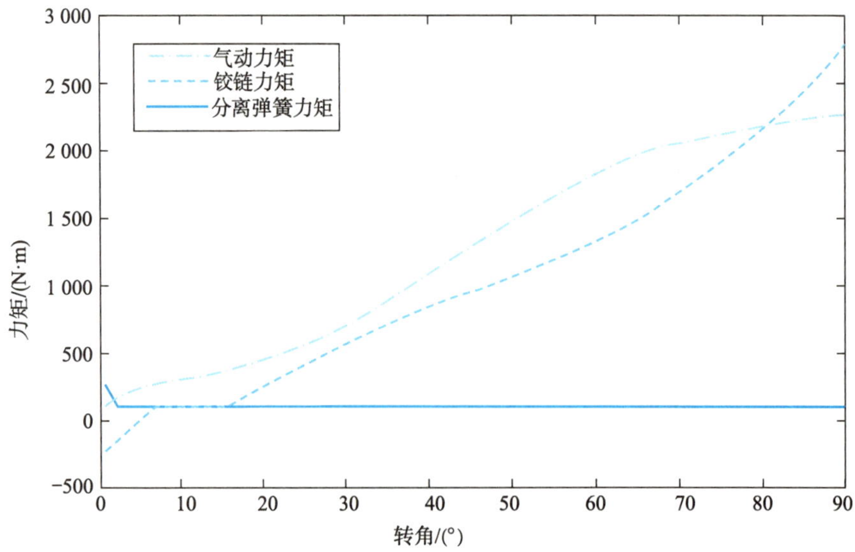

图 8－12 展开过程力矩曲线

8.4.4　分析步设置

本案例采用隐式动力学进行分析（Step→Step→Create→Procedure Type＝General→Dynamic，Implicit→Continue→Time period＝1.6，Nlgeom＝On）。

场输出 F-Output-1 保持预设变量（Variables＝Preselected defaults）定义模拟转轴的连接单元到集合 Set-1 中，并在场输出中定义连接单元输出（Step→Output→Field Output Requests→Create→Domain Set＝Set-1，Frequency Every x units of time＝0.01，勾选 CU）。

8.4.5　相互作用关系定义

模型中相互作用关系主要包括绑定关系、铰链连接等相互作用，如图 8-13 所示。

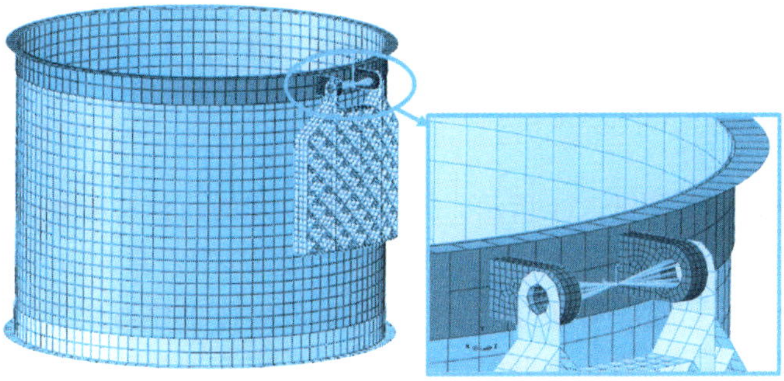

图 8-13　相互作用关系

（1）连接关系

模型中 Tie 绑定、Coupling 耦合构成连接关系，模拟结构中螺栓连接和螺杆连接。

Tie 绑定关系：在蒙皮与段框，段框与支架之间建立 Tie 绑定（Interaction-constraint-create-tie），选择蒙皮为主面，段框面为从面。在 Specify distance 中填写间隙容差，取消 Adjust slave surface initial position 选项。模拟蒙皮与段框的螺栓连接。同理建立段框和支架之间绑定关系。

Coupling 耦合关系：在栅格舵基座中心建立参考点 RP。利用 Coupling 建立参考点 RP，并分别与栅格舵轴销、栅格舵基座建立 Coupling（Interaction-constraint-coupling）耦合关系。模拟旋转轴与栅格舵的旋转轴连接。

（2）铰链连接单元属性

在 Interaction 模块选择 Connector→Section→Create→hinge→Name＝ConnSect-3→Connection Category→Connection Type，Assembled/Complex type＝Hinge。在 Hinge 对话框中添加弹性属性（Elasticity→Definition＝Nonlinear→Force/Moment，勾选 M1→Coupling＝Coupled on position→Independent components，勾选 CPR1→在 Data 对话框中输入合成力矩），并建立 Stop 参数，当转动角度大于 90°时锁紧。

（3）铰链连接单元建立

栅格舵与支架旋转通过 Hinge 连接，连接支架旋转中心和栅格舵旋转中心，生成旋转轴 Wire（Connector - wire feature）。添加铰链 Hinge 属性（Connector - hinge）。通过 Connector - section 把 Hinge 属性赋予 Wire，完成旋转铰链建立。在载荷工况添加扭矩载荷，模拟栅格舵沿旋转轴旋转运动。

8.4.6 载荷边界条件

对段框进行约束加载，在旋转轴位置加载载荷，建立栅格舵的动力学和舱段受力工况，模拟栅格舵展开动力学和展开过程中结构的受力工况，验证结构性能和强度是否满足要求。

（1）约束固定

在 Load - create - Mechanical - symmetry/Antisymmetry/encastre，选定下段框表面，约束段框端面 6 个自由度。

（2）加载载荷

重力载荷 Load - create - Mechanical - Gravity 加载 1g 重力场加速度。

8.4.7 仿真结果

栅格舵的展开过程如图 8 - 14 所示，提取转轴单元的角位移参数（Tools→XY Data→Create→ ODB field output→Output Variables 中勾选 CUR，在 Elements/Nodes 模块下选择 Node sets=Set=1），提取角度与时间的关系后可直接求导得到角速度和时间的关系如图 8 - 15 所示，从图中可以看出展开时间为 1.03 s，展开到位的速度为−0.886 rad/s，该速度的大小将直接影响栅格舵展开到位时刻冲击大小。

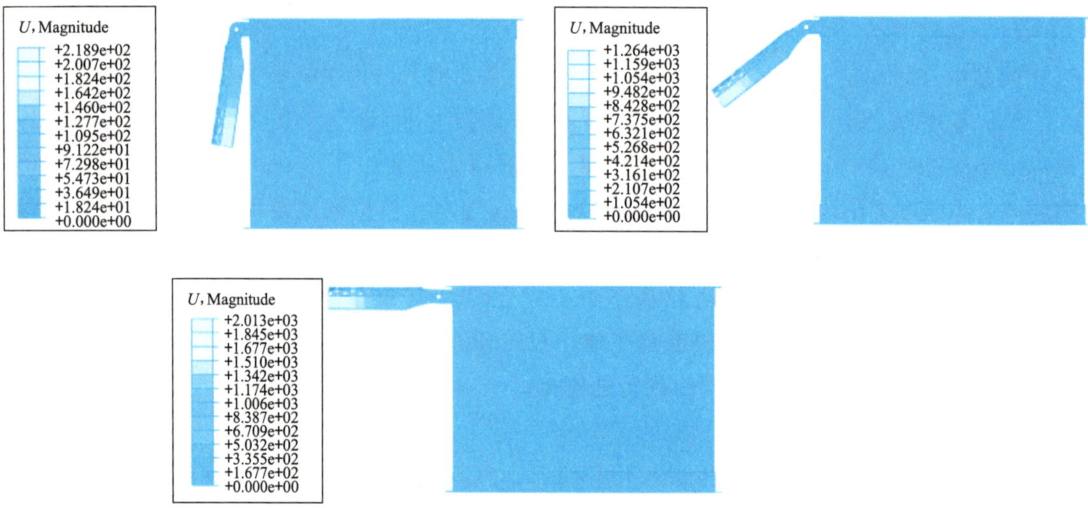

图 8 - 14 栅格舵展开过程（见彩页）

通过对栅格舵进行动力学分析，对分离弹簧力矩、阻尼力矩进行优化，获取栅格舵展开时间和展开速度，确保栅格舵能够平稳打开，避免展开动作对结构产生破坏或引起过大的冲击载荷。

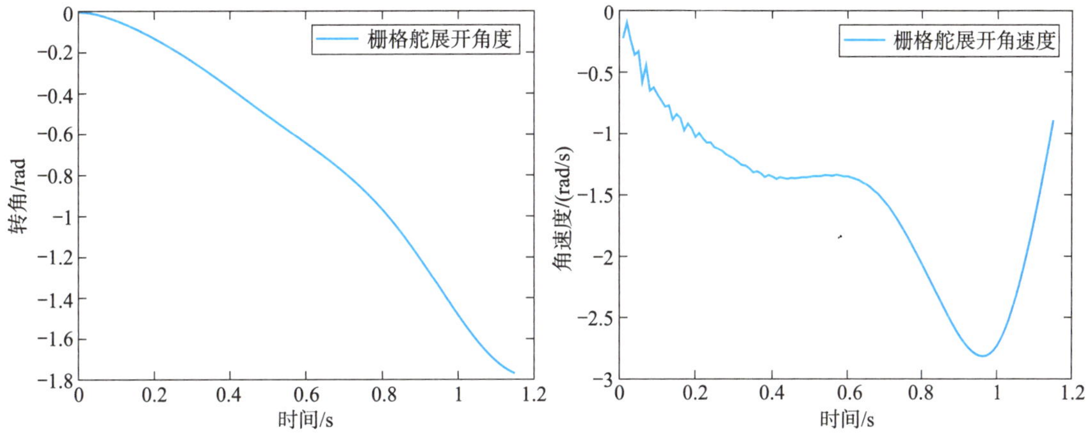

图 8－15　栅格舵展开角度和角速度

8.5　栅格舵设计述评

栅格舵（见图 8－16）作为一种新型控制翼，主要用于飞船发生意外事故逃逸时保持飞船的姿态稳定，也用于火箭回收时保持姿态的稳定。前者安装于整流罩，展开之后是固定的，不可转动；后者通常安装于子级的顶部，展开之后是可以转动的。美国 SpaceX 公司研制的猎鹰 9 号是世界上第一个将栅格舵用于运载火箭一子级回收和再入姿态控制的运载火箭。上升过程中栅格舵紧贴箭体，再入大气层时打开，通过气动力对一子级进行姿态的稳定性控制，以达到控制火箭一子级的滚转、俯仰和偏航的目的，同时具有一定的减速作用。栅格舵协助控制一子级精确降落在地面预设的着陆平台上。使用栅格舵，可以明显将火箭的回收落区范围大幅度减小。

图 8－16　栅格舵

栅格舵的优点是翼弦很短，压心中心在较大的马赫数范围内的移动是一个小量，铰链力矩也是很小的，所以将栅格舵用做控制面时，其转向机构的功率很小，这将促使传动和电源等装置的质量减小，从而降低子级的质量；在较高的马赫数的超声速气流中，在相同的外形尺寸下，栅格舵的升力面积比单翼的大得多，与平板翼相比，栅格舵的升力特性在超声速下比平板翼好很多；栅格舵作为承力面，最大的优点是具有较高的强度-质量比。栅格舵是一个较短的悬臂梁，结构高度较大，与展长的尺寸相当而大大超过了翼弦，因而栅格舵的最大气动载荷作用面与结构的最大刚度面重合；栅格舵展向尺寸小，可以紧贴主体折叠安装，在火箭主动段飞行时不加大主体的外形尺寸[10]。重复使用火箭的栅格舵具有薄壁、复杂外形、再入返回过程中可承受高热流冲刷等特点，因此，栅格舵设计除了考虑气动外形，还需考虑结构强度、刚度、稳定性，以及工艺可行性[19]，从栅格舵外形的复杂性考虑，钛合金精密铸造、钛合金激光焊接以及复合材料成型设计、制造一体化研究是栅格舵加工制造的重点突破方向。

参考文献

[1] 王辰，王小军，张宏剑，等．可重复使用运载火箭发展研究［J］．飞航导弹，2018（9）：18－26.

[2] 杜涛，龚安龙，唐伟，等．局部后掠型栅格舵的气动特性研究［J］．宇航总体技术，2021，5（2）：14－23.

[3] 黎汉华，王玉红．栅格翼国内外研究现状及发展趋势［J］．导弹与航天运载技术，2008（6）：27－30.

[4] 王辰，张宏剑，闫伟，等．重复使用运载火箭栅格舵选型设计与工艺方案研究［J］．深空探测学报（中英文），2021，8（1）：51－61.

[5] 彭科，胡凡，张位华，周张．栅格翼气动特性及其应用研究综述［J］．固体火箭技术，2015，38（4）：458－463.

[6] 王虎，顾克秋．牵引火炮非线性有限元隐式分析［J］．南京理工大学学报，2006，30（4）：462－466.

[7] Fournier E Y. Wind tunnel investigation of grid fin and conventional planar control surfaces［R］. AIAA2001－0256，2001.

[8] 刘断尘，韩雪峰，张跃，等．舵机折叠翼展开性能及实验［J］．机械强度，2017，39（1）：230－234.

[9] 陈阳．不同栅格翼模型减阻特性的仿真分析［D］．太原：中北大学，2016.

[10] 余永刚．亚跨音速栅格翼气动特性研究［D］．南京：南京理工大学．2007.

[11] 陈建中，易国庆，彭超，等．全尺寸栅格舵铰链力矩天平研制［J］．实验流体力学，2012（26）：79－82.

[12] 杨洋，张梦阳．电动舵系统模态分析研究［J］．科学咨询（科技・管理），2019（33）：55－56

[13] 刘刚，肖中云，江雄，等．混合网格方法在栅格翼数值模拟中的应用研究［J］．空气动力学学报，

2007，25 (2)：230 - 277.

[14]　陈少松，张建叶．格宽翼弦比对栅格翼气动特性的影响［J］．南京理工大学学报，2005，29 (6)：693 - 696.

[15]　陆中荣，沈遐龄，童自力，等．栅格翼空气动力特性的计算与分析［J］．北京航空航天大学学报，1996，22 (5)：575 - 580.

[16]　冉振华，曾杜鹃，黎汉华，等．基于 ABAQUS 的栅格翼展开试验动力学分析［J］．导弹与航天运载技术，2017 (6)：98 - 101.

[17]　林三春，阎军，潘旭，等．无阻尼杆式栅格翼展开动力学特性分析方法［J］．导弹与航天运载技术，2018 (5)：17 - 20.

[18]　吴晓军，陈红全，邓有奇，等．栅格绕流数值模拟研究［J］．空气动力学学报，2009，27 (1)：78 - 82.

[19]　秦震，李新宽，陈杰，等．基于钛合金薄板的运载火箭栅格舵结构研究［J］．上海航天，2020 (S2)：206 - 210.

本章作者：张　瑞，王英诚

第 9 章 整流罩设计与分离仿真

9.1 概述

火箭在飞行过程中要穿过稠密的大气层时，会面临起飞喷流噪声和飞行气动噪声、气流冲刷、气动加热等恶劣环境。因此需要整流罩为卫星提供防护和保障，避免卫星在发射过程中受到损坏，并降低地面操作时雨雪等外界不利因素对卫星的影响。

当火箭飞行到大气层外，卫星不再需要整流罩保护，整流罩已是多余的，为提高效率，需要将其从火箭上抛掉。整流罩分离主要有 3 种方式：整体拔罩分离、旋抛分离和平抛分离。整体拔罩分离的整流罩的结构形式比较简单，适用于尺寸较小的有效载荷，要求在分离时整流罩整体向前推，越过有效载荷并脱离火箭的运动方向。随有效载荷体积的增大，整流罩的设计尺寸也越来越大。采用整体拔罩分离难度成倍增加，而半罩分离后可保证与有效载荷的安全距离，因此目前主流的运载火箭多使用蚌式半罩结构形式。

蚌式整流罩的半罩通过锁紧结构连成整体，为了实现分离，需在整流罩上布置分离机构。分离方式为旋转分离和横向平推分离；分离能源可选择火药弹射筒、无污染导爆索（气囊）、弹簧、反推火箭以及由高压气瓶、阀门、作动装置组成的气动弹射系统等。

猎鹰 9 号运载火箭整流罩采用了两瓣式构型，直径为 5.2 m，长度可分为 13.2 m、18.7 m 两种。包含倒锥段在内的整个半罩，使用碳纤维面板铝蜂窝夹芯结构一体成型，外形为钝头锥柱形式，内壁布置了一定数量的隔音材料。整流罩纵向连接采用 14 处机械锁机构锁紧，接收到分离指令后，高压氦气驱动机械锁，使两瓣整流罩解除纵向连接，由 4 个高压氦气继续驱动推冲装置直至将两瓣整流罩推开，完成平推分离，如图 9-1 所示。

图 9-1　猎鹰 9 号运载火箭平抛整流罩

9.2　整流罩结构

有效载荷整流罩的设计应当满足以下功能要求：

1）具有一定的强度，在设计载荷作用下不发生失稳和强度破坏；

2）具有一定的刚度，确保在飞行载荷作用和任何情况下，整流罩与有效载荷不碰撞；

3）两个半罩可靠地锁紧、分离，分离中不碰撞有效载荷和火箭箭体；

4）为有效载荷提供合适的环境，包括温度、湿度、噪声、材料的出气率及透波要求；

5）结构简单、质量轻、工艺性好、制造方便。

整流罩的结构设计过程中，满足功能要求的同时主要有以下几个矛盾：一是最小质量与最大刚度之间的矛盾；二是最大有效容积与最大刚度之间的矛盾；三是顺畅分离与可靠连接之间的矛盾。整流罩设计的基本思想就是解决上述矛盾，使矛盾在一定的条件下统一起来。在此思路下，整流罩常见的结构有两种——半硬壳式加筋结构和蜂窝夹层结构，或两种结构组合而成（见图 9-2 和图 9-3）。

9.2.1　半硬壳式加筋结构

9.2.1.1　结构特点

半硬壳式加筋结构作为大直径火箭壳体常用的结构形式，由蒙皮、桁条、隔框铆接而成，此种结构具有结构效率高、生产工艺简单、可设计性强和维修容易等特点。但采用此种形式的半硬壳蚌壳式结构，存在刚度较低的弱点，需对加筋框的剖面形状、高度、框间距、桁条剖面形状、桁间距、蒙皮厚度等按刚度要求进行设计，整流罩内壁与卫星凸起间隙至少应大于 50 mm。

因局部刚度不足，对于提供分离能源的集中载荷分离力，设计时需将力作用点处的结构采取局部增强，以使结构吸收的能量最小，保证提供有效的分离速度，且分离时不因刚体位移和结构弹性形变侵占罩内净空间。

图 9-2　国内某型半硬壳整流罩残骸

图 9-3　国外某型复合夹层整流罩

开始半硬壳式结构设计时，先进行整体承载轴压和外压强度的校核，而后进行局部集中载荷加强。轴向力主要由纵向构件承受，蒙皮承受一部分。横向构件作为对接面和纵向构件的弹性支撑，以提高蒙皮和桁梁的稳定性。半硬壳式结构在受载荷作用时特别是静力试验时，一般是蒙皮先失稳，而后载荷主要由桁条、梁和框来承受，当框桁失稳后，结构整体失去承载能力。

9.2.1.2　结构设计

(1) 中间框刚度判别

轴压作用下蒙皮-桁条半硬壳结构中，隔框对桁条的作用相当于弹性支持，在保证中间隔框不失稳的前提下，对相邻框间的壳段进行极限承载计算。

当隔框的支撑刚度较小时，桁条失稳临界应力偏低或者框先于桁条失稳。只有隔框的支撑刚度相对较大时，才能既保证桁条临界失稳应力接近材料屈服强度极限又保证框不提前失稳。因此设计隔框时，保证其刚度，首先进行中间框的刚度判断，确保隔框不提前失稳。

$$\frac{R^3}{L^3}\frac{R}{b}\frac{(EJ)_{ht}}{(EJ)_{gk}}<P \tag{9-1}$$

式中，R 为圆筒壳半径；L 为中间隔框间距；b 为桁条间距；$(EJ)_{ht}$ 为桁条弯曲刚度；$(EJ)_{gk}$ 为中间隔框弯曲刚度；框间桁条先发生整体失稳时，$P=4$；框间桁条先发生局部失稳时，$P=\frac{4}{(\sigma_{lj}^{htjb}A^{ht})^2}\left(\frac{2\pi^2(EJ)_{ht}}{L^2}\right)^2$。

（2）蒙皮失稳

若桁条较密，桁间曲板的蒙皮曲率参数 $Z=\sqrt{1-\mu^2}\frac{b^2}{Rt}<40$，曲板屈曲后的性能接近平板，蒙皮失稳临界应力

$$\sigma_{lj}^{mp}=3.6E\left(\frac{t}{b}\right)^2 \tag{9-2}$$

当 $Z>40$ 时，主承力构件为桁条，蒙皮失稳临界应力

$$\sigma_{lj}^{mp}=0.15E\frac{t}{R}+3.6E\left(\frac{t}{b}\right)^2 \tag{9-3}$$

（3）桁条失稳

桁条整体失稳，桁条的临界柔度 $\left(\frac{L}{i}\right)_{lj}=\pi\sqrt{\frac{CE}{\sigma_s}}$，$\sigma_b$ 为桁条材料的抗拉极限，σ_s 为桁条材料的倔服极限。

当 $\frac{L}{i}>\left(\frac{L}{i}\right)_{lj}$ 时，

$$\sigma_{lj}^{mpzt}=\frac{C\pi^2E}{\left(\frac{L}{i}\right)^2} \tag{9-4}$$

当 $\frac{L}{i}<\left(\frac{L}{i}\right)_{lj}$ 时，

$$\sigma_{lj}^{mpzt}=\sigma_b-\frac{\sigma_b-\sigma_s}{\left(\frac{L}{i}\right)_{lj}}\frac{L}{i} \tag{9-5}$$

C 为桁条端部支撑系数，可从图 9－4 中选取。

（4）局部失稳

桁条缘板或腹板的宽度厚度临界比

$$\left(\frac{b_{ht}}{t_{ht}}\right)_{lj}=\sqrt{\frac{0.9KE}{\sigma_s}} \tag{9-6}$$

式中，b_{ht} 为桁条缘板或腹板的宽度；t_{ht} 为桁条缘板或腹板的厚度；K 为桁条缘板或腹板的支撑系数。对于板弯或挤压型材，有两个相邻壁板支撑时 $K=4\sim7$，只有一个相邻壁板支撑或带圆头的壁板 $K=0.48\sim1.33$。

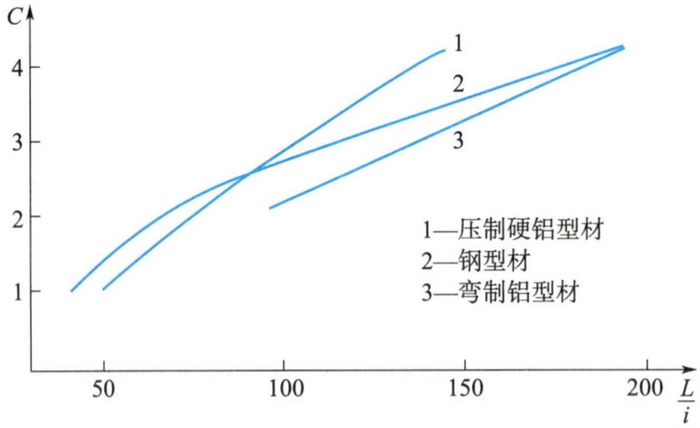

图 9-4 桁条端部支持系数与柔度系数关系曲线

$\frac{b_{ht}}{t_{ht}} > \left(\frac{b_{ht}}{t_{ht}}\right)_{lj}$ 时，

$$\sigma_{lj}^{htjb} = 0.9 \frac{KE}{\left(\frac{b_{ht}}{t_{ht}}\right)^2} \tag{9-7}$$

$\frac{b_{ht}}{t_{ht}} < \left(\frac{b_{ht}}{t_{ht}}\right)_{lj}$ 时，

$$\sigma_{lj}^{htjb} = \sigma_b - \frac{\sigma_b - \sigma_s}{\left(\frac{b_{ht}}{t_{ht}}\right)_{lj}} \frac{b_{ht}}{t_{ht}} \tag{9-8}$$

（5）整体承载能力

在间隔框不失稳的前提下，结合载荷站点，对相邻框间的壳段分别计算极限承载能力，以小者作为整体结构的轴压极限承载，单个框间段的临界承载载荷为

$$T_{lj} = \sum_{i=1}^{n} (\phi \sigma_{lji}^{ht} A_i^{ht} + \sigma_{lji}^{mp} A_i^{mp}) \tag{9-9}$$

式中，n 为桁条数量；σ_{lji}^{ht} 为第 i 根桁条的临界应力；A_i^{ht} 为第 i 根桁条的横截面积；σ_{lji}^{mp} 为第 i 块蒙皮的临界应力；A_i^{mp} 为第 i 块蒙皮的横剖面面积；ϕ 为蒙皮失稳引起桁条临界应力降低系数，详见表 9-1。

表 9-1 降低系数 ϕ 取值表

蒙皮厚度/mm	0.5～1	1～1.5	1.5～2
ϕ	0.95～0.9	0.9～0.85	0.85～0.8

结构的轴压剩余强度系数

$$\eta = \frac{T_{lj}}{T_{sj}} \tag{9-10}$$

9.2.2　蜂窝夹层复合结构

9.2.2.1　概述

蜂窝夹层复合结构，内外两层刚度比较大的面板中间夹着比较软的芯子，面板与芯子间使用胶结成型，面板和芯子厚度、材料可根据载荷需要进行设计，具有良好的可设计性、比刚度大、局部弯曲刚度较大，材料能得到充分的应用。猎鹰 9 号、阿里安 5 号及大力神运载火箭整流罩均采用了此种结构。

蜂窝夹层之间的剪切刚度较低，不是理想的承轴压结构，但局部弯曲刚度很大，在整流罩关键功能——整流罩分离中有明显的优势，因此在国内外的整流罩中得到了广泛的应用。

9.2.2.2　强度设计理论

蜂窝夹层结构具有比弯曲刚度大的优点，可有效地防止结构失稳，常用于轴压和外压等外载荷作用下容易失稳的地方。面板材料因弹性模量较夹芯弹性模量大，且远离中性层，提供了夹层结构的弯曲刚度和平面内的拉压刚度；夹芯主要起到稳定面板，防止面板局部失稳和总体失稳，因此夹芯承载了全部横向剪切刚度，计算时考虑不同结构的破坏形式。

蜂窝夹层的破坏形式如图 9-5 所示，(a) 表板成窝状波形，为蜂格内的面板屈曲引起；(b) ～ (d) 归为面板皱损，其中 (b) 表板脱离夹芯，(c) 表板被挤进夹芯，(d) 夹芯被拉断；(e) 为剪切皱折，(f) 为夹层的整体弯曲，(e) / (f) 为总体失稳。针对不同的破坏形式，需分别进行失稳应力的计算，选取其中最小的失稳应力，进行结构的临界载荷计算。

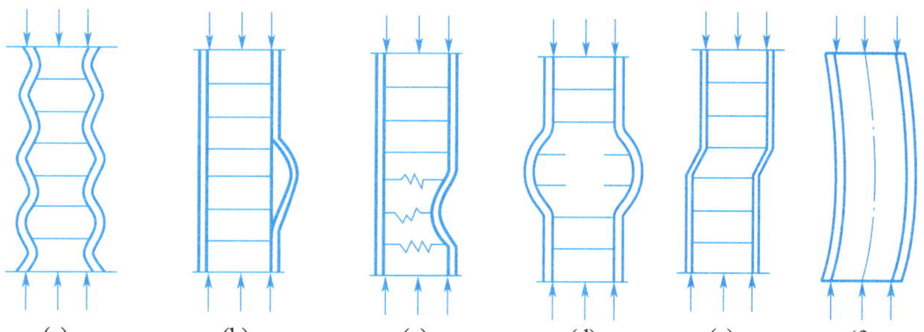

图 9-5　蜂窝夹层的破坏形式

鉴于蜂窝结构低剪切刚度和剪切强度的固有缺陷，蜂窝结构设计时必须考虑剪切强度和结构稳定性。蜂窝结构有 4 个基本变量：夹芯高度 h_c，面板厚度 t_f，蜂格边长 b，蜂格壁厚 t_s，这些参数选择和组合决定了设计计算时结构的破坏形式和承载能力。

(1) 圆柱段

夹层结构弯曲刚度

$$D=\frac{E_f \cdot t_f \cdot (h_c+2t_f)^2}{2(1-\mu_f^{\ 2})} \tag{9-11}$$

式中，E_f 为表板弹性模量；h_c 为夹芯高度；t_f 为表板厚度；μ_f 为表板材料泊松比。

①轴压工况

a）蜂窝格内局部临界应力

$$\sigma_{ljb}=\frac{2E_f}{1-\mu_f^2}\left(\frac{t_f}{b\cdot\sqrt{3}}\right)^2 \tag{9-12}$$

式中，E_f 为表板弹性模量；t_f 为表板厚度；μ_f 为表板材料泊松比；b 为蜂格边长。

b）面板皱损应力

$$\sigma_{wr}=0.33\cdot E_f\cdot\sqrt{\frac{E_c\cdot E_f\cdot t_f}{h_c}} \tag{9-13}$$

式中，E_f 为表板弹性模量；t_f 为表板厚度；h_c 为夹芯高度；E_c 为蜂窝轴向弹性模量。

c）总体临界应力

$$\sigma_{ljz}=k_c\cdot\gamma_c\cdot\sigma_0 \tag{9-14}$$

其中，k_c，γ_c，σ_0 见式（9-15）～式（9-17）

$$\sigma_0=\frac{E_f\cdot(h_c+2t_f)}{R\sqrt{1-\mu_f^2}} \tag{9-15}$$

式中，E_f 为表板弹性模量；t_f 为表板厚度；h_c 为夹芯高度；R 为圆柱段半径；μ_f 为表板材料泊松比。

$$\begin{cases}\gamma_c=0.019+0.901e^{-\varphi}\\ \varphi=\dfrac{1}{16}\sqrt{\dfrac{2R}{(h_c+2t_f)}}\end{cases} \tag{9-16}$$

式中，t_f 为表板厚度；h_c 为夹芯高度；R 为圆柱段半径。

$$k_c=\begin{cases}1-\dfrac{1}{4}V_c & (V_c\leqslant 2)\\ \dfrac{1}{V_c} & (V_c\geqslant 2)\end{cases} \tag{9-17}$$

式中，$V_c=2\cdot t_f\cdot h_c\cdot\sigma_0/[G_{xz}\cdot(h_c+t_f)^2]$，其中，$G_{xz}$ 为蜂窝纵向剪切模量，σ_0 见式（9-15），t_f 为表板厚度，h_c 为夹芯高度。

设计的最小临界应力可由下式得到

$$\sigma_{lj}=\min\{\sigma_{ljb}\cdot\sigma_{wr}\cdot\sigma_{ljz}\} \tag{9-18}$$

蜂窝夹层结构的轴向承载力载荷

$$T_{lj}=4\pi\cdot R\cdot t_f\cdot\sigma_{lj} \tag{9-19}$$

②外压工况

外侧压力工况的临界载荷为

$$q_{cr}=\frac{3D}{R^3\left(1+4\dfrac{D}{SR^2}\right)} \tag{9-20}$$

式中，$D=\dfrac{E_f t_f H^2}{2(1-\mu_f^2)}$ 为单位长度上的圆柱弯曲刚度；$S=\dfrac{H^2}{t_c}G_c$ 单位长度上的剪切刚度，其

余参数同上。

整流罩圆柱段的动压载荷为内压状态，不存在失稳情况，该构型满足要求。

（2）锥段

①轴压工况

锥壳轴压稳定性计算需要进行等效代换：

a）等效圆柱壳的表板厚度等于截锥壳的表板厚度，等效圆柱壳的厚度等于截锥壳夹芯的厚度。

b）等效圆柱壳的半径等于截锥壳小端的有效主曲率半径

$$R=\frac{R_x}{\cos\alpha} \tag{9-21}$$

式中，R_x 为截锥壳的小端半径；α 为截锥壳大小两端外径连线与轴线的夹角。

c）等效圆柱壳的长度等于截锥壳的母线长度。

截锥壳最大应力出现在小端，临界载荷为

$$F_{lj}=2\pi R_e(\sigma_{lj1}t_1+\sigma_{lj2}t_2)\cos^2\alpha \tag{9-22}$$

②外压工况

等效圆柱壳的表板厚度等于截锥壳的表板厚度；等效圆筒壳的夹芯厚度等于截锥壳的夹芯厚度。等效圆柱壳的半径为

$$R=\frac{R_x+R_d}{2\cos\alpha} \tag{9-23}$$

式中，R_x，R_d 分别为截锥壳的小端半径和大端半径；α 为截锥壳大小两端外径连线与轴线的夹角。

9.3　整流罩分离设计

9.3.1　概述

整流罩完成保护有效载荷的使命后，变成了多余的，为了提高运载能力，需及时将其抛掉。分离结构的设计准则是“分得开、不干涉、不失控”，选用成熟的方案，结构简单可靠，并增加冗余设计，提高分离的可靠性。

抛罩分离由解锁分离机构完成，爆炸螺栓或无污染螺钉组成的特种连接件工作后，整流罩恢复至半罩自由状态，在弹簧、火药作动筒、气压作动筒或气囊等分离能源的作用下，以一定速度离开箭体和有效载荷。解锁分离结构选择形式由多种因素决定，如分离时刻的过载、分离姿态要求、分离速度及半罩的结构等，满足箭体外压和轴压承载，维持刚度和强度，不能产生对有效载荷不利的污染物。

整流罩在分离瞬间，在集中分离力作用下，会产生刚体平动和转动及被称为“呼吸效应”的弹性体低频振动，如图 9－6 所示。半罩尺寸越大，跨度越长，其刚度相对较弱，呼吸效应引起的变形越明显，侵占的罩内有效空间就越多，进行分离设计需考虑。

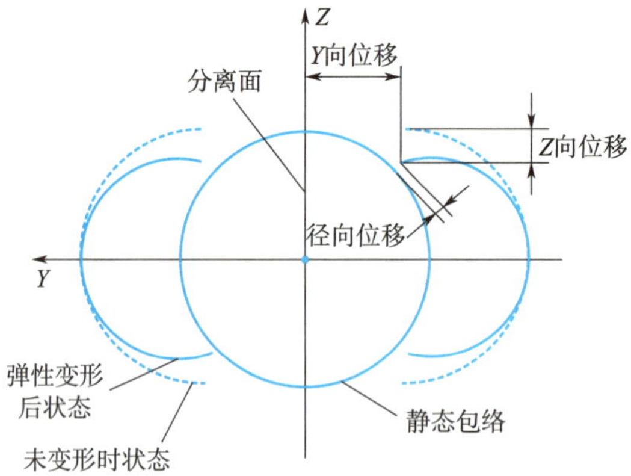

图 9-6 整流罩分离时低频振动（呼吸效应）

9.3.2 旋转式分离

旋转式分离方式，整流罩分成多个瓣罩，大多情况分为 2 个瓣罩，以下称半罩。在分离能源和飞行过载作用下，瓣罩绕铰链转轴旋转一定角度后，铰链约束失效，瓣罩以一定的平动速度和转动角速度远离箭体。根据旋转分离的特点需在瓣罩上设置铰链限制其转动，横向和纵向使用连接件锁紧，远离铰链转轴和质心的位置设置多组分离能源，解锁前弹簧或冷气筒预先设置内力。

首先进行横向分离面解锁，约 0.1 s 后纵向分离面解锁，分离能源提供分离力，半罩恢复至自由状态，各自绕铰链旋转，当质心位置转至最高点时，半罩仍需一定的角速度。在过载作用下，转为向下运动，火箭的加速度使半罩转动的角速度增大，当转到一定的角度后，铰链脱钩，半罩旋转抛出，远离箭体完成分离；如在无过载作用下，半罩绕特殊设计的铰链旋转，达到一定的速度后，铰链脱钩，半罩在惯性作用下，继续绕质心转动，远离箭体完成分离。

铰链转轴一般设置于横向分离面下和整流罩结构外形之外，以避免半罩结构在分离时干涉，为保证翻转的稳定性一般设置平行的两套铰链结构，且转轴的中心在同一直线上。分离弹簧为两端铰支的二力杆形式，恢复原长后随整流罩半罩一起运动。

旋转分离相较平抛分离，可在分离过程中将分离能源的能力逐步释放，对半罩的冲击小，降低了半罩整体和局部刚度要求，有效减少半罩质量。在过载作用下，火箭的加速可使半罩转动的角度增加，节省分离能源的能量。

以转轴中心为惯性坐标系 O 点，OX 沿箭轴飞行方向，OY 轴与 OX 轴垂直并指向半罩翻转方向。半罩质心和转轴中心的连线与箭体 OX 轴的夹角定义为转角 α，α_0 定义为质心过顶角（见图 9-7）。当 $\alpha_0 \leqslant 0$ 时，半罩质心相对过载方向内置；当 $\alpha_0 \geqslant 0$ 时，半罩质心相对过载方向外置。

根据公式进行分离弹簧特性的选择，为提高分离的可靠性，过顶角速度范围为 $10(°)/s \leqslant \tilde{\omega}_d \leqslant 20(°)/s$。

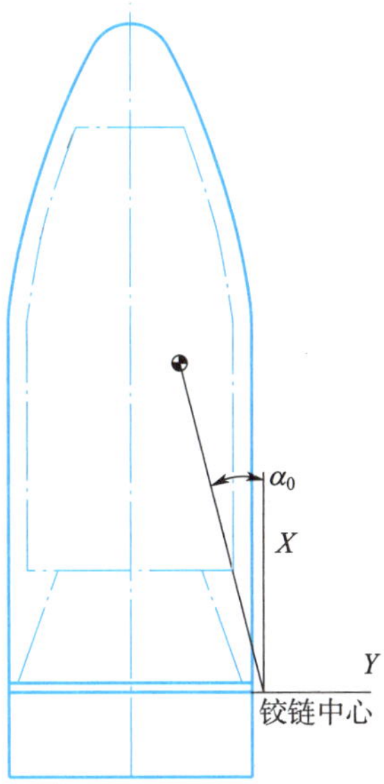

图 9－7　整流罩旋转分离初始状态示意图

$$nP_2(H_0-H_2)\cos\theta=KNmgR(1-\cos\alpha_0)+0.5J\bar{\omega}_d^2 \tag{9-24}$$

式中，P_2 为弹簧初始工作推力；H_0 为弹簧自由长度；H_2 为弹簧初始工作长度；n 为分离弹簧数量；θ 为弹簧推力作用线与旋转平面的夹角；α_0 为质心过顶角；K 为能量储备系数，取 1.43～2；N 为飞行过载系数；m 为半罩质量；R 为半罩质心到旋转半径的距离；J 为半罩对转轴的转动惯量；$\bar{\omega}_d$ 为质心过顶角速度。

若质心外置，半罩翻转不存在过顶问题，为了克服启动时的静摩擦，$\alpha_0=0$，$\bar{\omega}_d\geqslant 5(°)/s$，按式（9－24）进行弹簧特性的选择。

若分离弹簧提供的能量不能达到过顶角速度的要求，可补充冷气分离冲量装置作为辅助分离能源。

$$F_sL_s+F_aL_a-NmgR\sin\alpha_0=J\dot{\bar{\omega}} \tag{9-25}$$

式中，F_s 为弹簧推力的合力；L_s 为弹簧推力合力的作用线与转动中心的距离；F_a 为冷气分离装置推力的合力；L_a 为冷分离装置推力合力的作用线与转动中心的距离；$\dot{\bar{\omega}}$ 为角加速度。

微分方程的初始条件 $\alpha_0=0$、$\bar{\omega}=0$，根据过顶角速度 $\bar{\omega}_d$ 的要求，确定辅助分离能源冷气分离装置的工作推力和工作时间，安装位置距离转轴中心尽可能远。

9.3.3　平推式分离

平推式分离一般选择在整流罩半罩壳体的头部和底部安装火药或气动作动筒，整流罩解锁后处于自由状态，分离能源起作用向半罩施加推力，实现半罩的分离。在有过载分离时，后端框附近会产生摩擦力，叠加分离力和惯性力，这些力的合力点往往与半罩的质心不重合，导致整流罩半罩分离后的运动不仅有平移，还有绕质心的转动。因此平抛分离需选择合适的推力，以使水平速度大于加速引起的竖直速度，保证分离安全性。

平推动力学理论如下所述。

整流罩分离时，提供两体相对运动推力的为平推能源装置。一般来说，整个分离过程分为两个阶段：

1）能源装置作用阶段，相对箭体，两分离半罩有一定的加速度；

2）能源装置作用结束，两分离半罩运动速度不再改变，以恒定相对速度运动。

整流罩的平推分离能源一般为条形无污染炸药索。美国 SpaceX 公司秉承简单化、通用化的设计理念，采用了可检可测的非火工气动分离能源装置。

假设分离能源装置提供的推力为 $F_p(t)$，分离能源作用时间为 T，则分离能源作用过程中半罩的相对加速度为

$$a_i = F_p(t_i)/m \tag{9-26}$$

式中，m 为半罩的质量。

初始时刻半罩的相对速度 $v_0=0$，则下一时刻，其相对速度为

$$v_i = v_{i-1} + a(t_i)\cdot\Delta t \tag{9-27}$$

则整流罩半罩距离箭体的径向距离为

$$L_i = L_{i-1} + v_{i-1}\cdot\Delta t \tag{9-28}$$

在分离能源作用完成后，半罩继续匀速向外运动，则

$$L_i = \iint_0^T [F_p(t_i)/m]\mathrm{d}t + v_T(t-T) \tag{9-29}$$

考虑到外力的合力与半罩质心不重合时，分离能源的推力作用会产生力矩，因此整流罩不仅有平移还有绕质心的转动，从而影响整流罩内部的包络空间。同样，分离过程半罩的转动角度为

$$\alpha_i = \iint_0^T [M(t_i)/J]\mathrm{d}t + \omega_T(t-T) \tag{9-30}$$

式中，$M(t_i)$ 为不均衡分离冲量产生的力矩；J 为半罩的转动惯量；ω_T 为分离冲量作用完成时刻半罩的角速度。

若地面试验不在真空环境下进行，则还应考虑重力和空气阻力的作用。整流罩半罩的受力分析如图 9-8 所示，主要包括分离能源的推力 F_p、地面空气阻力的合力 F_x 和重力 F_y。

地面试验过程中，整流罩在 x、y 方向上的位移和转动角度如下

$$\begin{cases} L_{xi} = \iint_0^T [(F_p(t_i) - F_{xi})/m]\mathrm{d}t + v_T(t-T) \\ L_{yi} = g{t_i}^2/2 \\ \alpha_i = \iint_0^T [M(t_i)/J]\mathrm{d}t + \omega_T(t-T) \end{cases} \tag{9-31}$$

在地面分离试验中，可监控整流罩半罩的加速度和位移，与理论计算和仿真结果进行对照，从而修正得到真空环境下的运动状态。

另外，在地面试验时，如图 9-9 所示，应特别关注整流罩与载荷的碰撞风险。假设整流罩为刚体，不考虑结构变形，其包络曲线为 $y_1=f(x)$，卫星高度 $y_2=H$。在整流罩

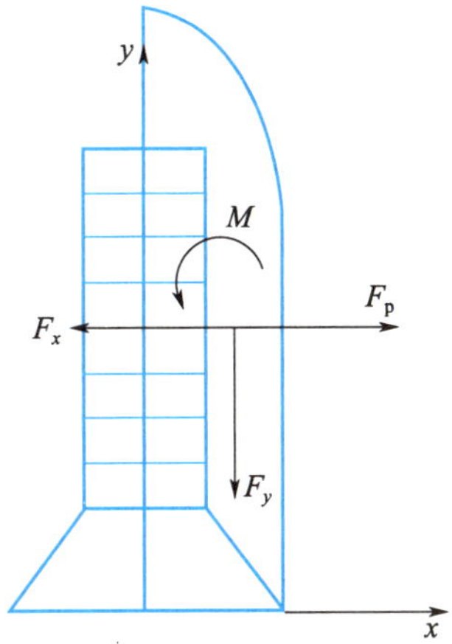

图9-8　地面试验半罩受力分析图

分离过程中，其质心由 O_1 点运动到 O_2，位置矢量为 $\boldsymbol{A}=\boldsymbol{O}_1\boldsymbol{O}_2=\begin{bmatrix}L_X\\L_Y\\0\end{bmatrix}$，坐标系转换矩阵为 $\boldsymbol{B}=\begin{bmatrix}\cos\alpha & -\sin\alpha & 0\\ \sin\alpha & \cos\alpha & 0\\ 0 & 0 & 1\end{bmatrix}$，则半罩的包络曲线在原坐标系的表达式为

$$y'_1=\boldsymbol{B}y_1+\boldsymbol{A}=g(x) \tag{9-32}$$

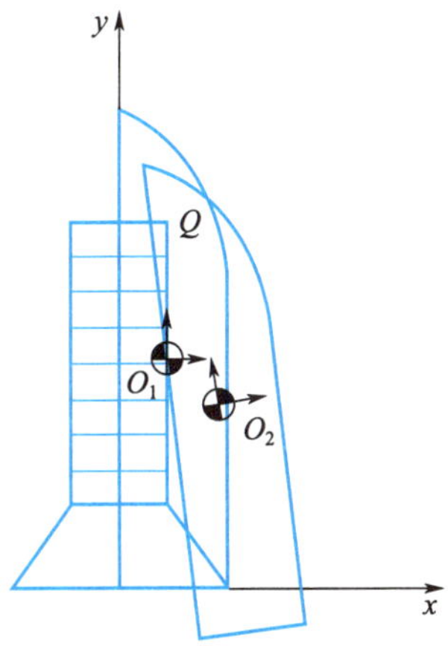

图9-9　地面试验半罩运动过程图

易碰点主要是卫星上的 Q 点，与整流罩之间的最小距离随半罩的运动而变化，具体可表达为

$$d(I)=g(x_0)-H \tag{9-33}$$

若半罩在大过载或半罩尺寸较大时采用平抛分离方式，分离能源提供的力或冲量要足够大，因此进行结构设计时需考虑集中力作用下横向和纵向的局部刚度，必要时进行

补强。

分离时主要考虑整流罩与箭体不碰撞，碰撞风险点 A 速度满足

$$v_A \geqslant \frac{D}{\sqrt{\frac{2l}{a}}} \pm \bar{\omega} r \tag{9-34}$$

式中，a 为火箭在整流罩分离时的加速度；D 为箭体横向距离；l 为箭体轴向距离；$\bar{\omega}$ 为半罩旋转的角速度；r 为 A 点至质心的距离。

假设半罩为刚体，气动力作用使半罩产生的分离速度

$$v = \frac{Ft}{m} = \frac{1}{m}\int_0^t p(t)\mathrm{d}t \tag{9-35}$$

式中，$p(t)$ 为分离能源的压力；m 为半罩质量。

半罩任意点在分离时不与火箭碰撞的最低条件 $v \geqslant v_A$，经验要求半罩的横向分离速度不小于 5 m/s。

为了保证顺利分离，还需分离力对质心的力矩大于摩擦力矩

$$FL \geqslant F_f l \tag{9-36}$$

式中，F 为分离力的合力；L 为分离力作用点至质心距离；F_f 为摩擦力；l 为摩擦力作用点至质心距离。

猎鹰 9 号运载火箭整流罩在半罩内布置高压气瓶及管路，纵向连接采用 14 处机械锁机构锁紧，接收到分离指令后，高压氦气驱动机械锁，使两瓣整流罩解除纵向连接。在锥段前部、倒锥段底部各安装一个推冲装置，高压氦气继续驱动推冲装置（4 个）直至将两瓣整流罩推开，完成平抛分离。同一套装置既可以提供锁紧力，也可以作为分离能源，非火工锁紧装置可检、易测、冲击小，如图 9-10 所示。

图 9-10　猎鹰 9 号运载火箭整流罩半罩分离解锁布置

9.4　整流罩平推分离动力学仿真

9.4.1　结构概述

整流罩平推分离系统包括气瓶、电爆阀、截止阀和传感器，6 个推冲装置对称布置，每侧 3 个，位于整流罩分离位置两侧支架上。总装整流罩时两侧整流罩对接后，冷气推冲装置推杆与套筒一一对应安装，当气瓶阀门打开后，高压气体形成推力，分离装置相向推开整流罩，如图 9－11 所示。

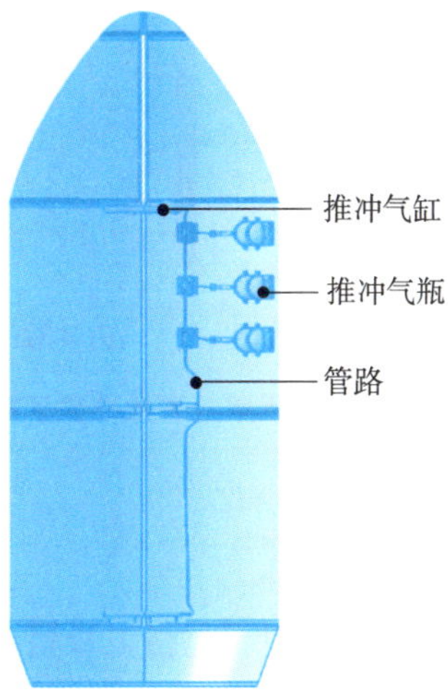

图 9－11　冷气反推系统安装图

9.4.2　流固耦合 VTL 技术介绍

基于欧拉-拉格朗日算法的流固耦合算法（Coupled Eulerian－Lagrangian，CEL）在解决复杂流体-固体之间的相互作用问题时有强大的优势，由于 CEL 算法能够将结构和气动的影响进行耦合，并能将载荷、位移、速度等参数在两域内直接传递，所以后面基于 CEL 算法对整流罩平抛分离试验进行仿真预示。

基于 CEL 算法采用有限差分法，求解带有移动边界的二维流体动力学问题。在 CEL 算法中，网格点可以随物体质点同步移动，但也可以在空间中固定不动。因此，CEL 算法在解决物体的大位移，如碰撞、流体动力学及流体与固体之间的相互作用时，具有明显优势。如图 9－12 所示。

在 Abaqus 软件中，在 Abaqus/Explicit 中欧拉方法的实现是基于流体体积法。在此方法中，材料在网格中流动的轨迹是通过计算每一个单元中的欧拉体积分数（EVF）来确定的。通过体积分数技术（Volume Fraction Tool，VTL）离散出流体物质区域，VTL 技术是在欧拉区域离散出流体物质的区域。如果离散区域完全充满了一个单元，它的体积分数便为 1；如果一个单元中材料为空，它的体积分数便为 0。整流罩与离散欧拉区域如图 9－13 所示。

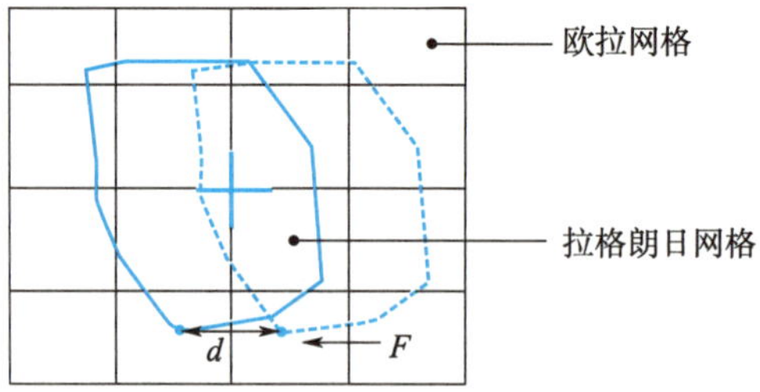

图 9-12　罚函数耦合计算示意图

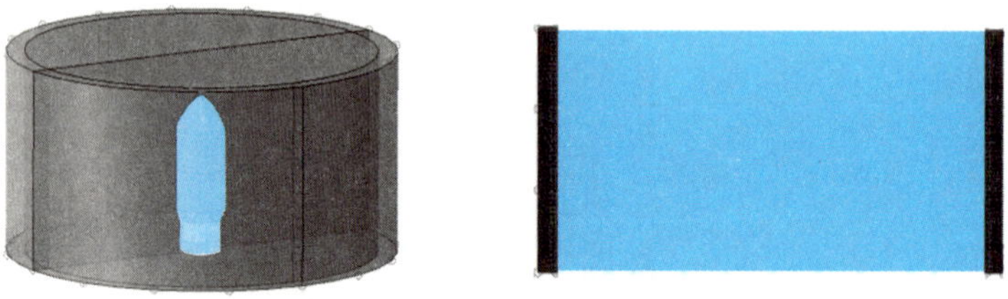

(a) 整流罩在流域内　　(b) 离散得到的流体区域

图 9-13　整流罩与离散欧拉区域

9.4.3　CAE 模型介绍

图 9-14 为整流罩流固耦合有限元模型，包括卫星适配器、卫星、整流罩、分离装置（用力学单元模拟），以及流体区域。

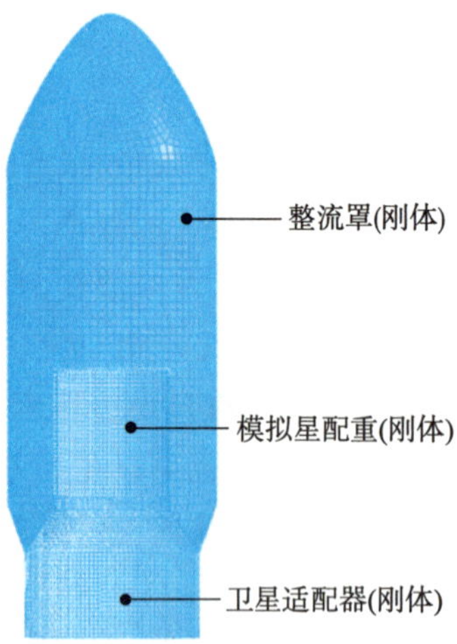

图 9-14　整流罩平抛有限元模型

卫星适配器和卫星在分析中与整流罩分离没有力学关系，因此显示为刚体，其结构属性用参考点、定义点、质量点实现。

在整流罩外侧建立相应流场。由于计算结果对流体域网格大小较为敏感，尽可能划分较小的流体单元。此外整流罩分离过程中初始流体压力梯度较大，所以对整个流体域分区进行网格划分。半径为 20 m 的单元特征尺寸为 0.2 m，高度 42 m 的单元特征尺寸为 0.05 m，其他方向的单元特征尺寸均为 0.2 m。流体域采用欧拉单元划分网格，单元类型为 8 节点线性欧拉实体单元（EC3D8R），单元数为 56 万，整流罩简化模型采用 4 节点壳单元（S4R），单元数为 2 万。

两个整流罩半罩采用复合材料建立柔性体模型。半罩之间平抛分离装置采用连接器单元模拟，分离装置连接单元为无刚度的 Translator 模拟连接器。根据半罩的平抛推力连接点，建立连接单元 Translator 模拟，定义半罩平抛分析连接器推力属性。由于仿真模型分离瞬间状态，各物体之间为接触关系（固体与固体，固体与流体之间）。所有单元采用六面体实体单元相结合的形式，减少计算量。有限元模型中长度单位为 mm，应力单位为 MPa，力单位为 N。

9.4.4　定义相互作用关系

本模型的相互作用关系（Interaction）主要包括接触关系、约束关系和连接单元属性 3 部分。

（1）接触关系

本模型的接触关系为通用接触（Interaction→Create→General contact（Explicit）），定义（Interaction→Property→Create）中设置为默认状态。

（2）约束关系

显示刚体约束（Rigid body）主要用在卫星适配器和卫星的定义。对卫星适配器和卫星进行添加材料后，在质心位置建立参考点，建立显示刚体约束。

（3）耦合约束（Coupling）

耦合约束主要用于建立连接单元，在冷气推冲连接点建立参考点，连接安装位置建立 Coupling，便于建立连接器和添加冷气推冲载荷，分布在整流罩平抛位置推杆连接点，如图 9 - 15 所示。

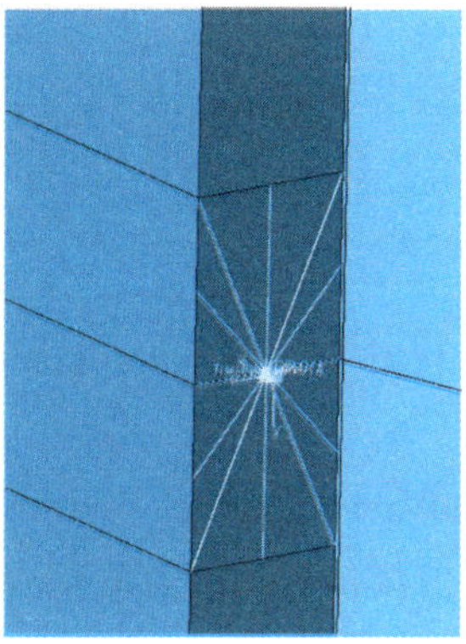

图 9 - 15　约束关系

（4）连接单元属性

连接单元 Translator。Translator 模拟缓冲器，利用整流罩平抛载荷点，建立 Wire（Connector→Geometry→Create Wire Feature），并在 load 上添 Connector force，添加分离力。如图 9－16、图 9－17 所示。

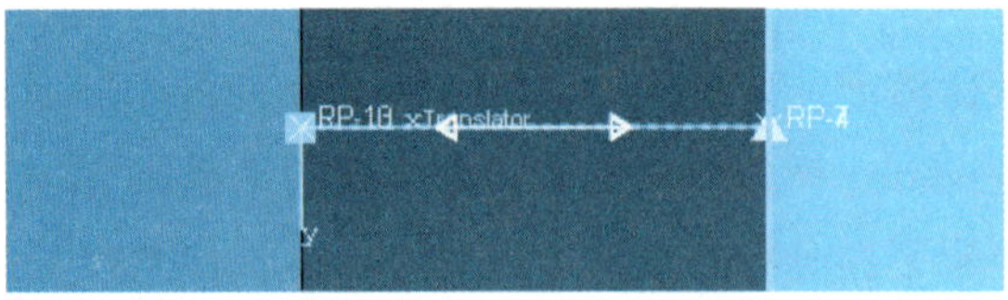

图 9－16　Translator 单元和分离力

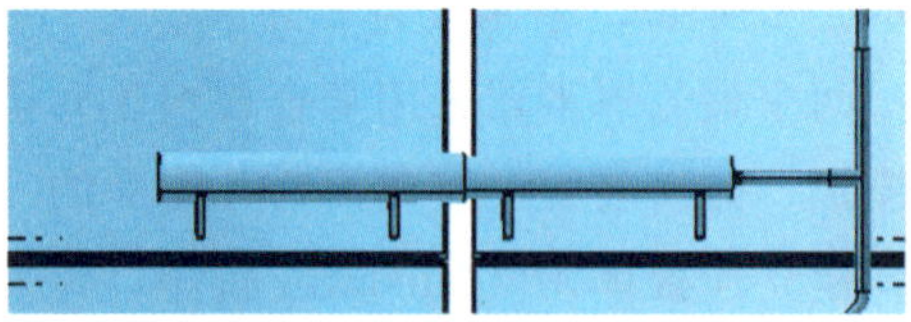

图 9－17　推冲分离力

9.4.5　载荷边界建立

9.4.5.1　载荷添加

整流罩在真空分析边界条件为在 wire 上施加分离力，模拟分离装置平抛整流罩的气缸压力。通过 Load→Create→Mechanical→Connector force 添加。设定单个平抛推力为 10 000 N，推力杆长度为 100 mm。加载载荷曲线对比如图 9－18 和图 9－19 所示。

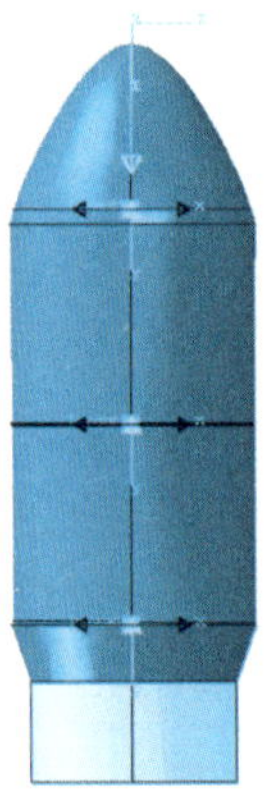

图 9－18　加载载荷

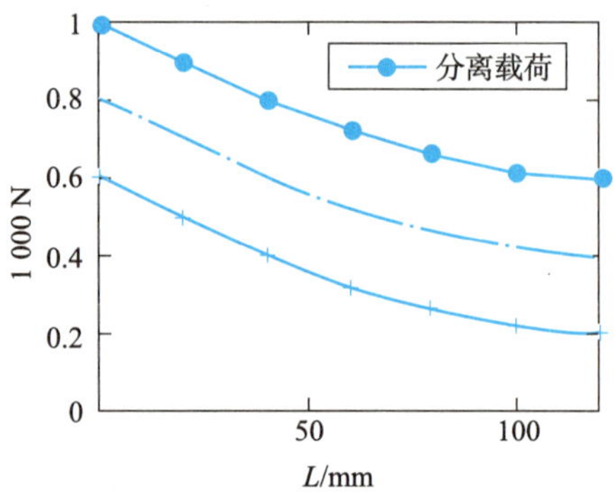

图 9－19　加载载荷曲线对比

9.4.5.2　VTL 离散流域技术

离散空气流域（Tools－Discrete field－Volume fraction tool…），选择欧拉区域，在欧拉区域离散出空气流域。

设置中 Load－create predefined field－other －material assignment 选择欧拉区域和空气流域，空气流域可以在欧拉流域内流动，进行流固耦合分析。

9.4.6　仿真参数设置

仿真采用显示动力学（Step→Create→Dynamic，Explicit），时间周期（Time period）

为 0.5 s，勾选非线性（Nlgeom：On）。设置 Incrementation 的类型时，可以选择 Automatic，也可以选择 Fixed（适用于纯刚体分析），当选择 Fixed 模式时，本案例中 User - defined time increment 可设置为 1E - 6。

9.4.7　仿真结果

从图 9 - 20 可以看出整流罩分离时，内外流场分界面流速大，外部流场向内部流动，这是由于整流罩在分离时外部流场压强大于内部流场压强，外部空气向内部流动的结果。这预示着地面空气作用对整流罩打开有较大影响，因此提取地面试验和真空环境中的仿真结果进行比较，分析气流数据对整流罩的打开影响作用，为地面试验提供依据，在进行修正后为真空环境分离提供数据支持。

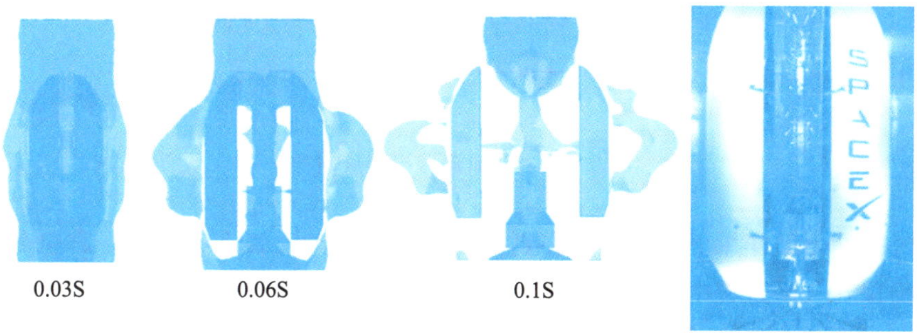

图 9 - 20　仿真过程与 SpaceX 公司试验对比

在后处理中提取仿真模型的位移和加速度进行分析（Visualization→Tools→Create XY Data→ ODB history output），从图 9 - 21 的分析结果可以看出，整流罩的分离加速度随着分离力增大而提高。整流罩分离要求快速、果断，分离加速度是衡量分离效率和安全性的一个重要指标。给平推气缸设计提供数据支持，可以看出仿真结果符合预期。

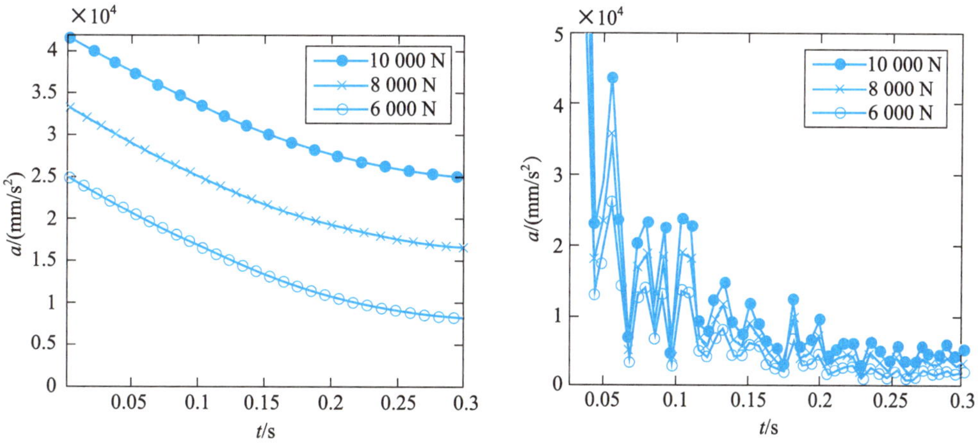

(a) 真空状态刚性分离加速度　(b) 真空状态柔性分离加速度

图 9 - 21　分离加速度对比

进一步对数据分析，提取箭整流罩的速度（Visualization→Tools→Create XY Data→ODB field output，V）。仿真结果如图 9－22 所示，从结果中可以看出，整流罩随着分离力变小，分离加速度变小，分离距离变大，分离速度变大。可见在分离过程中，整流罩在极短时间内被抛出，避免与多星堆栈分离发生磕碰；在飞行真空工况比在地面试验运动速度更快。

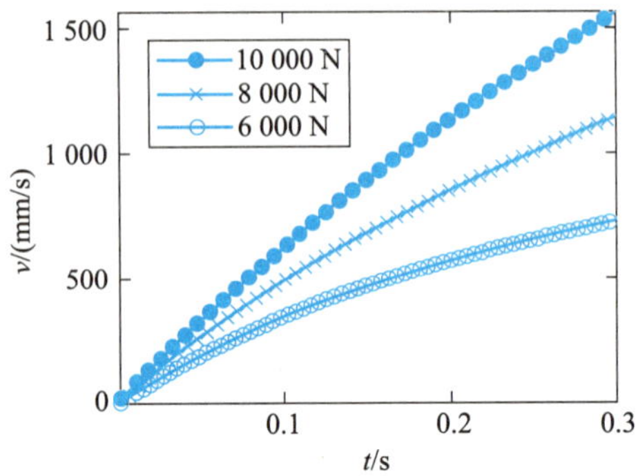

图 9－22　整流罩分离速度对比

在冷气推冲力的作用下，整流罩在真空和地面分离时距离迅速上升，真空分离距离比地面大，确保在分离过程中不发生磕碰，见图 9－23。同时不同大小的分离能量会影响分离距离，通过调整冷气推冲的压强，改变推力，以满足分离系统的需求。

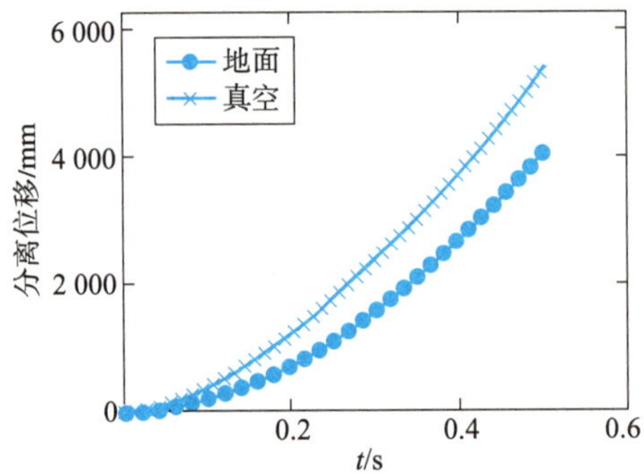

图 9－23　整流罩在地面和真空分离位移对比

9.4.8　小结

本节基于实例介绍了整流罩设计过程和平推分离有限元仿真分析过程，基于 wire 连接器加载载荷，模拟冷气推冲分离载荷。基于该模型可完成地面平推分离仿真和真空分离仿真，对比评估分离数据，通过加入弹性单元评估不同部位位置的受力情况和动态响应影响。为优化平推分离装置设计和气压设计提供数据支持。

9.5 整流罩设计评述

整流罩在火箭升空期间起到非常重要的作用，同时具备良好的气动外形、较轻的结构质量。保护内部卫星的同时还为火箭提供良好的气动特性。当进入太空后，整流罩分离是火箭发射升空阶段成功的重要标志。

无论是平推式分离还是旋转式分离，都须确保能够满足第一个目标，即整流罩的解锁、分离装置设计合理并具有较高的可靠性。

本章详细说明了运载火箭整流罩的设计过程，以平推分离技术为例详细说明了平推分离的设计过程，用实际案例分析研究整流罩平推技术的应用过程。采用 Abaqus 软件，基于流固耦合分析方法（Coupled Eulerian - Lagrangian，CEL），通过保积分数技术（Volume Fraction Tool，VTL）离散出流体物质区域，计算得到了平推整流罩地面试验和真空分离数据，模拟仿真流固耦合平推分离过程。仿真分析提供了详细可靠的方法和流程，有利于整流罩的平推设计，为压强设计提供数据支撑。

参考文献

[1] 李刚，艾森，唐宵汉，等．Abaqus 的 CEL 算法在整流罩地面分离试验仿真中的应用 [C]. 中国计算力学大会 2014 暨第三届钱令希计算力学奖颁奖大会论文集，2014.

[2] 程修妍，范博超，荣吉利，等．柔性整流罩地面展开试验仿真分析与飞行状态分离预测 [J]. 兵工学报，2018，39（3）：608 - 617.

[3] 张大鹏，雷勇军，柳海龙，等．大型柔性整流罩分离特点仿真分析 [J]. 兵工学报，2015，34（22）：115 - 120.

[4] 李刚，唐宵汉，艾森，等．大型整流罩地面分离仿真预示与试验研究 [J]. 宇航学报，2015，36（7）：833 - 839.

[5] 艾森．大型整流罩分离仿真研究 [D]．大连：大连理工大学，2015.

[6] 崔奇．飞行器整流罩分离的动力学模拟及可靠性分析 [D]．哈尔滨：哈尔滨工业大学，2011.

[7] 张大利．火箭整流罩分离过程仿真分析 [D]．哈尔滨：哈尔滨工业大学，2013.

[8] 何智航，聂宏，杨春，等．载荷-火箭分离导向机构参数设计及动力学分析 [J]．宇航学报，2014，35（6）：617 - 624.

[9] 徐永成，苟永杰，王石刚．某卫星整流罩分离仿真分析 [J]．上海航天，2009，26（1）：53 - 56.

[10] 董寻虎，骆剑．大型柔性整流罩抛罩多体动力学仿真 [J]. 上海航天，2005（5）：28 - 33.

[11] 马忠辉．大型弹性整流罩分离特点分析 [J]. 中国科学，2009，39（3）：482 - 489.

[12] 李哲，范学领，孙秦，等．大型整流罩分离动力学简化建模及仿真分析 [J]. 固体火箭技术，2012，35（5）：583-587.

[13] 张小伟，王延荣，谢胜百，等．弹性整流罩分离的流固耦合仿真方法 [J]．北京航空航天大学学报，2009，35（8）：976-979.

本章作者：薛子旺，孙良杰

第 10 章

碳纤维复合材料在火箭结构部段的应用

10.1 概述

通过第 1 章的介绍，我们已经了解到，猎鹰 9 号运载火箭上已经大量应用结构形式为碳纤维面板加铝蜂窝芯子的复合材料结构件，包括整流罩、一二级级间段、返回着陆支撑腿，如图 10－1、图 10－2、图 10－3 所示。

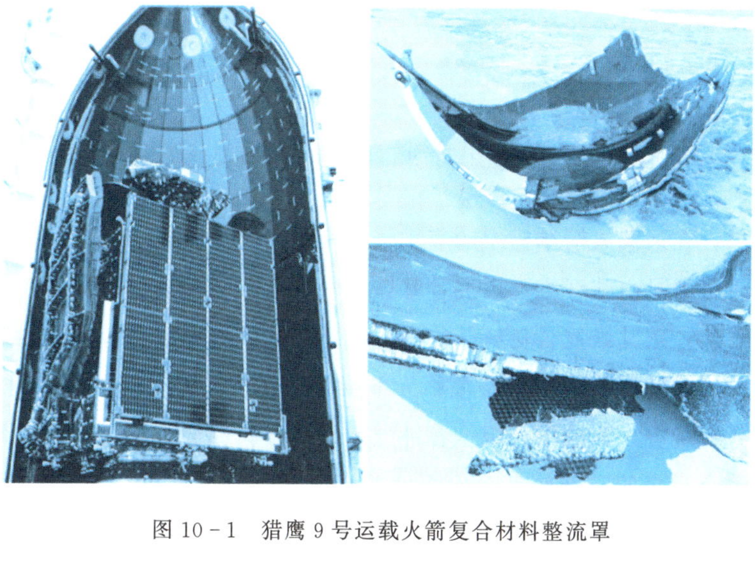

图 10－1　猎鹰 9 号运载火箭复合材料整流罩

碳纤复合材料之所以大量应用在运载火箭结构中，正是因为材料本身具有高强度且质轻的特性。在运载火箭设计与制造中，低成本、高可靠性是衡量项目可行性的重要的准则。结构轻量化是提高运力和降低发射成本的重要手段之一，火箭结构部段中选用的材料一般为轻质且刚度、强度较大的材料，如铝锂合金、钛合金、碳纤维复合材料等。这类材料的大量应用，在同等条件下，间接提高了火箭的安全系数和结构比。其中碳纤维复合材

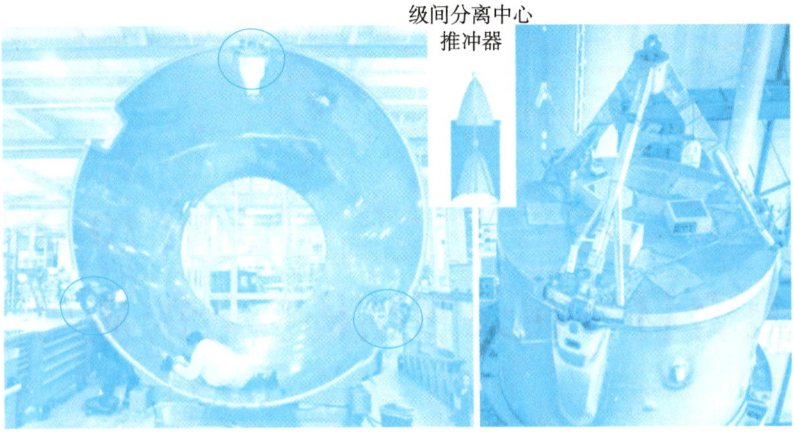

图 10－2　猎鹰 9 号运载火箭级间段

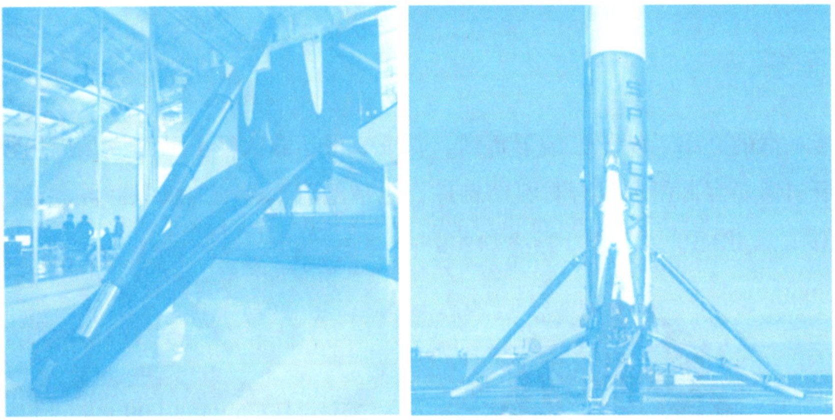

图 10－3　猎鹰 9 号运载火箭支腿

料作为新型材料，在运载火箭结构中的应用将发挥重要的作用。

碳纤维复合材料是由碳纤维丝束混合基体材料形成的一种具有各向异性的力学、热学等性能的复合材料。碳纤维复合材料结构的基本单元是由丝束混合基体材料制造的复合铺层，一般是单向纤维的单一铺层，通常称为单层板。在产品设计时使用碳纤维复合材料，必须使用铺层进行堆叠，形成层合板。各铺层的纤维方向也会根据设计需求，沿不同方向排列。碳纤维复合材料的密度较低、比强度较高，其纤维方向的强度可达钢材的 10 倍，可达铝锂合金的 6 倍，如图 10－4 所示，这些特殊属性也正是火箭所特需的。另外，碳纤维复合材料具有各向异性的力学性能，其在火箭结构领域的设计空间更加巨大，应用更加灵活。虽然碳纤维复合材料给火箭箭体结构带来了新的可能性，但是，其高昂的造价、复杂的工艺、材料的干扰因素等问题，仍然需要大量探索与研究。

早在 20 世纪 60 年代，复合材料的纤维缠绕技术就已经应用在固体发动机壳体上，今天的固体发动机壳体仍然采用复合材料制造。固体发动机壳体内部填充固体药柱，内部燃烧工

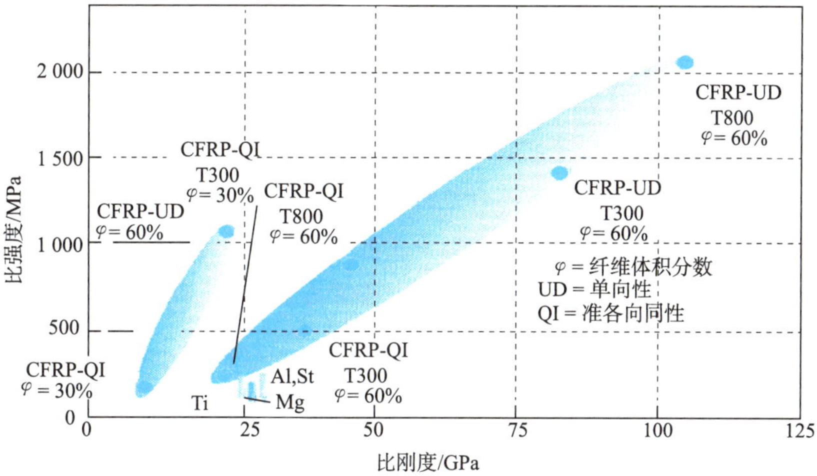

图 10-4　材料比强度图谱

作时，产生巨大高温、高压燃气，同时弹体飞行速度极高，外壁也会产生大量气动热。这要求壳体可以承受高温、高压的同时，还需要提供足够的刚度满足拉、弯等载荷要求。

20 世纪 80 年代，美国成功制造出世界上第一个液氢复合材料贮箱。该箱容积 3.4 m^3，采用了 IM7/8551-7A 复合材料，成功通过了 0.689 MPa 的内压试验及扭转、弯曲试验，并通过超低温液氢的加注/排空循环试验验证了材料的防渗漏性能。该贮箱研制中成功解决了复合材料低温下的液氢渗漏和低温力学性能两大难题，遗憾的是由于某些原因并未实际应用。后续一些其他公司也对复合材料贮箱进行了研究试制，在 2016 年美国 SpaceX 公司曾制造了用于火星计划的碳纤维复合材料直径 12 m 贮箱的原理样机，如图 10-5 所示。但由于隔热技术和经济性等方面原因，在后续的猎鹰 9 号运载火箭中并没有采用复合材料贮箱，而是采用了技术更成熟的铝锂合金贮箱，相关的复合材料制造设备也被拆除和废弃。

图 10-5　SpaceX 公司复合材料贮箱

对于复合材料来说，它缺少可与金属相比的验证试飞数据库，而实际上，复合材料以部件的形式应用在运载火箭结构当中，如整流罩、防热裙、防护罩、级间段等。这些部件之所以选择复合材料，最重要的原因是减少质量和降低成本，虽然复合材料的原料和制造成本高于金属材料，但是当一个复合材料件代替一个由多部分组成的金属件时，成本就会得到节约。因此，现代运载火箭中复合材料舱段结构件大量出现。

随着商业航天的发展，商业航天发射更注重低成本、高可靠、快响应等，火箭公司对于贮箱这种压力容器关键结构件，综合考虑，传统的金属结构件相对技术更成熟、质量更稳定，因此更符合商业发展要求。

10.2　碳纤维复合材料舱段结构与力学分析

10.2.1　典型碳纤维复合材料舱结构形式

碳纤维复合材料作为先进复合材料的典型代表，贯穿整个先进复合材料的发展历程，是先进复合材料的中流砥柱，是目前航天器结构应用范围最广、技术成熟度最高的材料，同时也是实现航天器结构轻量化、多功能化的关键材料。目前复合材料舱段常见的有以下3种结构形式：1）碳纤维网格加筋结构形式；2）碳纤维蒙皮＋复合材料标准桁条；3）碳纤维蒙皮＋金属加强结构。

薄壁加筋板、壳结构比平板带来更高的比强度，采用内置正交或斜置筋条加强薄壁蒙皮，如图10－6所示，成型工艺为分体模具层铺，采用高模量碳纤维复合材料整体成型，涉及预浸成型工艺、预固化成型工艺、共固化成型工艺以及热压罐/真空袋固化成型工艺等工艺技术，应用了单丝纤维网格排布成型技术、预固化技术、网格预固化件装配技术、成型模具设计及温度补偿技术等关键技术。其主要的优势是可实现一体化成型，整体性较好；不足之处是，由于需要固定的模具等成型工装，需求量小时成本略高。

图10－6　碳纤维网格加筋结构形式

碳纤维蒙皮+复合材料标准桁条共固化的结构形式具有较高刚度且成本略低，如图 10－7 所示。采用共固化工艺制造 T 型加筋壁板，其难点之一在于需要将湿态 T 型长桁与湿态蒙皮准确组合在一起。一般而言，为降低制造难度，确保内部质量，在长桁和蒙皮铺贴完毕后，需要进行预压实处理。预压实参数的选择至关重要。从使用角度而言，对长桁和蒙皮的预压实，其目标略有差异。对 T 型长桁进行预压实，是为了确保其组成部分在后续转运、组合等工艺过程中的结构完整性及刚性满足要求，避免出现预浸料铺层散开、弯折等问题。对蒙皮进行预压实，是为了提高其密实程度的均一性，减少固化过程中长桁区域和非长桁区域间由于压力传导的轻微差异而引起的蒙皮内部质量的差异性。消除固化过程中蒙皮厚度变化引起的长桁轴线偏移、倾倒等问题。

图 10－7　蒙皮+筋条共固化结构

碳纤维蒙皮+金属加强结构相对简单，生产周期较短，适用于载荷不高的结构部段，如图 10－8 所示。一般碳纤维蒙皮和其他碳纤维结构件整体成型，进行热压罐固化，结构强度不足或者受集中载荷的位置使用金属结构件或金属桁条补强，金属件常采用粘接、铆接、螺接等紧固件连接方式。

图 10－8　碳纤维蒙皮加金属加强结构

10.2.2 典型碳纤维复合材料舱段的生产制造工艺

复合材料舱段的制造工艺常采用热压罐工艺和树脂转移模塑工艺（Resin Transfer Molding，RTM）。

热压罐工艺是一种低压成型，在成型模具上层叠预浸料，盖上膨胀薄膜（用于制造真空状态的薄膜）进行减压，在热压罐内施加压力加热固化，如图 10－9 所示。热压罐工艺具备普适性，性能稳定，适合制造高品质、高性能产品，该工艺不受产品尺寸限制，但该工艺随着产品尺寸的超范围增加，热压罐的尺寸也需要增加，导致固定资产投资成指数增加，且设备能耗高、生产周期长、工艺成本高。

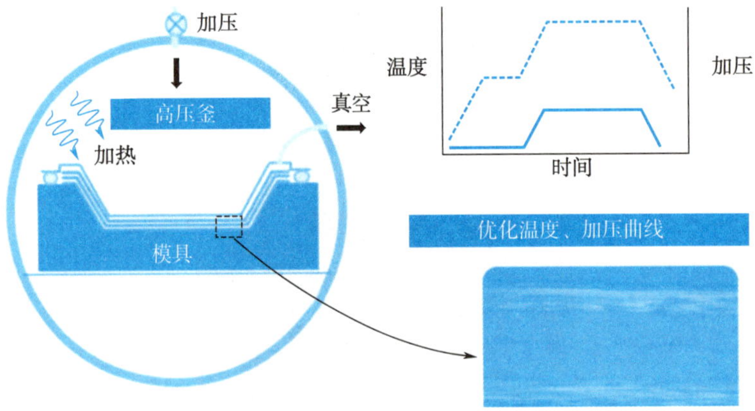

图 10－9　热压罐（AC）成型

RTM 工艺是最具有代表性的低成本复合材料制造工艺之一。RTM 工艺是将具有反应活性的低黏度树脂在注射压力或真空吸力的作用下注入模具型腔中，排除气体并浸润模具中预先铺放的干态纤维增强体（即预成型体），完成浸润后，树脂在加热或常温下固化，最后脱模获得复合材料制件的一种液态成型工艺。目前复合材料主要采用预浸料/热压罐工艺制造，预浸料生产资金投入大，生产速度慢，且脱模纸和塑料膜等辅助材料的成本高，因此导致工艺成本极大。而 RTM 工艺的主要特点是增强材料和树脂基体分开处理，直到充模两者才在模具中复合，这样的特点使它的原材料成本大大降低，单位质量的价格可以减少 30%～50%。除了低成本，RTM 工艺的主要优点还包括能制造高纤维含量、高表面精度、高结构设计效率的复杂制件以及保持较好的生产环境等，因此，在航空航天、船舶、汽车等领域获得了广泛的应用。在美国，RTM 已经成为复合材料制造行业的主导成型工艺之一，而且正以每年 20%～25%的增长率增长。国内从 1980 年开始引进 RTM 设备，但其大规模研究发生在 1990 年代中后期，截至目前，RTM 工艺已在我国的航空航天和汽车领域获得了广泛应用。

另外，结合以上两种工艺方案的优点，现代工艺研究出一种预浸料－RTM 工艺，实现低投资、低成本、高性能。舱段采用预浸料－RTM 工艺制造流程如图 10－10 所示，该工艺从材料性能和工艺特性方面对现有的树脂进行创新设计和系统地研制优化。通过树脂体系流变调控技术、树脂体系温度适应性技术和树脂的力学性能技术，进行树脂配方优化，以更好地适应产品性能要求。

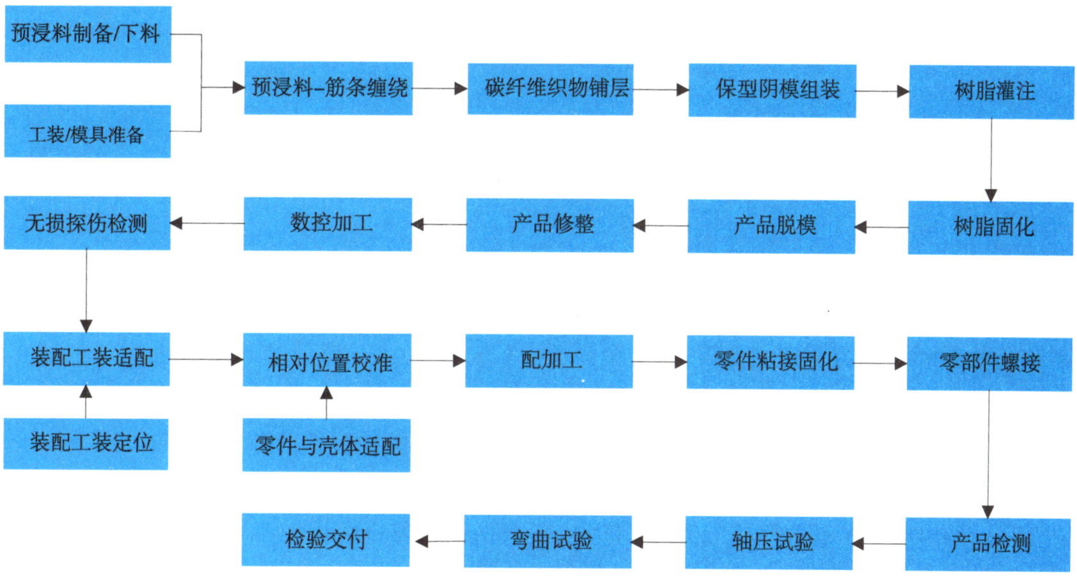

图 10－10　预浸料-RTM 工艺制造流程

10.2.3　碳纤维复合材料的力学分析基础

10.2.3.1　宏观力学分析

复合材料的材料力学按力学模型可分为宏观力学和细观力学，理论基本算法一般从宏观力学角度出发。宏观力学从单层复合材料是均匀的假定出发，从复合材料的平均性能表观进行研究。把单层板看成均匀的各向异性材料，不考虑纤维与基体的具体性能，用其平均性能表示单层板的特性，继而分析压层板的力学性质，经过大量试验验证，分析方法所得结果比较符合实际。这种分析方法简单高效，结果精度满足一般火箭部段结构的工程应用，往往用于纤维几何形状、布置形式、纤维与基体之间的相互作用等细微因素影响较小的结构部分论证计算。

细观力学分析是以细化分析材料之间的相互作用来定义复合材料的力学性能。这种分析方法比较精细且复杂，往往被用来分析单层板。单层板的宏观力学性能通过细观力学分析结合大量试验测定结果进行评定。而宏观力学分析是建立在已知单层板的宏观力学性能基础上，继而扩展到层合板分析，数据结果比较可靠，方法简便。因此，在工程应用中宏观力学分析方法被广泛应用。

10.2.3.2　碳纤维复合材料各向异性材料本构模型

与各向同性的金属材料不同，复合材料是一种各向异性材料，在模拟过程中必须考虑到这一点。本文研究的复合材料仅限于线弹性材料，线弹性、各向异性的材料的应力应变关系为

$$\begin{Bmatrix}\sigma_{11}\\\sigma_{22}\\\sigma_{33}\\\tau_{23}\\\tau_{31}\\\tau_{12}\end{Bmatrix}=\begin{bmatrix}C_{11}&C_{12}&C_{13}&C_{14}&C_{15}&C_{16}\\C_{21}&C_{22}&C_{23}&C_{24}&C_{25}&C_{26}\\C_{31}&C_{32}&C_{33}&C_{34}&C_{35}&C_{36}\\C_{41}&C_{42}&C_{43}&C_{44}&C_{45}&C_{46}\\C_{51}&C_{52}&C_{53}&C_{54}&C_{55}&C_{56}\\C_{61}&C_{62}&C_{63}&C_{64}&C_{65}&C_{66}\end{bmatrix}\begin{Bmatrix}\varepsilon_{11}\\\varepsilon_{22}\\\varepsilon_{33}\\\gamma_{23}\\\gamma_{31}\\\gamma_{12}\end{Bmatrix}\tag{10-1}$$

式中，C_{ij} 表示刚度矩阵 $\boldsymbol{C}$ 中的刚度系数，式（10－1）表明，在材料的弹性极限范围内，各向异性材料的应力应变关系需要 36 个弹性常数来表达。C_{ij} 满足以下关系式

$$C_{ij}=C_{ji}(i,j=1,2,\cdots,6)\tag{10-2}$$

根据式（10－2）得出，各向异性材料弹性常数中独立的弹性常数有 21 个。

$$\gamma_{ij}=2\varepsilon_{ij}(i,j=1,2,3,i\neq j)\tag{10-3}$$

式中，$\gamma_{ij}(i\neq j)$ 表示工程剪应变；$\varepsilon_{ij}(i\neq j)$ 表示张量剪应变。

正交各向异性材料，包含 3 个相互正交的弹性对称面，所以这种材料有 9 个独立的弹性常数，其应力应变关系可以表示为

$$\begin{Bmatrix}\sigma_{11}\\\sigma_{22}\\\sigma_{33}\\\tau_{23}\\\tau_{31}\\\tau_{12}\end{Bmatrix}=\begin{bmatrix}C_{11}&C_{12}&C_{13}&0&0&0\\C_{21}&C_{22}&C_{23}&0&0&0\\C_{31}&C_{32}&C_{33}&0&0&0\\0&0&0&C_{44}&0&0\\0&0&0&0&C_{55}&0\\0&0&0&0&0&C_{66}\end{bmatrix}\begin{Bmatrix}\varepsilon_{11}\\\varepsilon_{22}\\\varepsilon_{33}\\\gamma_{23}\\\gamma_{31}\\\gamma_{12}\end{Bmatrix}\tag{10-4}$$

通过对上式的刚度矩阵 $\boldsymbol{C}$ 求逆可以得到柔度矩阵 $\boldsymbol{S}$，该柔度矩阵由柔度系数 S_{ij} 表示，除了上述刚度系数 C_{ij} 和柔度系数 S_{ij} 来表示材料弹性特性外，工程上，材料弹性特性的表示常常采用工程弹性常数，包括弹性模量 E_i 、泊松比 γ_{ij} 和剪切模量 G_{ij} 。正交各向异性材料的工程弹性常数与柔度系数的关系可以表示为

$$\boldsymbol{S}=\begin{bmatrix} S_{11} & S_{12} & S_{13} & 0 & 0 & 0 \\ S_{21} & S_{22} & S_{23} & 0 & 0 & 0 \\ S_{31} & S_{32} & S_{33} & 0 & 0 & 0 \\ 0 & 0 & 0 & S_{44} & 0 & 0 \\ 0 & 0 & 0 & 0 & S_{55} & 0 \\ 0 & 0 & 0 & 0 & 0 & S_{66} \end{bmatrix}=\begin{bmatrix} \frac{1}{E_1} & -\frac{\nu_{12}}{E_2} & -\frac{\nu_{13}}{E_3} & 0 & 0 & 0 \\ -\frac{\nu_{21}}{E_1} & -\frac{1}{E_2} & -\frac{\nu_{23}}{E_3} & 0 & 0 & 0 \\ -\frac{\nu_{31}}{E_1} & -\frac{\nu_{32}}{E_2} & -\frac{1}{E_3} & 0 & 0 & 0 \\ 0 & 0 & 0 & \frac{1}{G_{23}} & 0 & 0 \\ 0 & 0 & 0 & 0 & \frac{1}{G_{31}} & 0 \\ 0 & 0 & 0 & 0 & 0 & \frac{1}{G_{12}} \end{bmatrix} \tag{10-5}$$

由于柔度矩阵 $\boldsymbol{S}$ 是对称矩阵，所以由式（10－5）可以得出

$$\left.\begin{aligned} \frac{\nu_{12}}{E_1}&=\frac{\nu_{21}}{E_2} \\ \frac{\nu_{13}}{E_1}&=\frac{\nu_{31}}{E_3} \\ \frac{\nu_{23}}{E_2}&=\frac{\nu_{32}}{E_3} \end{aligned}\right\} \tag{10-6}$$

由于刚度矩阵 $\boldsymbol{C}$ 和柔度矩阵 $\boldsymbol{S}$ 是互逆的，因此

$$\boldsymbol{CS}=\boldsymbol{I} \tag{10-7}$$

$\boldsymbol{I}$ 为 6×6 单位矩阵。将式（10－4）中的刚度矩阵和式（10－5）中的柔度矩阵依次带入式（10－7）中，求解可以得到刚度系数与工程弹性常数的关系表达式

$$\left.\begin{aligned} G_{11}&=\frac{1-\nu_{23}\nu_{32}}{E_2E_3\Delta} \\ G_{12}&=\frac{\nu_{21}+\nu_{31}\nu_{23}}{E_2E_3\Delta}=\frac{\nu_{12}+\nu_{32}\nu_{13}}{E_1E_3\Delta} \\ G_{22}&=\frac{1-\nu_{13}\nu_{31}}{E_1E_3\Delta} \\ G_{23}&=\frac{\nu_{32}+\nu_{12}\nu_{31}}{E_1E_3\Delta}=\frac{\nu_{23}+\nu_{21}\nu_{13}}{E_1E_2\Delta} \\ G_{33}&=\frac{1-\nu_{12}\nu_{21}}{E_1E_2\Delta} \\ G_{31}&=\frac{\nu_{31}+\nu_{21}\nu_{32}}{E_2E_3\Delta}=\frac{\nu_{13}+\nu_{12}\nu_{23}}{E_1E_2\Delta} \\ C_{44}&=G_{23},\quad C_{55}=G_{31},\quad C_{66}=G_{12} \end{aligned}\right\} \tag{10-8}$$

式中，$\Delta=\dfrac{1-\nu_{12}\nu_{21}-\nu_{23}\nu_{32}-\nu_{13}\nu_{31}-2\nu_{21}\nu_{32}\nu_{13}}{E_1E_2E_3}$，根据柔度矩阵必须是正定这一条件，

可得出正交各向异性材料的工程常数限制条件

$$E_1, E_2, E_3, G_{12}, G_{31}, G_{23} > 0$$

$$\left.\begin{aligned} &|\nu_{12}| < \left(\frac{E_1}{E_2}\right)^{\frac{1}{2}}, |\nu_{21}| < \left(\frac{E_2}{E_1}\right)^{\frac{1}{2}} \\ &|\nu_{13}| < \left(\frac{E_1}{E_3}\right)^{\frac{1}{2}}, |\nu_{31}| < \left(\frac{E_3}{E_1}\right)^{\frac{1}{2}} \\ &|\nu_{23}| < \left(\frac{E_2}{E_3}\right)^{\frac{1}{2}}, |\nu_{32}| < \left(\frac{E_3}{E_2}\right)^{\frac{1}{2}} \end{aligned}\right\}$$

$$\nu_{21}\nu_{32}\nu_{13} < \frac{1}{2}\left(1 - \nu_{21}^2\frac{E_1}{E_2} - \nu_{32}^2\frac{E_2}{E_3} - \nu_{13}^2\frac{E_3}{E_1}\right) < \frac{1}{2} \tag{10-9}$$

10.2.3.3 单层板应力应变关系

由于单层板的厚度远远小于其他平面内方向的尺寸（设厚度方向为 3 方向，其他平面内方向为 1 和 2 方向），可以认为 $\delta_{33} = \tau_{31} = \tau_{23} = 0$，因此，我们将正交各向异性单层板主方向上的应力-应变关系表示为

$$\begin{Bmatrix} \sigma_{11} \\ \sigma_{22} \\ \tau_{12} \end{Bmatrix} = \begin{bmatrix} Q_{11} & Q_{12} & 0 \\ Q_{21} & Q_{22} & 0 \\ 0 & 0 & Q_{66} \end{bmatrix} \begin{Bmatrix} \varepsilon_{11} \\ \varepsilon_{22} \\ \gamma_{12} \end{Bmatrix} \tag{10-10}$$

$\boldsymbol{Q}$ 表示的是折减刚度矩阵，其元素用工程弹性常数表示为

$$\left.\begin{aligned} &Q_{11} = \frac{E_1}{1 - \nu_{12}\nu_{21}}, \quad Q_{22} = \frac{E_2}{1 - \nu_{12}\nu_{21}} \\ &Q_{12} = Q_{21} = \frac{\nu_{12}E_2}{1 - \nu_{12}\nu_{21}} = \frac{\nu_{21}E_1}{1 - \nu_{12}\nu_{21}} \\ &Q_{66} = G_{12} \end{aligned}\right\} \tag{10-11}$$

由于单层板材料主方向 1-2 与层压板总坐标 $x-y$ 不一致，因此，在实际应用中，经常需要把其中一个坐标系中的应力－应变关系转变到另外一个坐标系当中去。假设单层板材料的主坐标系为 $O12$，层压板的坐标系为 Oxy，如图 10-11 所示，θ 表示从 x 轴到 1 轴的角度，规定逆时针为正。

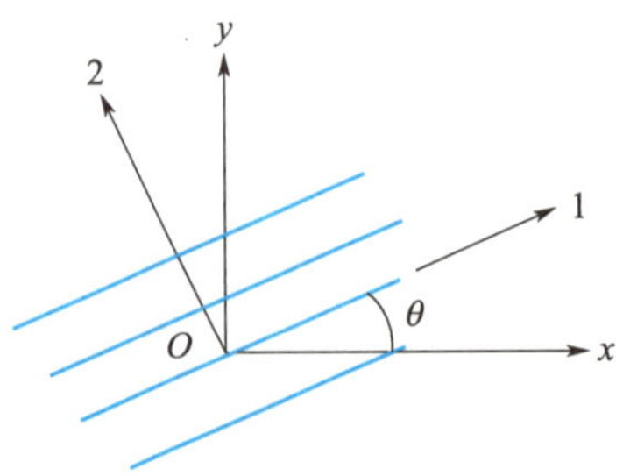

图 10-11　单层板坐标系与层压板坐标系关系

假设坐标轴 x，y，z 与坐标轴 1，2，3 之间的方向余弦分别为（l_1，m_1，n_1），（l_2，

m_2，n_2）以及（l_3，m_3，n_3），那么两坐标系间的方向余弦如表 10－1 所示。

表 10－1　单层板坐标系与层压板坐标系间的方向余弦

坐标系	1	2	3
x	$l_1=\cos\theta$	$m_1=-\sin\theta$	$n_1=0$
y	$l_2=\sin\theta$	$m_2=\cos\theta$	$n_2=0$
z	$l_3=0$	$m_3=0$	$n_3=0$

两坐标系之间的应力转换公式为

$$\begin{Bmatrix}\sigma_{xx}\\ \sigma_{yy}\\ \tau_{xy}\end{Bmatrix}=\begin{bmatrix}\cos^2\theta & \sin^2\theta & -2\sin\theta\cos\theta\\ \sin^2\theta & \cos^2\theta & 2\sin\theta\cos\theta\\ \sin\theta\cos\theta & -\sin\theta\cos\theta & \cos^2\theta-\sin^2\theta\end{bmatrix}\begin{Bmatrix}\sigma_{11}\\ \sigma_{12}\\ \tau_{12}\end{Bmatrix}\tag{10-12}$$

两坐标系之间的应变转换公式为

$$\begin{Bmatrix}\varepsilon_{xx}\\ \varepsilon_{yy}\\ \gamma_{xy}\end{Bmatrix}=\begin{bmatrix}\cos^2\theta & \sin^2\theta & -2\sin\theta\cos\theta\\ \sin^2\theta & \cos^2\theta & 2\sin\theta\cos\theta\\ \sin\theta\cos\theta & -\sin\theta\cos\theta & \cos^2\theta-\sin^2\theta\end{bmatrix}\begin{Bmatrix}\varepsilon_{11}\\ \varepsilon_{12}\\ \gamma_{12}\end{Bmatrix}\tag{10-13}$$

10.2.3.4　经典层合板理论

针对层合板弯曲问题的求解，假设如下。

1）直线法假设。假设层合板在没有受到载荷之前，垂直于中面的法线，在层合板受到载荷后仍然保持直线而且垂直于层合板变形后的中面。由于层合板是由许多单层板黏结组成的，所以可以假定黏结层厚度接近 0，没有剪切变形，沿着层合板横截面上的各个单层的位移是连续的，而且层间没有滑移，这样就有 $\gamma_{yz}=\gamma_{zx}=0$。

2）等法线假设。假设垂直于层合板中面的法线在承受载荷之后其长度是保持不变的，因此，垂直于中面的应变就可以忽略不计，这样 $\varepsilon_{zz}=0$。

3）平面应力假设。复合材料层合板中各单层板的状态均为平面应力状态。

基于上述 3 点假设建立的层合板理论称为经典层合板理论。在考虑一层合板时，假设由 N 层任意铺设的单层板组成，厚度为 t，z 轴垂直于层合板板面，则 xOy 坐标面与中面重合。层合板中第 k 层单层板应力可由层合板中面的应变与曲率表示为

$$\begin{Bmatrix}\sigma_{xx}\\ \sigma_{yy}\\ \tau_{xy}\end{Bmatrix}=\begin{bmatrix}\bar{Q}_{11} & \bar{Q}_{12} & \bar{Q}_{16}\\ \bar{Q}_{21} & \bar{Q}_{22} & \bar{Q}_{26}\\ \bar{Q}_{61} & \bar{Q}_{62} & \bar{Q}_{66}\end{bmatrix}\left\{\begin{Bmatrix}\varepsilon^0_{xx}\\ \varepsilon^0_{yy}\\ \gamma^0_{xy}\end{Bmatrix}+z\begin{Bmatrix}k_{xx}\\ k_{yy}\\ k_{xy}\end{Bmatrix}\right\}\tag{10-14}$$

作用于层合板上单位长度的力 N_x，N_y，N_{xy} 和力矩 M_x，M_y，M_{xy} 可以表示为

$$\begin{Bmatrix}N_x\\ N_y\\ N_{xy}\end{Bmatrix}_k=\int_{-t/2}^{t/2}\begin{Bmatrix}\sigma_{xx}\\ \sigma_{yy}\\ \tau_{xy}\end{Bmatrix}\mathrm{d}z=\sum_{k=1}^{N}\int_{z_{k-1}}^{z_k}\begin{Bmatrix}\sigma_{xx}\\ \sigma_{yy}\\ \tau_{xy}\end{Bmatrix}\mathrm{d}z\tag{10-15}$$

$$\begin{Bmatrix} M_x \\ M_y \\ M_{xy} \end{Bmatrix}_k = \int_{-t/2}^{t/2} \begin{Bmatrix} \sigma_{xx} \\ \sigma_{yy} \\ \tau_{xy} \end{Bmatrix} z\,\mathrm{d}z = \sum_{k=1}^{N} \int_{z_{k-1}}^{z_k} \begin{Bmatrix} \sigma_{xx} \\ \sigma_{yy} \\ \tau_{xy} \end{Bmatrix} z\,\mathrm{d}z \tag{10-16}$$

式中，z_k 和 z_{k-1}定义的方法如下：沿 z 轴方向，以层合板的中面为基准，对各个单层进行编号，按照从上到下的顺序，第一层上表面到中面的距离为 z_0，第一层下表面到中面的距离为 z_1，第二层下表面到中面的距离为 z_2，以此类推，一直到 z_N，并且存在关系 $z_0 = t/2$，$z_N = -t/2$。

将式（10－14）代入式（10－15）和式（10－16），最终可以得到以下关系

$$\begin{Bmatrix} N_x \\ N_y \\ N_{xy} \\ M_x \\ M_y \\ M_{xy} \end{Bmatrix} = \begin{bmatrix} A_{11} & A_{12} & A_{16} & B_{11} & B_{12} & B_{16} \\ A_{21} & A_{22} & A_{26} & B_{21} & B_{22} & B_{26} \\ A_{61} & A_{62} & A_{66} & B_{61} & B_{62} & B_{66} \\ B_{11} & B_{12} & B_{16} & D_{11} & D_{12} & D_{16} \\ B_{21} & B_{22} & B_{26} & D_{21} & D_{22} & D_{26} \\ B_{61} & B_{62} & B_{66} & D_{61} & D_{62} & D_{66} \end{bmatrix} \begin{Bmatrix} \varepsilon_{xx}^0 \\ \varepsilon_{yy}^0 \\ \gamma_{xy}^0 \\ k_{xx} \\ k_{yy} \\ k_{xy} \end{Bmatrix} \tag{10-17}$$

式中

$$\left.\begin{aligned} A_{ij} &= \sum_{k=1}^{N} (\bar{Q}_{ij})_k (z_k - z_{k-1}) \\ B_{ij} &= \frac{1}{2} \sum_{k=1}^{N} (\bar{Q}_{ij})_k (z_k^2 - z_{k-1}^2) \\ D_{ij} &= \frac{1}{3} \sum_{k=1}^{N} (\bar{Q}_{ij})_k (z_k^3 - z_{k-1}^3) \end{aligned}\right\} \tag{10-18}$$

式中，A_{ij}，B_{ij} 和 D_{ij} 分别为面内刚度系数、耦合度系数以及弯曲刚度系数。

10.3 火箭部段设计与校核经典案例

10.3.1 有限元建模

10.3.1.1 模型详细介绍

本章节设定了复合材料典型结构仪器舱主体，介绍了一种结构的承载能力建模和计算方法。以具体的网格加筋结构为案例，复合材料网格加筋舱段直径 3 800 mm，高 1 500 mm，环筋间距 120 mm，纵筋间距 120 mm，环筋和纵筋的筋高均为 30 mm，筋厚度均为 20 mm，蒙皮厚度 1.5 mm，采用有限元建模，获取舱段的整体轴向承载能力，如图 10－12 所示。

10.3.1.2 复合材料铺层设计

复合材料按照一定的规律和角度进行铺层。铺层是复合材料制件中的一层单向带，复合材料由两层或多层、同种或不同种材料铺层压制而成。舱段的复合材料铺层如表 10－2 所示。

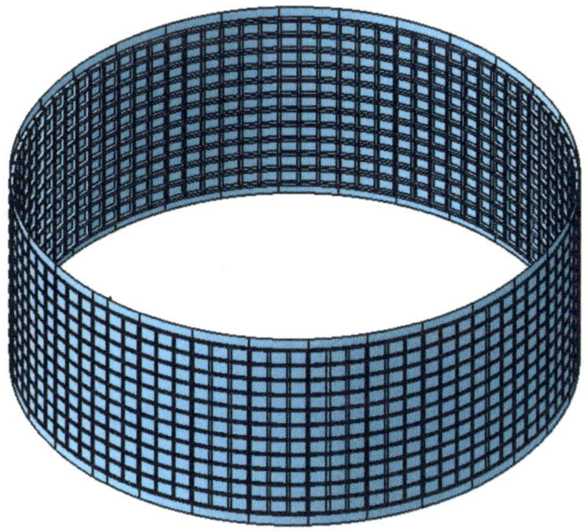

图 10 - 12　复合材料加强筋舱段

表 10 - 2　铺层方向

部件名称	厚度/mm	铺层表	实际厚度/mm	0 度方向
蒙皮	1.5	$[-45/0/45/0/90]_S$	1.5	纵向，并延伸至端框
前后端框	3	$[-45/0/45/0/90]_S/[0/45_F]_4/0_F$	3.3	纵向，含蒙皮加厚区
环纵筋	30	沿环纵筋条方向	30	纵向、环向

注：铺层角标 S 代表偶数对称层，角标 F 代表 FA300 材料的铺层。

Property - create composite layup - conventional shell 铺层方式进行铺层，曲面复合材料坐标利用 Discrete 方式，选择曲面和曲面的边线确定曲面复合材料的方向。铺设完成后铺层示意图如图 10 - 13 所示。

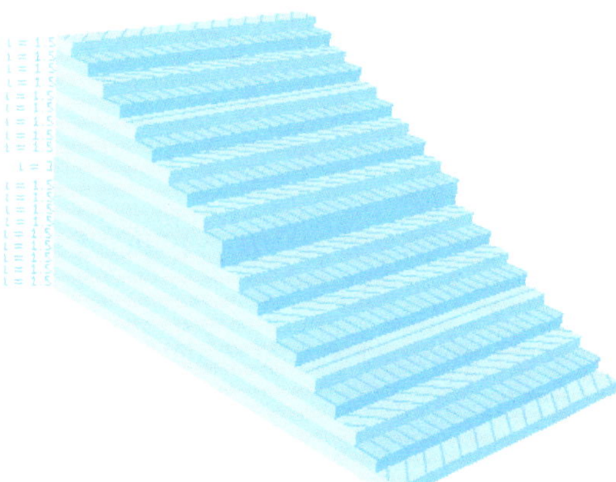

图 10 - 13　铺层示意图

10.3.1.3 复合材料特性

舱段复合材料主要由 T700 和 FA300 碳纤维构成，两者按照表 10－2 的顺序进行铺层，提高抗压和抗弯的特性，满足舱段力学性能，如表 10－3 所示。

表 10－3 复合材料力学性能

	E_1/GPa	E_2/GPa	Nu12	G_{12}/GPa	G_{13}/GPa	G_{23}/GPa	单层厚度/mm
T700	127	8.8	0.31	5	5	3.5	0.15
FA300	60	58	0.04	4.5	4	4	0.04

在舱段上，按照不同区域添加材料，建立有限元模型如图 10－14 所示。

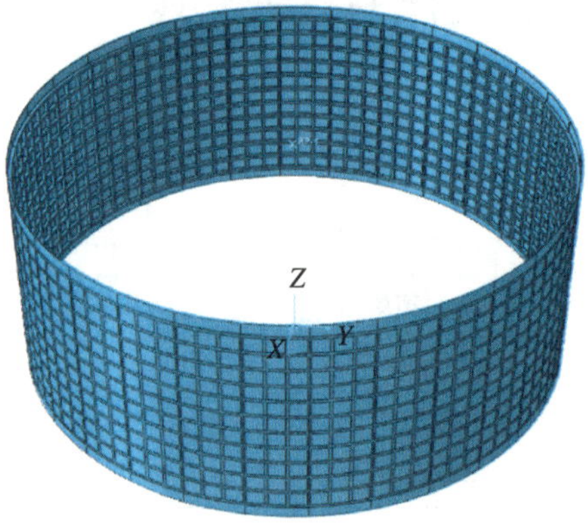

图 10－14 舱段有限元模型

10.3.2 仿真设置

舱段轴压工况仿真采用显示动力学（Step→Create→Dynamic，Explicit），时间周期（Time period）为 0.1 s，勾选非线性（Nlgeom：On）。设置 Incrementation 的类型时，可以选择 Automatic。

10.3.3 相互作用关系定义

本模型的相互作用关系属性（Interaction）为 coupling 连接单元，主要为加载点和约束点连接关系。

建立耦合关系 Interaction－create constraint－coupling，在舱段的顶端和底部建立加载和约束关系 Coupling，如图 10－15 所示。

10.3.4 载荷边界建立

模型的边界条件为约束舱段底端，在舱段顶部加载位移载荷。

Load－Boundary condition－symmetry/Antisymmetry/Encastre 选择底部约束参考点进行约束。

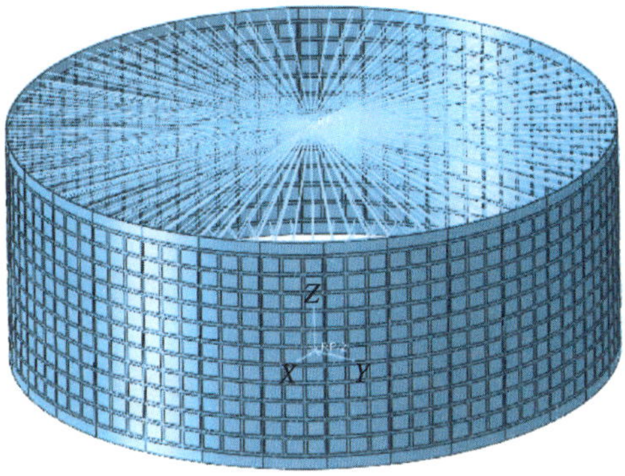

图 10－15　约束关系

Load－Boundary condition－displacement/rotation 选择顶部加载参考点进行位移载荷加载。如图 10－16 所示。

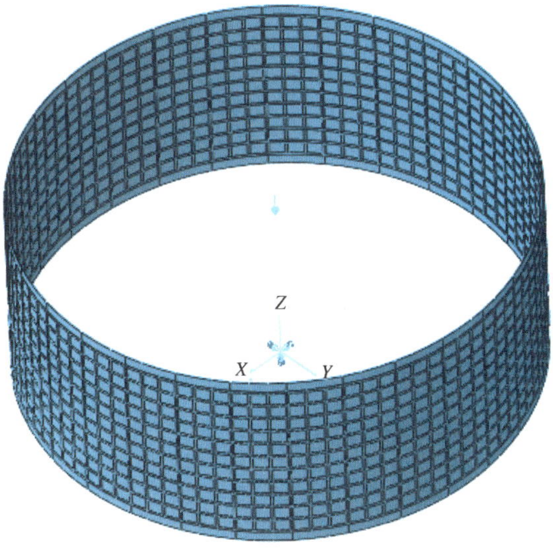

图 10－16　加载状态

10.3.5　仿真结果

复合材料轴向加载仿真渐变过程结果如图 10－17 所示，从运动过程可以看出舱段渐变压缩过程。

在后处理中提取仿真模型的支反力和位移关系进行数据分析（Visualization→Tools→Create XY Data→ ODB field output，RF&U），从图 10－18 的分析结果可以看出，舱段的支反力按照线性增加，数值达到最大值 2.16×10^{7} N 后降低，和常规材料的支反力变化曲线一致。

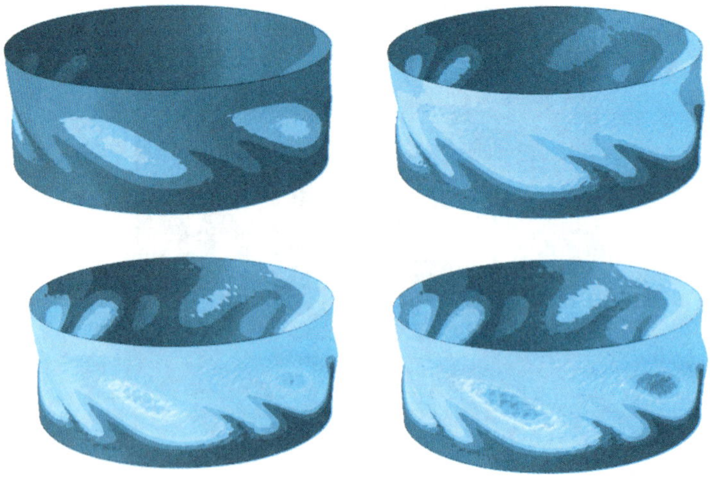

图 10-17 仿真过程（见彩页）

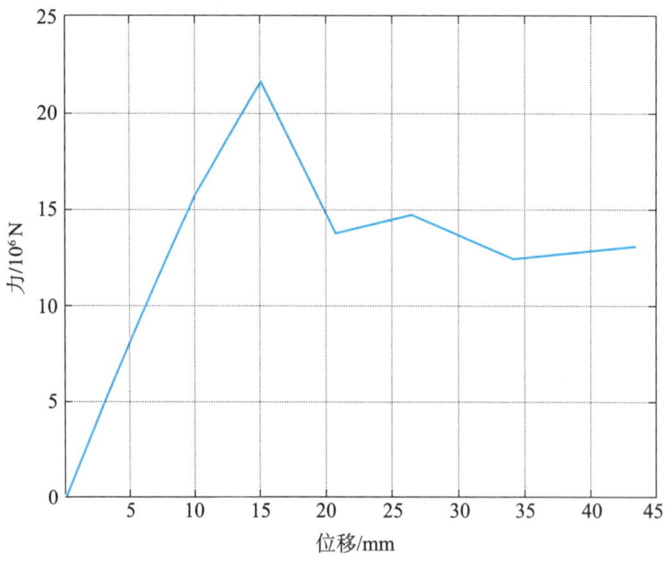

图 10-18 复合材料舱段支反力曲线

10.3.6 小结

基于实例介绍了复合材料舱段有限元分析建模过程，基于该模型可仿真不同复合材料、不同铺层角度和结构形式，优化出合理的复合材料结合方式和铺层方向。在此基础上可评估和优化舱段的承载能力和强度设计，通过加入复合材料能够实现舱段轻量化，提高载荷能力。

10.4　碳纤维复合材料应用评述

运载火箭的末级质量和运载能力之间的比例接近 1∶1，即在其他条件一致的情况下，末级质量增加 1 kg，其运载能力将损失 1 kg。最大程度地提高性价比，有效地减小运载火箭末级的质量是提升运载能力的核心。更重要的是必须进行技术创新，通过新材料的应用、新型一体化结构设计和制造，来减小结构质量、提高产品生产效率和固有经济性。

在技术上，商业运载火箭要面向大众化服务不断创造新的需求，发展新运载火箭的设计领域，应用新的设计理念，推动新工艺、新设计理念的技术发展，实现高可靠、低成本和快响应；在产品上，商业运载火箭要不断推动新材料、新器件、新工艺的应用，提高产品性价比，实施新的设计、制造和生产的体系模式，提高综合竞争能力，满足社会大众化需求。

21 世纪以来，我国航天事业得到前所未有的发展，同时航天领域对于复合材料性能的要求不断提高，研发更高性能的复合材料成为必须解决的问题，先进复合材料随之诞生。先进复合材料具有多功能性、经济效益最大化、结构整体性以及可设计性等众多优点，将先进复合材料应用在航天领域，能够有效地提高现代航天产品的性能。首先就是与铝材料相比，复合材料的应用减少了航天器近 20%的质量。同时，先进复合材料能够被加工为整体部件，也就是应用先进复合材料部件来取代金属部件。

先进复合材料应用于航天领域内，可实现对产品数量的大幅度精减。因对连接复杂的部件往往不采取焊接、铆接等方式，因而对于连接传统部件的需求量可以大大减少，进而使得材料的装配成本与时间也能够有效降低，提高效率，从而实现经济效益的最大化。

随着先进复合材料的不断发展，其不断融合了许多优异的物理性能、化学性能、生物性能、力学性能等。而且各类先进复合材料本身的构成比例也不尽相同，在功能方面也会产生一定的差异，目前综合性及多功能性已成为先进复合材料发展的主流趋势。

参考文献

[1] 沈观林，胡更开，刘彬．复合材料力学［M］．北京：清华大学出版社，2006.

[2] 张骏华．导弹和运载火箭复合材料结构设计指南［M］．北京：宇航出版社，1999.

[3] CMH-17 协调委员会．复合材料手册：第 1 卷　聚合物基复合材料：结构材料表征指南［M］．汪海，沈真，等译．上海：上海交通大学出版社，2017.

[4] CMH-17 协调委员会．复合材料手册：第 2 卷　聚合物基复合材料：材料性能［M］．汪海，沈真，等译．上海：上海交通大学出版社，2017.

[5] CMH-17 协调委员会．复合材料手册：第 3 卷　聚合物基复合材料：材料应用、设计和分析［M］．汪海，沈真，等译．上海：上海交通大学出版社，2017.

[6] 米海珍．弹性力学［M］．北京：清华大学出版社，2016.
[7] 王震鸣．复合材料力学和复合材料结构力学［M］．北京：机械工业出版社，1991.
[8] 罗祖道，李思简．各向异性材料力学［M］．上海：上海交通大学出版社，1994.
[9] 弹道式导弹弹体结构强度与刚度设计规范．QJ 1919—1990.
[10] 航空航天工业部科学技术研究院．复合材料设计手册［M］．北京：航空工业出版社，1990.
[11] 张骏华．结构可靠性设计与分析［M］．北京：宇航出版社，1989.
[12] 周家麟．整体网格加筋箱体轴、内压承载能力计算［J］．强度与环境，1986（1）：42-45.
[13] ASTM Practice D6507-00（2005）．Standard practice for fiber reinforcement orientation codes for composite materials［S］．Annual Book of ASTM Standard，Vol. 15. 03，American Society for Testing and Materials，West Conshohocken，PA.
[14] 蒋鞠慧．复合材料加筋壳稳定性研究［J］．玻璃钢/复合材料，2001，1（2）：5-9.
[15] ASTM Test Method D570-98（2005）．Water absorption of plastics［S］．Annual Book of ASTM Standard，Vol. 8. 01，American Society for Testing and Materials，West Conshohocken，PA.
[16] 张骏华．导弹结构强度计算设计手册［M］．北京：国防工业出版社，1978.
[17] 杨蓉，马斌捷，吴兵，等．网格加筋圆柱壳轴压稳定性分析［J］．强度与环境，2016，43（4）：57-64.
[18] 马斌捷，盛祖铭，贾亮，等．轴外压作用下复合材料网格加筋柱壳蒙皮铺层和筋条角度优化分析［J］．导弹与航天运载技术，2009（1）：41-47.
[19] 王世勋，石玉红，张希，等．复合材料格栅结构研究进展与应用［J］．宇航材料工艺，2017，47（1）：8.
[20] Musk E. Making humans a multi-planetary species［J］．New Space，2017，5（2）.
[21] VASILIEV V V，BARYNIN V A，RAZIN A F. Anisogrid lattice structures - survey of development and application［J］. Composite Structures，2001，54：361-370.
[22] VASILIEV V V，RAZIN A F. Anisogrid composite lattice structures for spacecraft and aircraft applications［J］. Composite Structures，2006，76：182-189.
[23] VASILIEV V V，BARYNIN V A，RAZIN A F. Anisogrid composite lattice structures - development and aerospace applications［J］. Composite Structures，2012，94：1117-1127.

本章作者：张东博，王　鹏

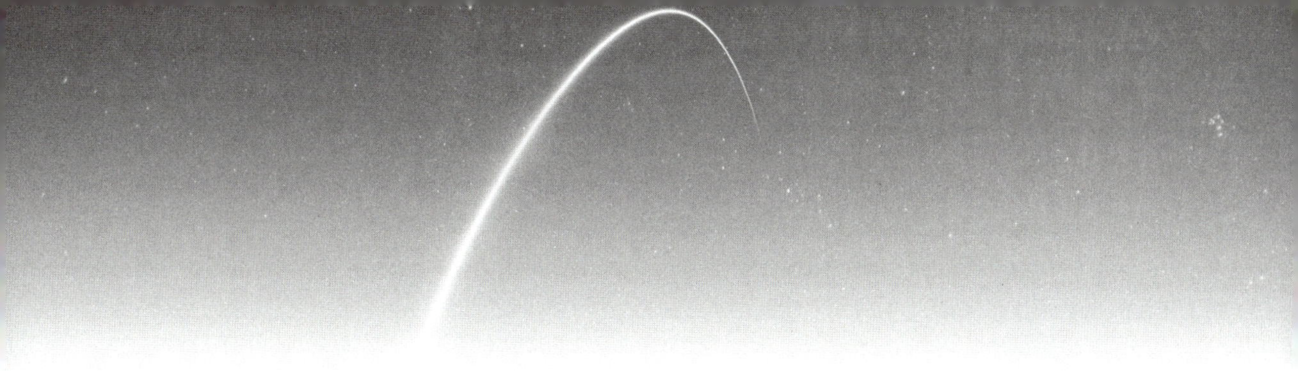

后　记

本书是北京中科宇航技术有限公司技术团队在力箭一号、力箭二号运载火箭研制工作的基础上，参考国内外相关文献资料编写完成的，是团队共同努力的结果，是团队技术人员智慧的结晶，在编写过程中得到了公司领导和全体同事的大力支持和帮助。

作为立志成为世界一流宇航企业的商业航天公司，北京中科宇航技术有限公司长期以来倡导技术民主和知识分享，希望通过本书的出版能够推动商业航天产业技术的发展和革新。

借此机会，北京中科宇航技术有限公司团队感谢中国科学院力学研究所、中国科学院微小卫星创新研究院、长光卫星技术股份有限公司、北京微纳星空科技有限公司、哈尔滨工大卫星技术有限公司、中国卫星网络集团有限公司和上海垣信卫星科技有限公司等单位长期以来的帮助和支持。

感谢所有参与本书出版的相关人员，包括但不限于策划编辑、审稿老师、设计人员、印刷人员等。感谢他们的辛勤工作和付出，为本书的顺利出版提供了重要的支持和保障。

最后，感谢读者朋友们的支持和关注，正是由于你们的支持，我们才能够不断创新、不断进步。

“雄关漫道真如铁，而今迈步从头越”。纵然创新驱动，自主研发的探索之路仍十分艰难，我们也会秉承踏实肯干的作风、开放包容的心态，不断进取，一如既往地为大家提供更有价值、更有影响力的产品和服务，期待未来有机会合作。希望通过这本书，能为航天科技从业者提供一些技术思路，为航天爱好者提供一些启发，我们能够共同探讨航天科技的未来发展，为人类太空探索的伟大事业贡献力量。希望这本书能为大家所喜爱。

北京中科宇航技术有限公司

2023 年 6 月

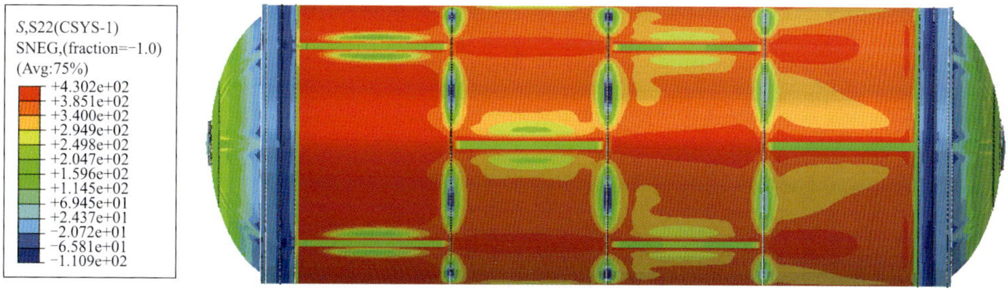

图 2－20　应力云图（28 页）

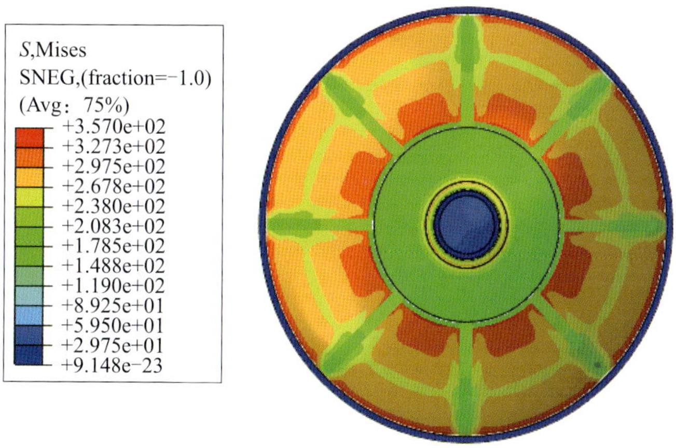

图 2－24　应力分布（31 页）

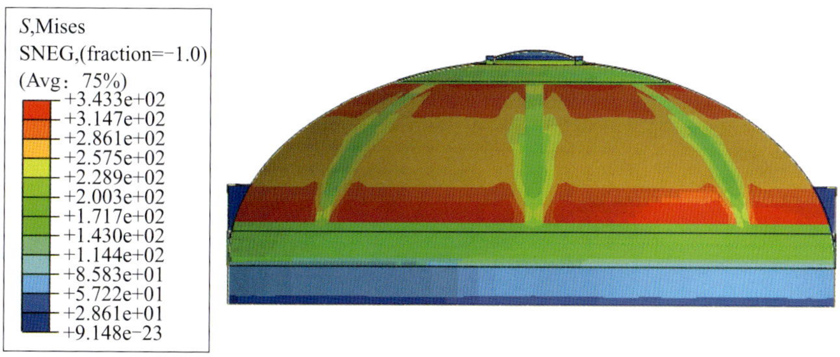

图 2－28　叉形环应力结果（33 页）

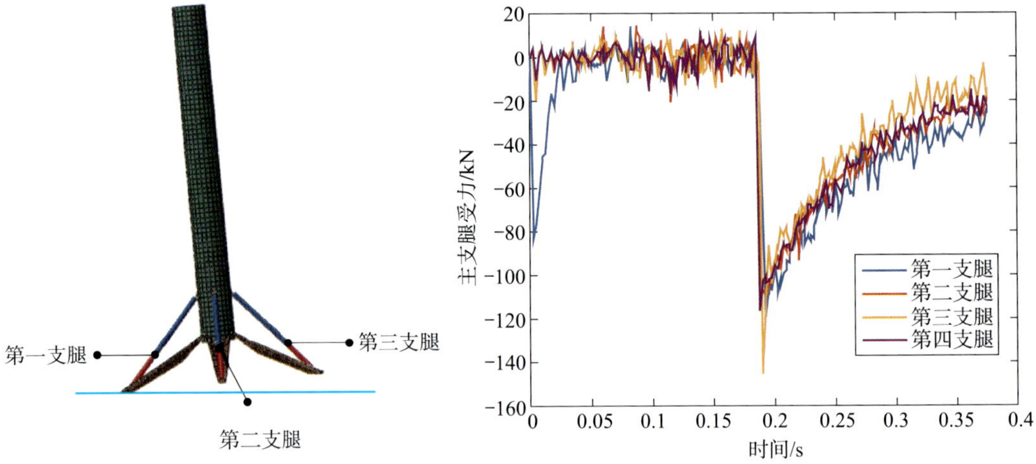

图 3 - 22　载荷结果（55 页）

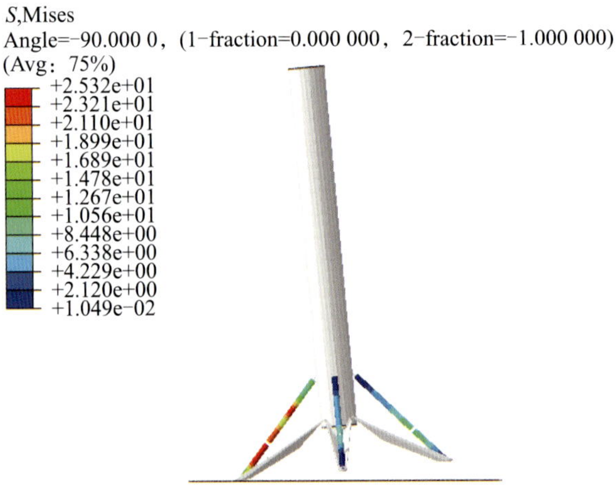

图 3 - 23　主支腿梁单元应力（56 页）

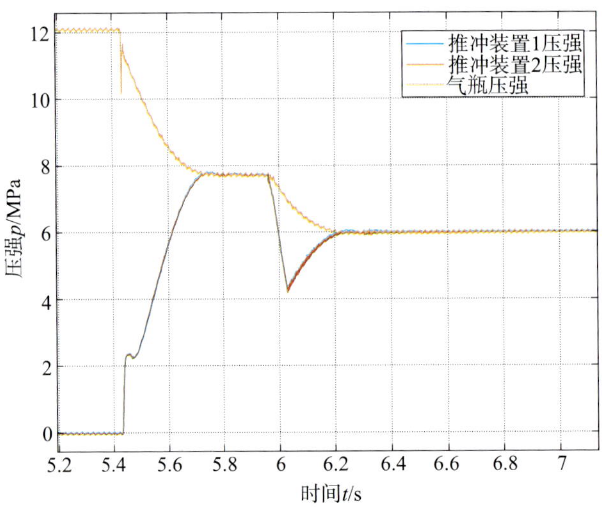

图 4 - 13　压强曲线（67 页）

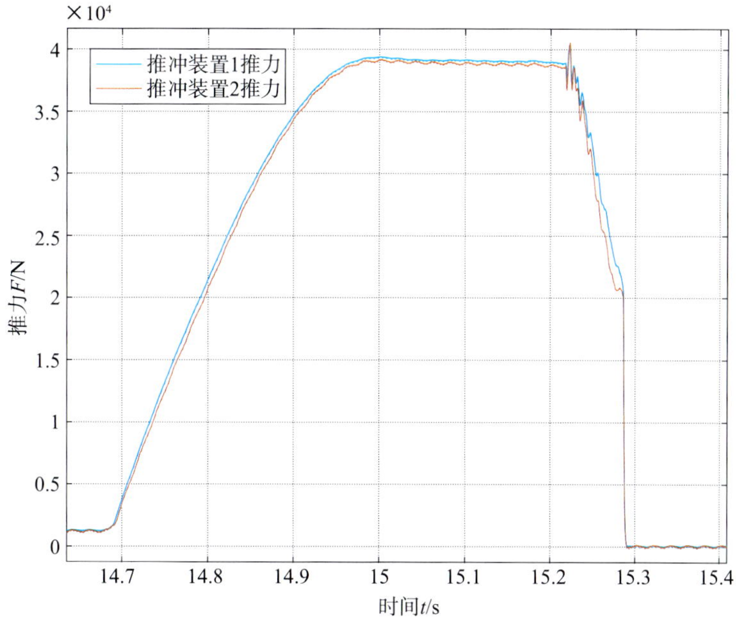

图 4－14 推力曲线（67 页）

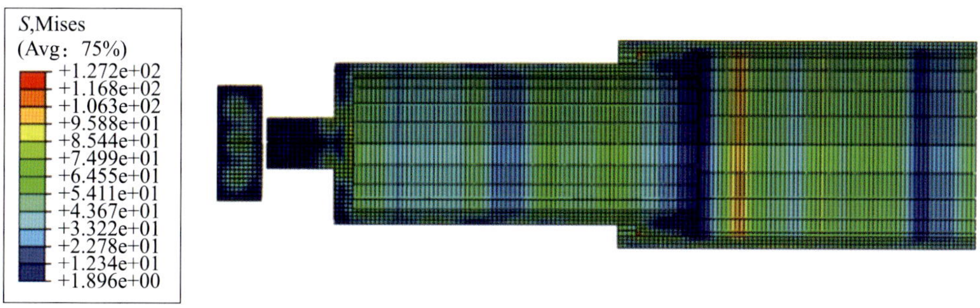

图 4－22 有限元计算结果（71 页）

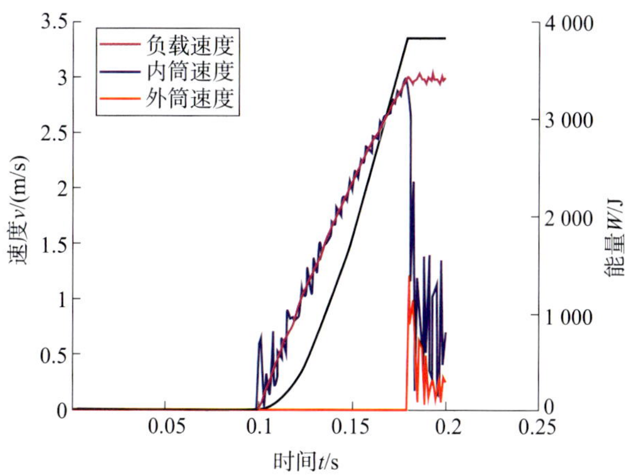

图 4－23 速度曲线和总能量曲线（71 页）

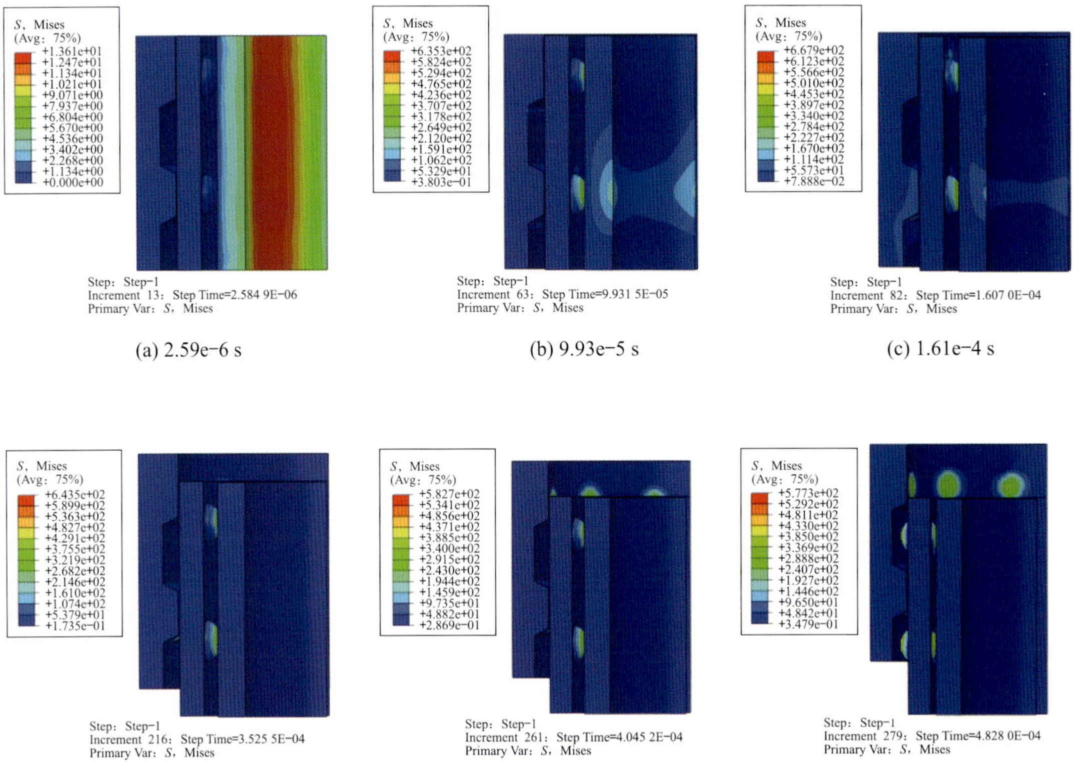

(a) 2.59e−6 s (b) 9.93e−5 s (c) 1.61e−4 s

(d) 3.53e−4 s (e) 4.19e−4 s (f) 1.92e−4 s

图 4－36 冷气分离解锁装置分离过程（80 页）

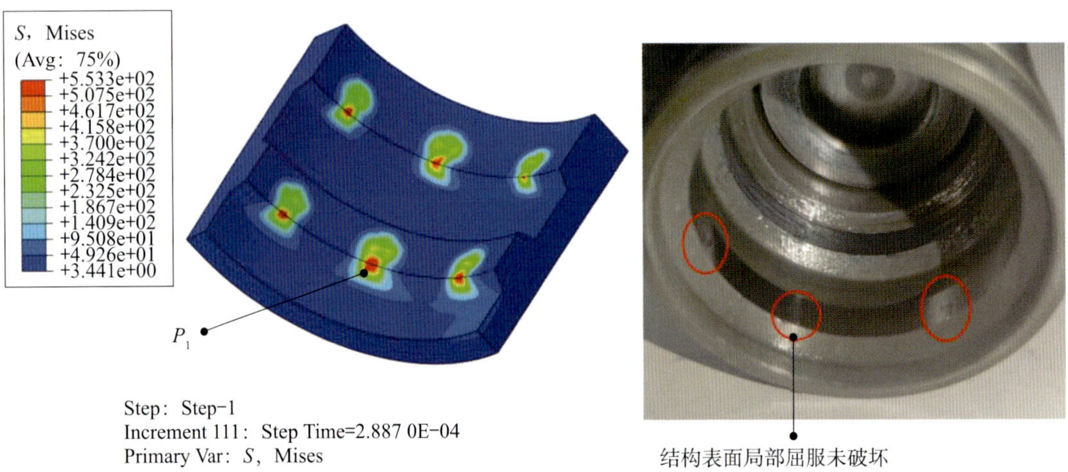

图 4－37 应力结果（80 页）

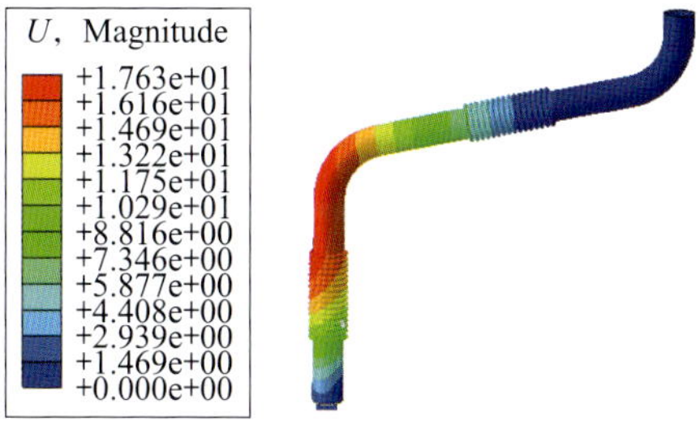

(a) 四阶模态 f_4=27.36 Hz

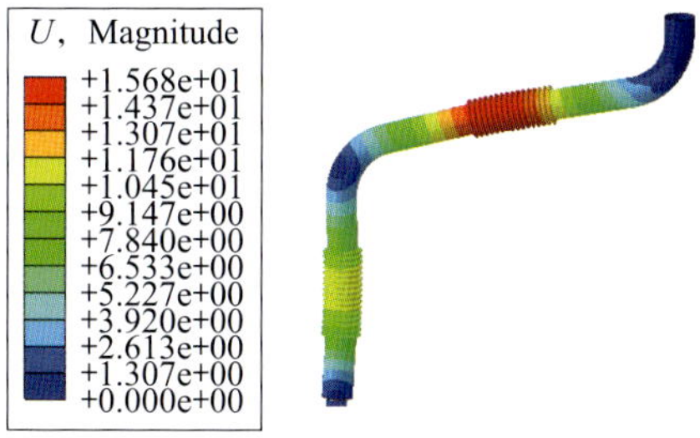

(b) 五阶模态 f_5=69.92 Hz

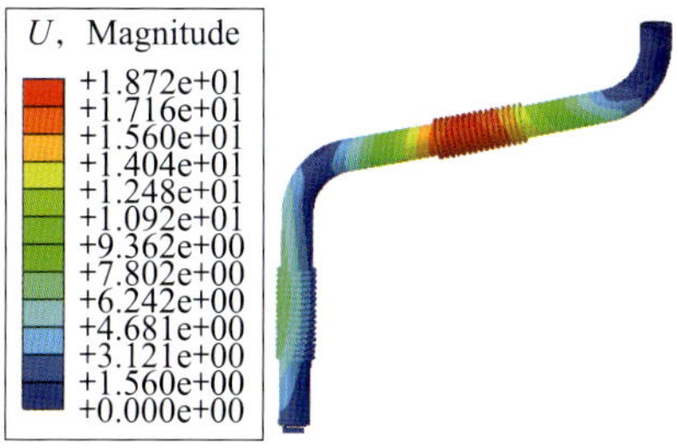

(c) 六阶模态 f_6=77.76 Hz

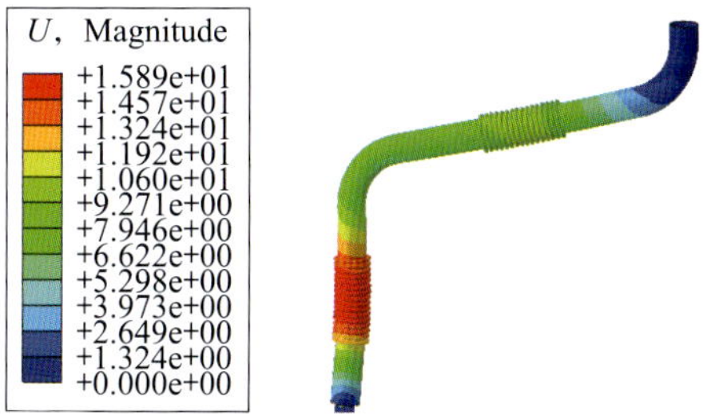

(d) 七阶模态 f_7=103.14 Hz

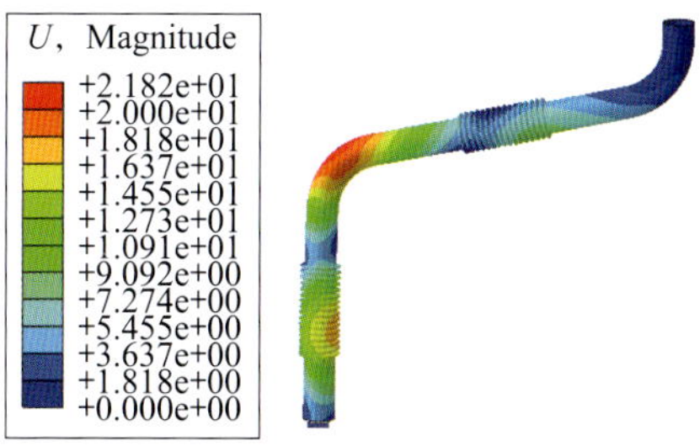

(e) 八阶模态 f_8=145.92 Hz

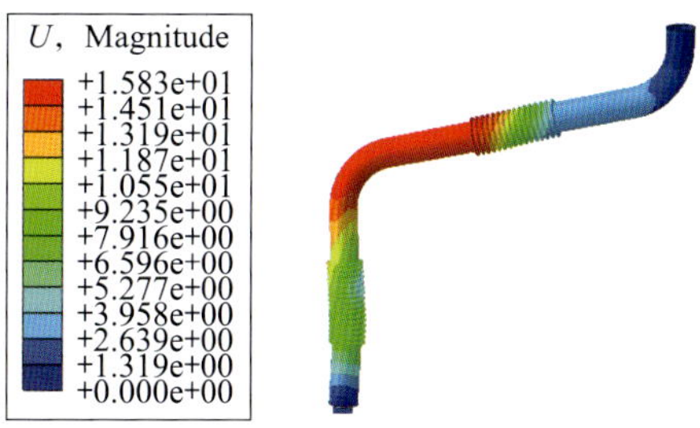

(f) 九阶模态 f_9=234.18 Hz

图 5 - 19　主体管路共振模态（103 页）

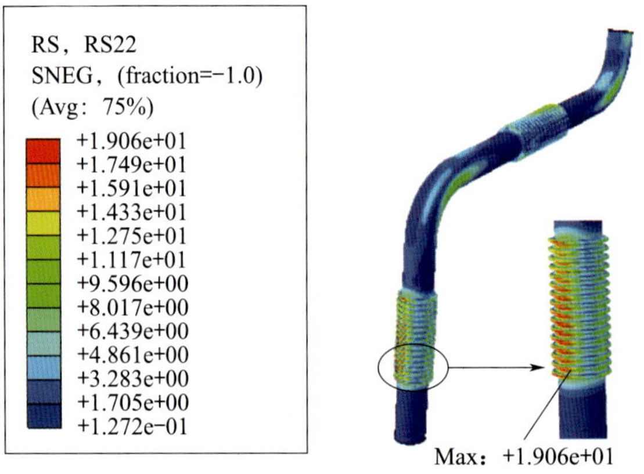

(a) 危险点均方根应力云图

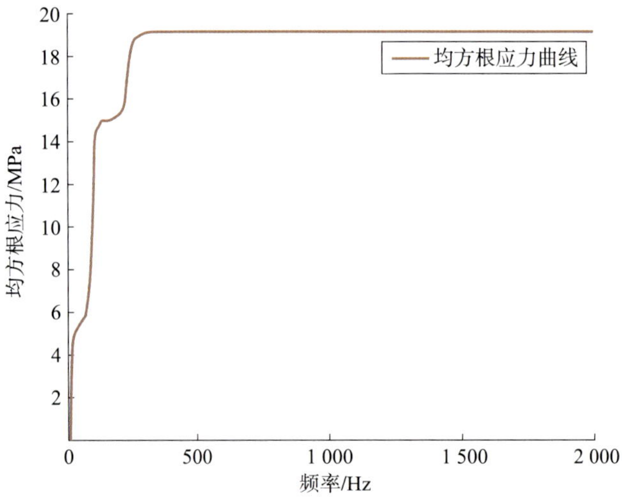

(b) 危险点均方根应力曲线

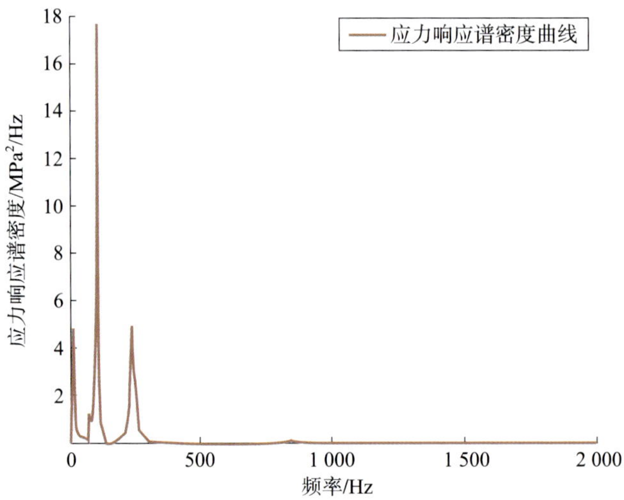

(c) 危险点应力响应曲线

图 5-21　随机振动条件下管路应力响应云图（105 页）

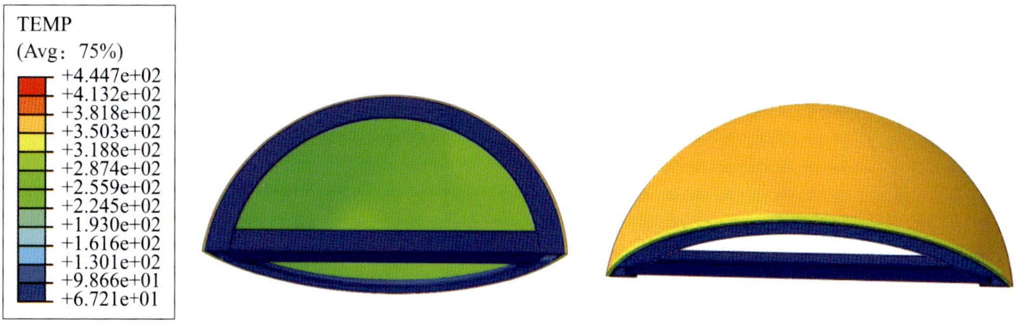

图 6－21　端头帽温度分布（123 页）

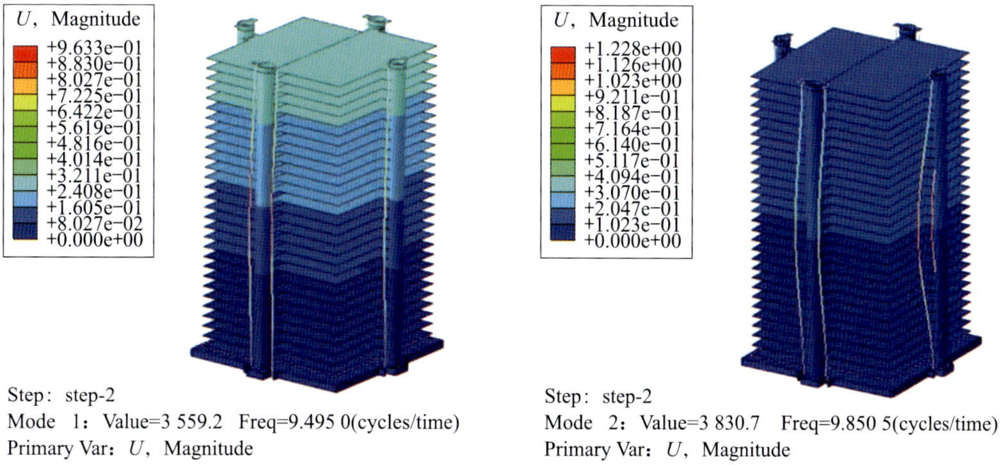

(a) 一阶模态9.495 Hz　　(b) 二阶模态9.850 5 Hz

图 7－13　第一、第二阶模态（141 页）

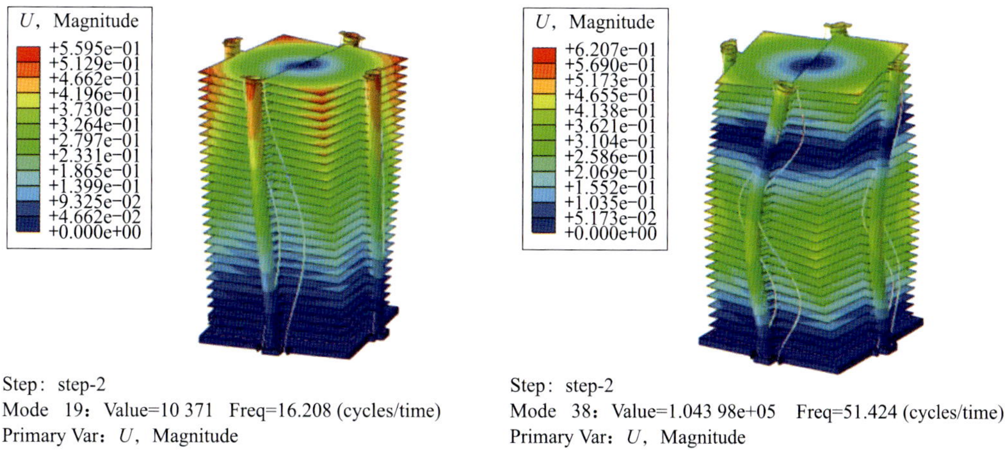

(a) 一阶扭转模态16.208 Hz　　(b) 二阶扭转模态51.424 Hz

图 7－14　整体扭转模态（141 页）

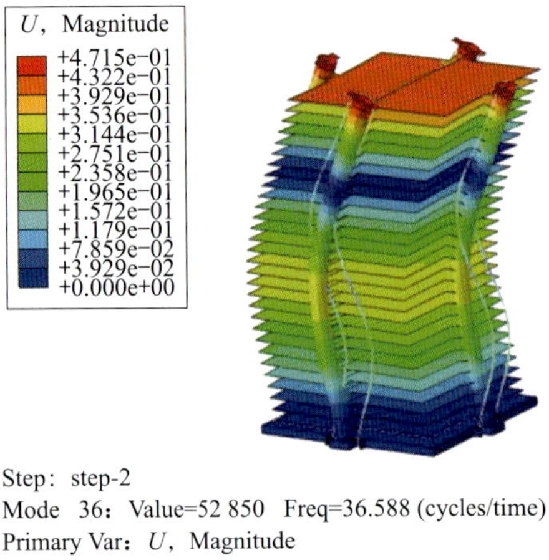

(a) 整体Z向一阶弯曲模态36.588 Hz

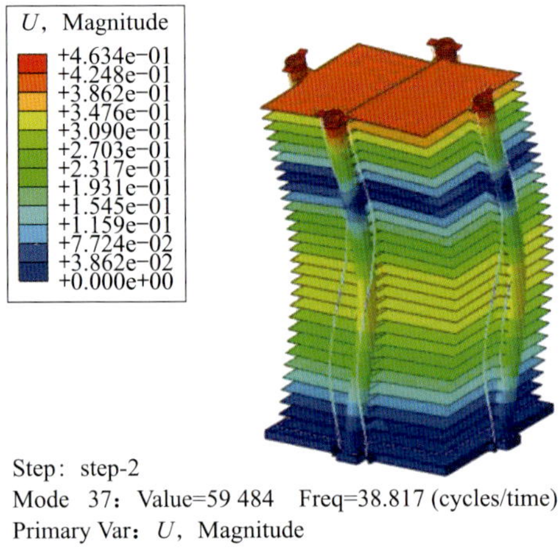

(b) 整体X向一阶弯曲模态38.817 Hz

图 7 - 15 整体一阶弯曲模态（141 页）

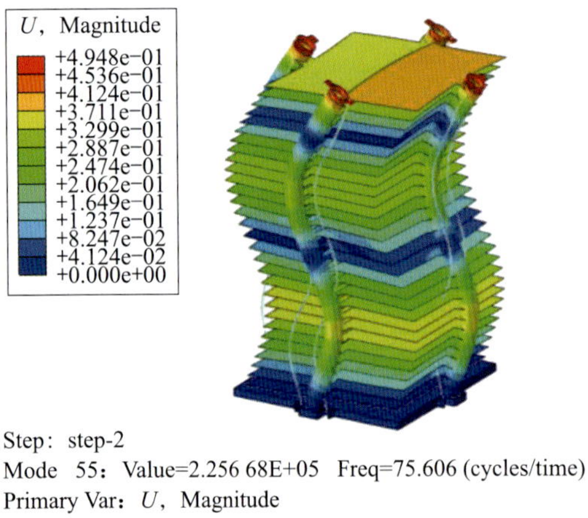

(a) 整体X向二阶弯曲模态75.606 Hz

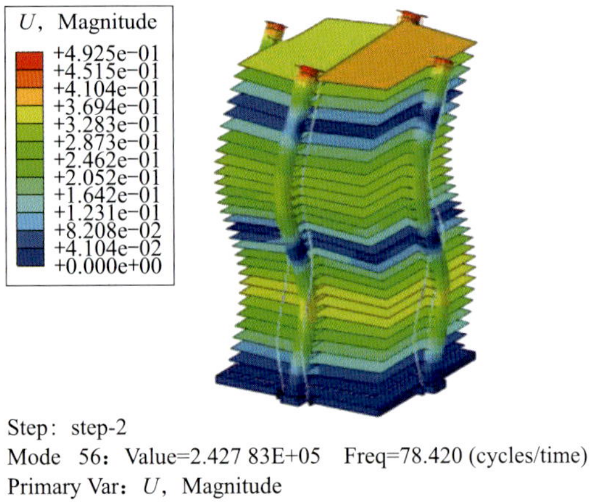

(b) 整体Z向二阶弯曲模态78.420 Hz

图 7 - 16 整体二阶弯曲模态（142 页）

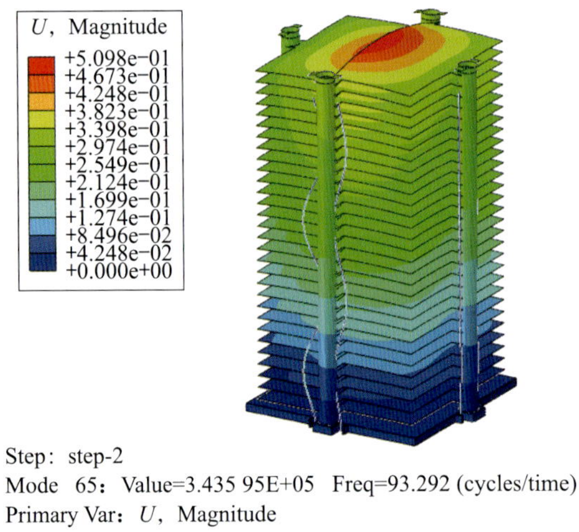

图 7 - 17 整体一阶纵向模态 93.292 Hz（142 页）

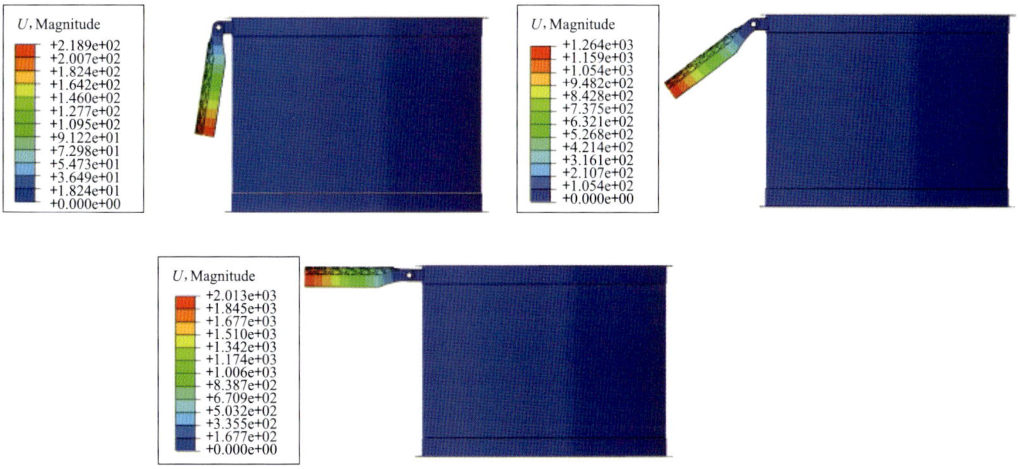

图 8－14　栅格舵展开过程（158 页）

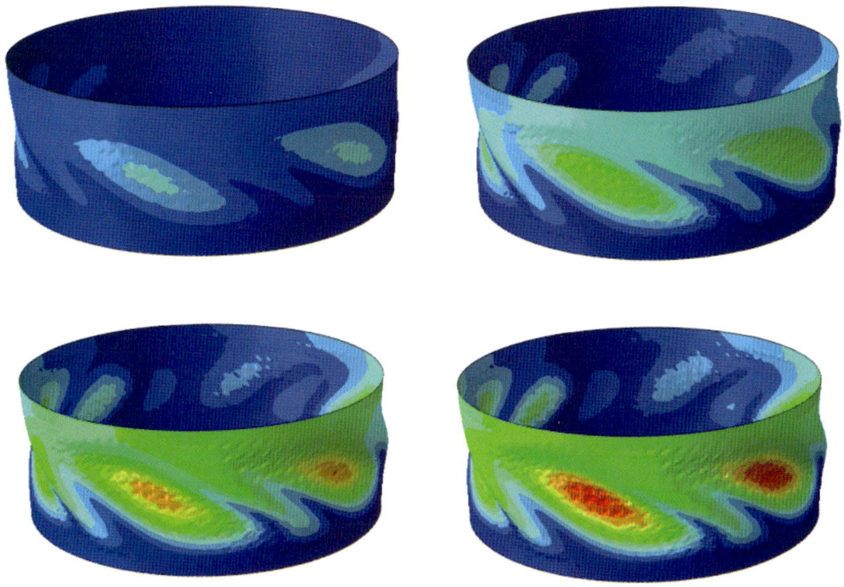

图 10－17　仿真过程（198 页）